"十四五"职业教育国家规划教材

iCourse·教材
国家精品在线开放课程配套教材

职业教育国家在线精品课程配套教材

高等职业教育计算机类课程
MOOC+SPOC 系列教材

Linux
网络操作系统
任务教程

颜晨阳 / 编著

U0213445

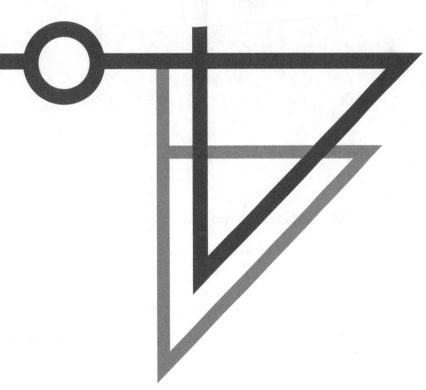

中国教育出版传媒集团
高等教育出版社·北京

内容简介

本书为"十四五"职业教育国家规划教材，也是国家精品在线开放课程以及职业教育国家在线精品课程"Linux 系统管理"的配套教材。

本书以 CentOS 7.X 版本为基础，采用任务式的编写模式，由浅入深、循序渐进地介绍 Linux 系统管理的相关知识和技能。全书包括 10 个任务：获取和部署 Linux、初识 bash、初识 vim、管理文件、初识重定向和管道、管理用户、管理硬盘、管理网络、管理软件、管理进程和服务。

本书配有微课视频、课程标准、教学设计、授课用 PPT、案例源代码及拓展阅读等数字化学习资源。与本书配套的数字课程"Linux 系统管理"在"智慧职教"(www.icve.com.cn)及"中国大学 MOOC"(www.icourse163.org)平台上线，学习者可登录平台进行在线学习，授课教师可调用本课程构建符合自身教学特色的 SPOC 课程，详见"智慧职教"服务指南。教师也可发邮件至编辑邮箱 1548103297@qq.com 获取相关资源。

本书适合作为高职院校计算机或者网络类专业的教材，也适合作为 Linux 系统管理相关人员的自学入门书。

图书在版编目（CIP）数据

Linux 网络操作系统任务教程 / 颜晨阳编著. --北京：高等教育出版社，2019.11（2023.12重印）
　　ISBN 978-7-04-051412-4

　　Ⅰ．①L… Ⅱ．①颜… Ⅲ．①Linux 操作系统-高等职业教育-教材　Ⅳ．①TP316.85

　　中国版本图书馆 CIP 数据核字（2019）第 036419 号

Linux Wangluo Caozuo Xitong Renwu Jiaocheng

策划编辑　刘子峰　　　责任编辑　刘子峰　　　封面设计　赵　阳　　　版式设计　杨　树
责任校对　张　薇　　　责任印制　赵　振

出版发行	高等教育出版社	网　址	http://www.hep.edu.cn
社　址	北京市西城区德外大街 4 号		http://www.hep.com.cn
邮政编码	100120	网上订购	http://www.hepmall.com.cn
印　刷	河北鹏盛贤印刷有限公司		http://www.hepmall.com
开　本	787mm×1092mm　1/16		http://www.hepmall.cn
印　张	19.25		
字　数	440 千字	版　次	2019 年 11 月第 1 版
购书热线	010-58581118	印　次	2023 年 12 月第 8 次印刷
咨询电话	400-810-0598	定　价	55.00 元

本书如有缺页、倒页、脱页等质量问题，请到所购图书销售部门联系调换
版权所有　侵权必究
物　料　号　51412-B0

"智慧职教"服务指南

"智慧职教"（www.icve.com.cn）是由高等教育出版社建设和运营的职业教育数字教学资源共建共享平台和在线课程教学服务平台，与教材配套课程相关的部分包括资源库平台、职教云平台和 App 等。用户通过平台注册，登录即可使用该平台。

● 资源库平台：为学习者提供本教材配套课程及资源的浏览服务。

登录"智慧职教"平台，在首页搜索框中搜索"Linux 系统管理"，找到对应作者主持的课程，加入课程参加学习，即可浏览课程资源。

● 职教云平台：帮助任课教师对本教材配套课程进行引用、修改，再发布为个性化课程（SPOC）。

1. 登录职教云平台，在首页单击"新增课程"按钮，根据提示设置要构建的个性化课程的基本信息。

2. 进入课程编辑页面设置教学班级后，在"教学管理"的"教学设计"中"导入"教材配套课程，可根据教学需要进行修改，再发布为个性化课程。

● App：帮助任课教师和学生基于新构建的个性化课程开展线上线下混合式、智能化教与学。

1. 在应用市场搜索"智慧职教 icve"App，下载安装。

2. 登录 App，任课教师指导学生加入个性化课程，并利用 App 提供的各类功能，开展课前、课中、课后的教学互动，构建智慧课堂。

"智慧职教"使用帮助及常见问题解答请访问 help.icve.com.cn。

前　言

CentOS（Community Enterprise Operating System）是一个基于当前最流行的 Linux 商业版本——RHEL（Red Hat Enterprise Linux）的自由社区 Linux 发行版本。其由 RHEL 源代码重新编译而成，除了没有 RHEL 的付费技术支持，其他方面与 RHEL 完全相同，稳定性和兼容性值得信赖，同时可保证学习者的系统运维知识和经验完全能无缝迁移到 RHEL 中。本书所使用的 Linux 发行版本为 CentOS 7.X。

编写本书的目的是帮助 Linux 系统管理的初学者完成一些常见的管理子任务，并为进一步从事服务器运维、嵌入式开发、移动应用开发等工作打好基础。全书采用任务式的编写模式，从一个刚刚入行的初级 Linux 运维人员的视角出发，由浅入深、循序渐进地围绕其在日常管理工作中将会遇到的任务场景而展开介绍。全书共包括 10 个任务：任务 1 获取和部署 Linux，主要介绍如何根据主机情况，获取合适的 CentOS 安装镜像文件，并根据用户需求来部署安装系统；任务 2 初识 bash，主要介绍 CentOS 默认的外壳 bash 的特征、Linux 命令的基本格式，并介绍如何通过外壳来与系统进行交互；任务 3 初识 vim，主要介绍 Linux 中最常用也是最实用的文本编辑器 vim 的使用方法；任务 4 管理文件，主要介绍在 Linux 中查看和操纵文件的方法；任务 5 初识重定向和管道，主要介绍在 Linux 中运用管道和重定向来解决较为复杂文本处理问题的方法；任务 6 管理用户，主要介绍在 Linux 中查看、操纵用户和用户组的方法；任务 7 管理硬盘，主要介绍在 Linux 中硬盘分区、分区格式化和挂载的方法；任务 8 管理网络，主要介绍在 CentOS 中配置管理网络的方法；任务 9 管理软件，主要介绍在 CentOS 中使用 rpm 和 yum 管理软件的方法；任务 10 管理进程和服务，主要介绍在 CentOS 中操控进程和服务的方法。

中国大学 MOOC
数字课程

智慧职教
数字课程

在线实验
使用说明

本书为"十四五"职业教育国家规划教材，也是国家精品在线开放课程以及职业教育国家在线精品课程"Linux 系统管理"的配套教材。该课程是一门面向全国的公益职业教育课程，在"中国大学 MOOC"（www.icourse163.org）平台上已经开课数轮，拥有数万学员，课程内容包括生动形象、内聚性强、短小精悍的数十个微视频以及配套的测试、主题讨论及在线实验，并有课程团队进行专业的教学答疑。本书也是该门课程的延伸与补充，学习者可以在参加课程学习的同时使用本书，以获得更加良好的学习体验。另外，与本书配套的数字课程"Linux 系统管理"在"智慧职教"平台（www.icve.com.cn）上线，学习者可登录平台进行在线学习，授课教师可调用本课程构建符合自身教学特色的 SPOC 课程，详见"智慧职教"服务指南。教师也可发邮件至编辑邮箱 1548103297@qq.com 获取相关资源。

本书自 2019 年出版以来，深受广大读者的好评。编者有感于近年来网络操作系统的快速发展以及 Linux 版本的变化，因此基于各用书院校师生的教学应用反馈、课程教学改革最新成果以及行业发展动态，不断优化、更新教材内容，通过补充微课和拓展阅读二维码等形式，力求将新知识、新技术及时纳入教学内容；借助 MOOC 课程的周期性开设，持续更新、完善相关数字资源，以推动现代信息技术与教育教学深度融合。另外，编者对教材配套的在线实验平台也进行了完善更新，方便学习者通过实验实训环节巩固所学，请扫描二维码了解相关使用说明。

本次修订加印，为推进党的二十大精神进教材、进课堂、进头脑，通过在每个任务开篇补充"核心素养"拓展阅读的方式，将 Linux 关键技术与"网络不是法外之地""精益求精"和"创新开拓"等元素有机结合，从而在教材中嵌入"善思良行，创新报国"的德育主线，探索提升网络工程师综合职业素养，贯彻"增强维护国家安全能力""开辟发展新领域新赛道，不断塑造发展新动能新优势"等精神，充实"技术报国追求、创新精神培育、科学思维训练、安全意识养成"四方面育人内容。

本书的修订同时得到了绿盟科技、深信服和国信蓝桥等企业的大力支持：绿盟科技工程师全程参与教材的典型工作任务分析，并对内容从企业角度提出了很多中肯的修改建议；深信服提供了大量真实企业案例供编者参考；国信蓝桥则提供了教程配套的云实验基础设施和技术保障。在此向所有参与人员一并表示衷心的感谢！

本书由宁波城市职业技术学院的颜晨阳编著。本书作为教材使用，建议安排 64 课时（16周×4 课时/周）；教师也可以根据实际需要，缩减至 48 课时（16 周×3 课时/周），基本不会影响教学流程和教学安排。

由于作者知识和写作水平有限，书中错误及不妥之处在所难免，恳请广大读者批评指正。

作　者

2023 年 6 月

阅 读 说 明

本书中的一些字词使用了不同的字体、大小和粗细。这种突出显示是有特别含义的，即用同一风格来显示不同字词以表明它们属于特定类型。用这种方式来显示的各种字词类型如表0-1所示。

表0-1 文档字体约定样例表

非打印字符键 <key>	键盘上的按键用这种方式显示。例如： ● 要使用<Tab>键补全，输入一个字符，然后按<Tab>键。终端机上就会显示目录中起首为那个字符的文件列表。 ● 使用<Ctrl+Alt+Backspace>组合键会退出图形会话，返回到图形登录界面或控制台。
图形界面文本 {Text on GUI}	在图形界面或窗口中的标题、词汇、短语会用这种方式显示。它用来标明某个图形界面或图形界面上的某个元素（例如与复选框或字段相关的文本）。例如： ● 使用如果要在屏幕保护程序停止前要求口令，可选择"需要口令"复选框。
控制台输出 output	这类文本表明它是计算机在命令行中显示的输出。用户输入命令的反应、错误信息，以及程序或脚本中向用户要求输入的互动式提示，都用这种格式来显示。例如： ● 使用 ls 命令来显示目录的内容： $ ls Desktop about.html logs paulberg.png Mail backupfiles mail reports ● 命令返回的输出（在上面的例子中是目录的内容）用这种方式来显示。

除此之外，本书还使用如下3种不同的标记来强调某些信息。

 注意

切记，Linux 区分大小写。例如，rose 不是 ROSE 或 rOsE。

 小心

不要以根用户身份来执行日常子任务，应使用一个普通的用户账号，除非需要使用根账号来执行系统管理子任务。

 命令 ping

用法：ping[选项]主机名|IP 地址
功能：向网络主机发送 ICMP 回显请求（ECHO_REQUEST）分组。计算信号往返时间和（信息）包丢失情况的统计信息，并且在完成之后显示一个简要总结。

目　录

任务**1**

获取和部署 Linux

——大风起于青萍之末。

任务场景

微设系统开发有限公司（Micro Device System Develepment Ltd.）是一家从事智能移动设备和 App 开发的公司，最近在 N 市设立了一个研发点，小 Y 作为该市职业技术学院的应届生，经过简历的层层筛选和面试，终于成功地成为公司的一名试用实习生，并被分配到 IT 支持部，成为一名 Linux 系统管理员。第二天，IT 支持部的技术主管 D 让他给销售部的一个项目组部署一个临时服务器，并指派运维工程师老 L 作为他的师傅。接下来的几天中，在老 L 的热心帮助下，小 Y 在动手中学到了作为 Linux 系统管理员的第一课。下面就和小 Y 一同迈出 Linux 学习之路上的第一步吧！

PPT
任务 1 获取和部署 Linux

核心素养

1.1 任务介绍

微课 1-1
Linux 那些事儿

为一台机器安装操作系统看似简单，实则涉及方方面面诸多相关的问题，一般来说至少应该考虑如下 3 个方面的问题：

- 了解主机硬件兼容性。
- 确定并获取安装介质。
- 规划硬盘分区和网络配置。

这些考量都应该以满足用户要求为终极目标。如果用户并非 IT 专业人士，往往还得从含糊笼统的陈述、混乱不堪的数据和朝令夕改的诉求中提炼出用户的真实业务需求。幸运的是，销售部作为一个公司内部用户，IT 支持部对其需求非常了解，分发给小 Y 的需求分析也是清晰明确的，如表 1-1 所示。

表 1-1 IT 资源和服务申请表

资源类别 ■存储资源 ■网络带宽 ■计算资源 □IT 支持服务 □其他
申请人员/部门： S 项目组/销售部
实施人员/部门： P 项目组/IT 支持部
详细规格描述： 独立的临时内部文件服务器，要求： 1. 采用 CentOS 7 操作系统； 2. 公司内网 IP 地址，不需要域名； 3. 并发访问量 30。
销售部主管： 已批准
IT 部门主管： 已批准

对于这样一份需求，应该怎样解读，又该如何规划方案，以便能部署一个好的 Linux 系统呢？

1.2 任务实施

1.2.1 子任务 1 了解硬件信息

首先，要了解一下具体的主机硬件和要接入网络的一些基本信息，为安装做好准备。

了解主机的硬件信息主要是确认是否能够兼容 CentOS。销售部要部署的文件服务器访问量的要求不高，而且是一个临时服务器，所以部署在一台普通 PC 级别的服务器上。公司所提供的 PC 级别的服务器是 IT 支持部自行装配的兼容机，其配置如表 1-2 所示。

表 1-2　主机硬件列表

设　备	型　号
CPU	Intel i3 8100
内存	DDR4 2666 4GB
硬盘	500GB SSD 固态硬盘，SATA 接口
光驱	18 倍速 DVD 光驱，SATA 接口
网卡	Intel I219-V
主板	Intel Z370/LGA 1151
显卡	CPU 核芯显卡
鼠标/键盘	USB 接口

这些硬件都很普通，不出意外的话都能被良好驱动，因为 RHEL/CentOS 7 官方文档中保证对最近 3 年的主流硬件设备都能兼容。

但硬件的规格几乎每天都在改变，因此很难保证所有的硬件都能被百分之百地兼容。如果主机中的硬件特别老、特别新或者种类型号比较特殊，收集硬件信息并仔细检查硬件兼容性就比较重要了。建议对照查看"The Red Hat Ecosystem"中的列表[①]，或者查看相应硬件厂商的官方网站上的说明，以确保硬件可以被正确驱动。表 1-3 中列举了几种服务器上需要注意兼容性的硬件。

表 1-3　主机常见硬件兼容性注意事项说明

设　备	说　明
主板芯片组	这是一项比较重要的硬件信息，可能影响到其他硬件是否能正常使用。主板芯片组支持总是和内核版本相关的，考察的时候要注意对应的内核版本
网络设备	对于服务器来说主要是以太网卡。注意，有些无线网卡的驱动还没有被整合进内核，这对服务器来说并不是问题
显卡	主流的显卡目前都可以得到支持，如果需要，看一下显卡芯片的厂商、型号、显存大小基本就可以了，对服务器用户来说，最好选择性能虽然不强，但开源驱动的稳定性和性能最好的 Intel 整合显卡
其他外设	USB 键盘和鼠标一般都可以被支持，主流打印机一般都可以被支持，少数移动硬盘和 U 盘可能不会被支持，不过，这对服务器来说同样不是什么大问题

1.2.2　子任务 2　获取安装镜像

1. 下载安装镜像

CentOS 作为一款鼎鼎大名的 Linux 发行版本，在各大开源镜像网站上都可下载。部分常用的开源镜像网站如表 1-4 所示。

微课 1-2
获取安装镜像

---

① Red Hat 官网中列出了 RHEL 认证的计算机硬件、软件和平台服务。

表 1-4 部分常用开源镜像网站

名 称	URL
网易	mirrors.163.com
搜狐	mirrors.sohu.com
阿里云	mirrors.aliyun.com
华为	mirrors.huaweicloud.com
清华大学	mirrors.tuna.tsinghua.edu.cn
浙江大学	mirrors.zju.edu.cn

本任务选择到网易开源镜像中去下载。打开镜像网络，选择进入其中的 centos/7/isos/x86_64 目录中，如图 1-1 所示。

拓展阅读 1-1
制作安装 U 盘

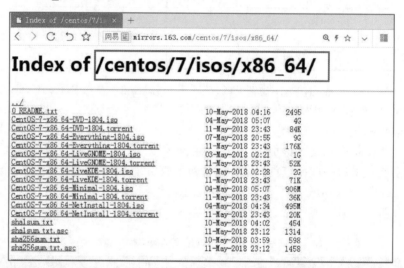

图 1-1 网易开源镜像网站中 CentOS 7 安装镜像的下载目录

 注意

- 目录中的 7 表示版本号，isos 表示其中放的是 ISO 安装光盘镜像文件，x86_64 表示适用的主机硬件架构，即 AMD 64/Intel 64。
- 从发行版本 7 开始，RHEL/CentOS 只支持 AMD 64/Intel 64 架构，不再支持 32 位 x86 架构。

如图 1-1 所示，在安装目录中有多种类型的文件，而且镜像文件也有多种，这些文件的用途如表 1-5 所示（文件名中××××代表一个数字，是发布号）。

表 1-5 镜像网络下载文件介绍

文 件	介 绍
CentOS-7-x86_64-DVD-××××.iso	标准安装镜像，适合大多数用户使用
CentOS-7-x86_64-NetInstall-××××.iso	网络安装镜像，也可以作为救援之用，会从网络上下载软件包
CentOS-7-x86_64-Everything-××××.iso	完整安装镜像，包括了所有的软件包，一般用来构建 CentOS 镜像网站，大小约 16GB

续表

文　件	介　绍
CentOS-7-x86_64-LiveGNOME-××××.iso	基于 GNOME/KDE 桌面环境的免安装运行系统
CentOS-7-x86_64-LiveKDE-××××.iso	
CentOS-7-x86_64-Minimal-××××.iso	最小化安装镜像，仅仅包括系统必需的软件包，大小约 900MB
sha1sum.txt	上面所有文件的 sha1 哈希码，用于下载后校验镜像完整性
sha256sum.txt.asc	上面所有文件的 sha256 哈希码，用于下载后校验镜像完整性

本任务要下载的是其中的标准安装镜像 CentOS-7-x86_64-DVD-××××.iso。

2. 校验下载的镜像

下载该文件后，需要验证文件的完整性以保证文件没有被发布者之外的第三方改动过，这时就需要用到 sha1sum.txt 或者 sha256sum.txt。

拓展阅读 1-2
CentOS 的前景和替代者

在 Windows 下可以用其自带的 certutil 命令来完成校验。打开命令行（cmd 或者 Power Shell）窗口，在其中执行如清单 1-1 所示的命令，计算下载镜像文件的 sha1 或者 sha256 哈希码。

清单 1-1

```
#用-hashfile 表示要计算文件哈希码，后跟文件，SHA1 表示计算的哈希码类型
>certutil -hashfile F:\CentOS-7-x86_64-DVD-1804.iso SHA1
SHA1 哈希(文件 F:\CentOS-7-x86_64-DVD-1804.iso):
3a 7c b1 f2 04 1f ee 7c 3c 99 c2 af c7 f1 bf 60 ac 67 1c 73
CertUtil: -hashfile 命令成功完成。
#计算下载镜像文件的 SHA256 哈希码
>certutil -hashfile F:\CentOS-7-x86_64-DVD-1804.iso SHA256
SHA256 哈希(文件 F:\CentOS-7-x86_64-DVD-1804.iso):
50 6e 4e 06 ab f7 78 c3 43 5b 4e 57 45 df 13 e7 9e bf c8 65 65 d7 ea 1e 12
80 67 ef 6b 5a 63 45
CertUtil: -hashfile 命令成功完成。
```

计算完成后，与 sha1sum.txt 以及 sha256sum.txt 中列出的对应镜像文件的 sha1/sha256 码进行比对，如果文件计算出的 sha1/sha256 码和文本中的 sha1/sha256 码相同，就证明文件没有被发布者之外的第三方改动过，否则就表示所下载的文件有很大安全风险，绝对不能用来安装系统。

笔 记

 注意

- 由于镜像文件较大，计算 sha1 或者 sha256 需要等待一段时间，并非是命令失去响应。
- 只要校验 sha1 或者 sha256 中的一个码即可。
- 在 Linux 中可以使用 sha1sum 或者 sha256sum 命令来计算文件的 sha1/sha256 码。

下载校验完成后，将 ISO 镜像文件刻录成 DVD 光盘或者将其制作成能够引导安装的 U 盘，就可用于安装 CentOS 了。由于本任务中的主机有光驱，因此将其刻录成 DVD 光盘来进行安装。

1.2.3　子任务 3　安装 CentOS

接下来开始安装 CentOS 7。安装本身过程相当简单，难点在于理解 Linux 中的一些相关概念。

1. 引导菜单

首先要设置计算机的启动顺序为光驱启动，将安装光盘放入光驱，重新启动计算机。计算机启动完成引导后会显示如图 1-2 所示的引导菜单界面。该引导菜单除启动安装程序外还提供一些选项。如果在 60 秒内未按任何按键，则将运行默认引导选项（高亮显示为白色的选项）。本任务选择第一个选项立即开始安装 CentOS。

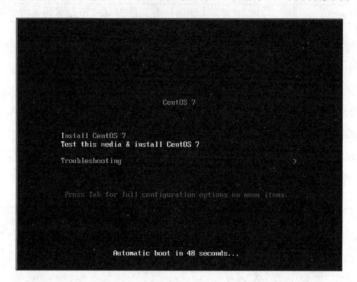

图 1-2　引导菜单界面

引导菜单中各选项的具体用处如表 1-6 所示。

表 1-6　引导菜单选项说明

引导菜单项	意　　义
Install CentOS 7	选择此选项将在计算机系统中使用图形安装程序安装 CentOS 7
Test this media & install CentOS 7	开始安装 CentOS 7 前会启动一个程序检查安装介质的完整性，是默认选项
Troubleshooting >	该菜单中有子菜单，包含的选项可帮助用户解决各种安装问题。选中后，按<Enter>键显示其内容

Troubleshooting 子菜单中各选项的具体用处如表 1-7 所示。

表 1-7　Troubleshooting 子菜单选项说明

引导菜单项	意　　义
Install CentOS 7 in basic graphics mode	该选项可让用户在安装程序无法使显卡载入正确的驱动程序的情况下使用图形模式安装 CentOS。如果在使用 Install CentOS 7 选项时界面无法正常显示或者变成空白，可以重启计算机并尝试这个选项
Rescue a CentOS system	选择该选项修复已安装的无法正常引导的 CentOS 系统
Run a memory test	该选项在用户的系统中运行内存测试
Boot from local drive	使用该选项可以立即从硬盘引导启动
Return to main menu	选择该选项返回主引导菜单

注意

如果确定所下载的镜像和刻录的光盘没有问题，可以选择"Skip"，也可以通过单击
"OK"按钮进行光盘测试，因为通过光盘测试后，后续的安装则不会出现奇怪的问题。
单击"OK"按钮后，程序会开始测试光盘内的所有文件的信息，这将会花费一定的时间。

接下来进入 CentOS 的图形安装界面，这也是官方推荐的安装方法。

2. 安装语言设置

安装程序的第一个界面是安装语言设置界面，如图 1-3 所示。在左侧的面板中
选择语言为"中文"，然后可在右侧的面板中选择用户所在地区使用的具体语言
为"简体中文（中国）"。

图 1-3　安装语言设置界面

 注意

这个选择还将成为安装后系统的默认语言，除非稍后更改。

3. 安装信息摘要

选择完安装过程中的语言后，单击"继
续"按钮进入 CentOS 安装信息摘要界面，
如图 1-4 所示。

在安装信息摘要界面，总共有"本地化"
"软件""系统"3 栏共 9 个配置项。对于"本
地化"栏中的 3 个配置项"日期和时间""键
盘"和"语言支持"，以及"软件"栏中的"安
装位置"配置项及"系统"栏中的"SECURITY
POLICY"，保持默认即可。

本次安装主要配置的是"软件"栏中的
"软件选择"配置项和"系统"栏中的"安装
位置""网络和主机名""KDUMP"配置项。

图 1-4　安装信息摘要界面

注意

如果配置项图标上出现黄色感叹号，表示必须进入该配置项进行配置，否则无法进入下一步。

4. 软件选择

单击"软件选择"图标即可进入软件选择界面，如图 1-5 所示。系统中的软件以若干"基本环境"的方式呈现。这些环境是预先定义的软件包组合，有特殊的目的，如"虚拟化主机"环境包含运行虚拟机所需的必要软件包。安装时只能选择一个软件环境。每个环境中都有额外的软件包可用，在"已选环境的附加选项"中显示，选择新环境后会刷新附加组件列表，可以为安装环境选择多个附加组件。

因为本任务要求安装一个文件共享和存储服务器，因此选择"带 GUI 的服务器"环境，在附加选项中选择"FTP 服务器"和"文件及存储服务器"两类软件包。完成后，单击"完成"按钮返回安装信息摘要界面。

5. 网络和主机名配置

单击"网络和主机名"图标即可进入网络和主机名配置界面，如图 1-6 所示。安装程序自动探测可本地访问的接口，探测到的接口列在左侧方框中，在右侧单击列表中的接口显示详情。要激活或者取消激活网络接口，请将界面右上角的开关转到"打开"或者"关闭"。本任务将网络接口激活。

在一般情况下，网络中都有 DHCP（动态主机配置协议）服务，无须配置网络连接参数。如果要手动配置网络连接，可单击该界面右下角的"配置"按钮，此时会出现一个对话框供用户配置所选连接。由于局域网中有 DHCP 服务，网络连接参数已经自动获取到了，无须配置。

在连接列表下方，可以在"主机名"文本框中输入这台计算机的主机名。主机名可以是"完全限定域名（FQDN）"，其格式为 hostname.domainname；也可以是"简要主机名"，其格式为 hostname。本任务安装的主机并没有特殊的要求，因此保持其默认设置 localhost.localdomain。

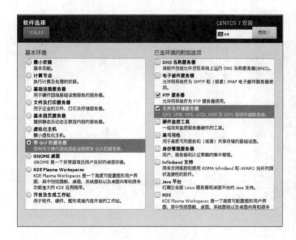

图 1-5　软件选择界面

图 1-6　网络和主机名配置界面

完成后，单击"完成"按钮返回安装信息
摘要界面。

6. 安装目标位置选择

单击"安装目标位置"图标即可进入安装
目标位置选择界面，如图 1-7 所示。在这个界
面中可以看到计算机中的本地可用存储设备。
单击界面顶部方框中的磁盘图标选择要安装系
统的磁盘。还可以单击"添加磁盘"按钮添加
指定的附加设备或者网络设备。本任务的系统
中只有一个磁盘，默认选择该硬盘。

在"分区"部分，可以选择如何对存储设
备进行分区，可以手动配置分区，也可以允许
安装程序自动分区。

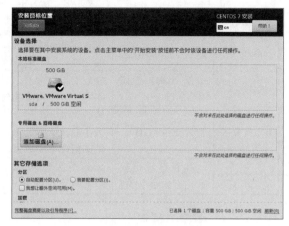

图 1-7　安装目标位置选择界面

 注意

> 在本任务的知识点 2 中将对硬盘分区、文件系统等概念进行简单介绍，并在任务 7 的知
> 识点 1 中进行详细介绍。

如果是全新安装系统，CentOS 建议使用自动分区，保留默认的"自动配置分区"
单选按钮，安装程序就会在存储空间中生成必要的分区。虽然在本任务中是全新安
装，但出于学习目的，还是选择"我要配置分区"，进入手动分区界面，如图 1-8
所示。

单击其中的"点这里自动创建他们"，安装程序将自动创建 CentOS 官方推荐的
分区布局，如图 1-9 所示。

图 1-8　手动分区界面

图 1-9　自动生成官方推荐的分区布局

官方推荐的分区布局参数如表 1-8 所示。

表 1–8 官方推荐的分区布局参数表

分 区	建 议 大 小	介 绍 说 明
boot 分区	建议 500MB 以上	挂载到/boot 目录上。该分区中放置操作系统内核，提供引导过程中要使用的文件。鉴于多数固件的限制，建议生成一个较小的分区来保存这些文件
root 分区	最低 5GB，建议 10GB 以上	挂载到根目录上。根目录位于目录结构的顶端，默认情况下所有文件都写入这个分区，除非写入路径中挂载了不同分区
home 分区	建议至少 1GB	挂载到/home 目录上，目的是将用户数据与系统数据分开保存。该分区的大小取决于本地保存数据量、用户数量等，可让用户在不删除用户数据文件的情况下完成系统升级，或者重新安装系统
swap 分区	与主机运行负载和内存大小有关	swap 分区支持虚拟内存，当没有足够的物理内存保存系统处理的数据时会将数据写入 swap 分区，swap 分区不需要挂载到目录上

 注意

- 自动生成的分区中除了/boot 分区为标准分区外，其他的 4 个分区都是基于逻辑卷管理（logical volume manager，LVM）的，使得这些分区能够灵活地扩展大小。
- 自动生成的分区中 swap 分区的大小是 2GB。在本任务的知识点 2 中将解释什么是 swap 分区，以及为何会设置这么一个大小。
- 每个分区都有一个挂载点，这个是分区的入口。在本任务的知识点 2 中将简单介绍什么是挂载点，并在任务 7 的子任务 2 和知识点 5 中详细解释。

完成了分区布局设置后，单击"完成"按钮，列出了划分分区（LVM）和创建文件系统任务清单，如图 1-10 所示。单击"接受更改"返回手动分区界面，单击"完成"按钮返回安装信息摘要界面。

 注意

笔 记

分区表的格式是 MS-DOS 格式，在本任务的知识点 2 中将进行简单解释，并在任务 7 的知识点 1 中详述。

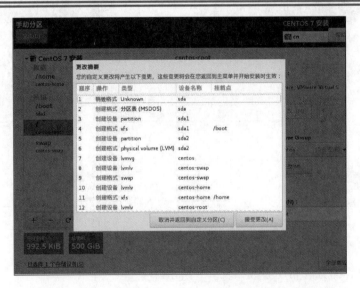

图 1-10 划分分区（LVM）和创建文件系统任务清单

7. KDUMP 配置

在这里选择是否在这个系统中使用 KDUMP。KDUMP 是内核崩溃转储机制，当前基本不会用到这个功能，而启用 KDUMP 会占一定数量的内存，所以取消选中"启用 kdump"复选框，禁用 KDUMP，KDUMP 设置界面如图 1-11 所示。

 注意

所谓内核崩溃转储机制，简单来说就是当系统内核出现错误的时候，将当时的内核信息写到硬盘特定文件中，供开发者研究内核崩溃的原因。作为普通的系统管理员，不需要去分析内核。

完成后，单击"完成"按钮返回安装信息摘要界面。

8. 开始安装

完成安装信息摘要界面中上述的所有部分后，该菜单界面底部的警告会消失，同时"开始安装"按钮变为可用，如图 1-12 所示。单击"开始安装"。

图 1-11 KDUMP 设置界面

图 1-12 "开始安装"按钮变为可用

 注意

直到安装过程的这一步为止，尚未对计算机做出任何永久性更改。单击"开始安装"按钮后，安装程序才会对硬盘分区、创建文件系统，并开始将 CentOS 安装到分区中。此时要完全取消安装，可单击"退出"按钮或者关闭计算机。

9. 安装进度

在单击"开始安装"按钮后会出现安装进度界面，该界面上有"ROOT 密码"和"创建用户"两个配置项，如图 1-13 所示。这两个配置项都是必须配置的。

10. 设置 root 密码

设置 root 用户的密码是安装过程中的一个重要步骤。单击"ROOT 密码"图标，进入"ROOT 密码"界面，如图 1-14 所示。在相应文本框中输入新密码，在"确认"文本框中输入相同密码以保证其正确设置。设定 root 密码后，单击"完成"按钮返回安装进度界面。

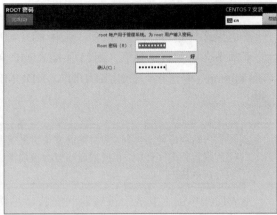

图 1-13 安装进度界面　　　　　　　　图 1-14 root 用户密码设置界面

 小心

- root 用户也称为根用户或者超级用户。root 用户对系统有完全的权限，是执行系统维护工作的用户，因此对待 root 用户密码必须非常谨慎。
- 系统对于用户的密码强度有一定的要求：
  ✓ 长度不得少于 8 字节。
  ✓ 可包含数字、字母（大写和小写）及符号。
  ✓ 区分大、小写且应同时包含大写和小写。
  ✓ 不应是字典中的词汇。

11. 创建用户账号

单击安装进度界面中的"创建用户"图标，进入"创建用户"界面，如图 1-15 所示。在此可以创建一个普通用户并配置其参数，官方建议在安装过程中执行此操作。本任务中为系统设置一个名为 stu 的普通用户。

12. 完成安装

CentOS 成功安装完毕以后，需要重启进入系统，如图 1-16 所示，单击"重启"按钮即可。

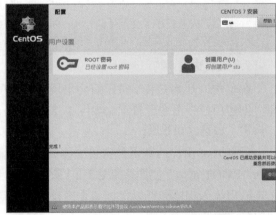

图 1-15 普通用户创建界面　　　　　　　图 1-16 完成安装界面

13. 初始设置

重启后进入"初始设置"界面，如图 1-17 所示。该界面中有"LICENSE INFORMATION"和"网络和主机名"两个选项。

单击"LICENSE INFORMATION"图标，进入"许可信息"界面，如图 1-18 所示。选择"我同意许可协议"，单击"完成"按钮返回"初始设置"界面。

图 1-17 "初始设置"界面

图 1-18 "许可信息"界面

单击"网络和主机名"图标再次进入网络和主机名配置界面，操作与步骤 5 中相同。激活网络接口，单击"完成"按钮返回"初始设置"界面。单击"完成配置"按钮进入系统登录界面，如图 1-19 所示。

14. 首次登录

接下来就可以选择用户并输入密码登录系统，如图 1-20 所示。首次登录系统会要求对语言、输入法、用户隐私等进行简单配置，之后就可以开始使用系统了，如图 1-21 所示。

图 1-19 完成初始配置

图 1-20 登录界面

至此，就完成了整个任务。

图 1-21 开始使用 CentOS

1.3 必要知识

微课 1-4
选择 Linux 版本

1.3.1 知识点 1 核心版本与发行版本

1. Linux 基本结构

市面上 Linux 的种类非常多，从华为手机[①]到神威·太湖之光[②]用的都是 Linux 操作系统，其差别巨大。为何看上去如此不同的系统都是 Linux 呢？首先需要简单了解一下 Linux 的基本结构才能回答这个问题。

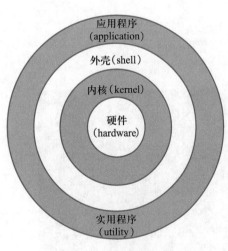

图 1-22 Linux 操作系统组成部分

一个完善的 Linux 操作系统往往由 4 部分组成，即内核（kernel）、外壳（shell）、实用程序（utility）和应用程序（application），如图 1-22 所示。内核是 Linux 的心脏，实现操作系统的基本功能，包括管理硬件设备、管理内存、提供硬件接口、处理基本 I/O、管理文件系统、为程序分配内存和 CPU 时间等；外壳是 Linux 的交流窗口，提供用户与内核进行交互操作的接口；实用程序则是工具，是用户用于进行系统日常操作和管理的一些程序；应用程序则是给用户提供各种丰富功能的第三方程序，如各种服务器套件、文档处理

① 华为手机所采用的 EMUI 操作系统是一种 Android 操作系统，采用的内核是 Linux 内核，所以从广义上来说也是一种 Linux。

② "神威·太湖之光"是由中国国家并行计算机工程技术研究中心研制的超级计算机，理论浮点数运算性能为 125 PFLOPS，2016 年 6 月 20 日在 LINPACK 性能测试中以 93 PFLOPS 的测试结果超越天河二号（LINPACK 成绩约为 34 PFLOPS），成为世界上最快的超级计算机。神威·太湖之光采用的是基于 Linux 核心的神威睿思（RaiseOS 2.0.5），主要面向高性能领域和通用计算领域。

套件、各种媒体播放和处理套件。

显然，内核实现的是整个操作系统最关键、最基础但是对用户不可见的一些功能，而主要由外壳、实用程序和应用程序向用户提供交互和其他拓展功能。华为手机上的 EMUI 操作系统与神威·太湖之光上的神威睿思（RaiseOS）操作系统使用的都是 Linux 内核，当然这也是它们之间唯一的共同点，这两个操作系统在其他方面是大相径庭的。

2. Linux 内核

Linux 内核诞生于 20 世纪 90 年代。赫尔辛基大学学生 Linus Torvalds[①]在 1991 年 8 月，以 1987 年 Andrew S.Tanenbaum 发布的一个用于教学用途的类 UNIX 系统 Minix 为蓝本，开发了一套新的兼容 80386 处理器操作系统内核，源代码放在芬兰最大的 FTP 站点上，这就是 Linux 0.0.1 版。Linux 的内核发展到现在已经是一个非常成熟的操作系统内核，它是一个自由软件（free software）[②]，目前在 GNU 通用公共许可证[③]第 2 版之下发布。除了桌面 PC 领域，基于 Linux 内核的操作系统统治了几乎从移动设备到主机的其他全部领域。截至 2018 年 12 月，世界前 500 台最强的超级计算机全部使用基于 Linux 内核的操作系统。Linux 内核版本（kernel version）目前（截至 2019 年）是 5.x。

微课 1-5
免于被卡脖子的
自由

3. Linux 发行版本

当然，用户单凭一个操作内核是什么都做不了的，要让一个操作系统能够工作，还需要外壳、编译器（Compiler）、函数库（Libraries）、各种实用程序和应用程序等。GNU Project 就与 Linux 除了内核外的大部分重要软件的诞生密切相关。

GNU Project 是由自由软件运动[④]的精神领袖、著名程序员 Richard M. Stallman 在 1983 年发起的。GNU Project 致力于开发一个自由并且完整的类 UNIX 操作系统，包括软件开发工具和各种应用程序。到 1991 年 Linux 内核发布之前，GNU 已经几乎完成了除系统内核之外的各种必备软件的开发，但是其操作系统内核 GNU Hurd[⑤]

笔 记

---

① Linus Torvalds 也是 Git 的发明者，Git 衍生出的 GitHub 已经成为目前世界上最大的程序员社区之一。GitHub 让开源深入人心，影响了几乎全世界所有的程序员。

② 根据自由软件基金会对其的定义，自由软件是一类可以不受限制地自由使用、复制、研究、修改和分发的，尊重用户自由的软件。这方面的不受限制正是自由软件最重要的本质，与自由软件相对的是专有软件（proprietary software），或被称为私有软件、封闭软件（其定义与是否收取费用无关——自由软件不一定是免费软件）。自由软件受选定的自由软件许可协议保护而发布（或者放置在公有领域），其发布以源代码为主，二进制文件可有可无。自由软件许可证的类型主要有 GPL 许可证和 BSD 许可证两种。

③ GNU 通用公共许可证（General Public License，GPL）是最常用的自由软件许可模式。GPL 保证了所有开发者的权利，同时为使用者提供了足够的复制、分发、修改的权利。此许可证最新版本为第 3 版（v3），2007 年 6 月 29 日发布。

④ 自由软件运动是一个推广用户有使用、复制、研究、修改和分发软件等权利的社会运动。接近和相关的运动包括开放源代码运动及自由软件的开放源代码运动。自由软件运动人士认为自由软件的精神应当贯彻到所有软件：他们认为禁止计算机用户行使这种自由是不道德的行为，并且认为贩卖不附带源代码的二进制软件是十分不道德的，因为这样阻止了软件用户学习以及帮助其他人的权利。然而，目前还没有如何实现自由软件运动最终目标的共识。有些人认为应当使用法律手段强制软件供应商提供源代码；有些则认为应当通过抵制专有软件来达到目的。还有一些人则认为时间将证明，自由软件最终在质量上要比专有软件略胜一筹，并会在自由市场上取得胜利。

⑤ GNU Hurd 是一系列基于 GNU Mach 或者 L4 微内核的操作系统内核。目前，Hurd 仍在开发中，离实用还有一定的距离。

没能够充分吸引开发者，直接导致了 GNU 未能完成。Linux 内核的发布正好恰逢其会，两者一结合，就诞生了 Linux 操作系统。所以，Linux 操作系统的正式名称应该为 GNU/Linux，其标志如图 1-23 所示。几乎所有 Linux 发行版本中都使用了大量的 GNU 软件。

图 1-23　GNU/Linux 是 GNU Project 和 Linux 内核的结合，GNU 的标志是一只非洲角马（英文恰好为 gnu），Linux 内核则以一只名为 Tux 的企鹅为标志

当然，除了少数 Linux 专家之外，多数人是没有能力选择安装并配置好所有的外围软件的，好在 Linux 操作系统遵从 GNU 通用公共许可证的规定，因此在不违反 GPL 规定的前提下，个人、社区以及商业公司都可以自由地把选好的 Linux 内核、外壳、库、开发工具、外围软件归档在一起进行发布，这样被发布的一个集合体就是常说的某一种发行版本（distributions）。

目前，Linux 有数百个发行版，主流的发行版也有数十个，其中部分是彻底的自由软件，也有许多著名的商业版本是需要支付一定费用的[①]。但这与"自由软件"并不矛盾：首先，GPL 并不限制软件的商业用途；其次，"自由软件"是指使用权利的自由。

正如前面提到的，发行版本之间可能会有很大差异，这些差异主要表现在各自的安装程序包上，还表现在安全性与可用性等方面侧重点的不同。例如，有的发行版本专注于提供良好的桌面体验，有的发行版本适用于开发工作站，有的发行版本则有良好的稳定性和安全性，可以作为网络服务器操作系统。

目前 Linux 的主流发行版本有 Red Hat Enterprise Linux（RHEL）、CentOS、Fedora、Ubuntu、SUSE 和 Deabian 等。

 注意

对于初学者来说，使用上述哪个版本的 Linux 来练手其实并无本质区别，但本书中使用的是 CentOS 7，因此建议读者最好还是使用和书中一样的发行版本。

1.3.2　知识点 2 分区与文件系统基础知识

在学习 Linux 的过程中，安装是每一个初学者的第一个门槛。在这个过程中，最大的困惑莫过于给硬盘进行分区。虽然现在各种发行版本的 Linux 已经提供了友好的图形交互界面，但是很多用户还是感觉一知半解，这其中的原因主要是不清楚 Linux 分区的一些基本概念。下面就对这些知识点作简要阐述。

笔 记

······················
······················
······················
······················
······················
······················
······················
······················

---

① 主要收取的是软件相关技术指导手册、系统更新服务、技术支持的费用，软件本身一般来说是无须付费的。

1. 分区表

硬盘有一个非常简单的功能：保存数据并能够随时访问。对硬盘进行分区的目的非常明确：将操作系统数据与用户数据进行合理分隔；可使用不同的文件系统，可运行多个操作系统。分区主要依靠分区表（paratiton table）来实现，分区表中记录了每个分区的起始和结束位置。分区表一旦丢失，硬盘上的数据就都损毁了。

2. 分区标准

在 Linux 中目前支持两类物理硬盘分区表类型：MS-DOS（MBR 分区表）和 GPT（GUID 分区表）。MS-DOS 是基于 BIOS 的计算机使用的较老的磁盘分区方法；GPT 是较新的分区布局，它是统一可扩展固件界面（UEFI）的一部分。当使用大硬盘（2TB 容量以上）时，安装程序会自动选择 GPT 类型的分区；否则，就默认使用 MS-DOS 分区类型。

 注意

- 从前面的图 1-10 中可以看到，建立的分区表是 MS-DOS 类型的。
- MS-DOS 分区表不能支持 4 个以上的主分区（如果超过就必须使用扩展分区），不能支持 2.2TB 容量以上的硬盘，容错性能较差，有很大的局限性。
- GPT 分区表理论上支持无限个分区（操作系统一般会有限制），支持 2.2TB 以上的大硬盘，容错性能佳，已经逐渐替代 MS-DOS。

3. 逻辑卷管理

逻辑卷管理（LVM）是 Linux 环境下对磁盘分区进行管理的一种机制，可以将多个物理分区整合在一起作为一个设备提供给用户，并且可以根据实际需要动态调整文件系统空间来提高磁盘分区管理的灵活性。

LVM 的原理并不难理解：将 LVM 物理磁盘或者分区格式化为物理卷。一个或者多个物理卷合并组成卷组（等同于一个硬盘），每个卷组按需求划分为一个或者多个逻辑卷（等同于分区）。可以像操作一个分区一样在其中建立文件系统类型。例如，在任务 3 中安装系统时自动生成的分区中，除了引导启动分区/boot 外，其他所有的分区其实都是 LVM 中的逻辑卷。

4. 交换（Swap）分区

Linux 在安装的时候，需要划出一个分区作为"Swap 分区"，也叫作"交换分区"。简单来说，当程序需要的内存比计算机拥有的物理内存还要大时，Linux 的解决办法就是把存不下的东西转移到硬盘上的"虚拟内存"中去，尽管硬盘的速度比内存慢很多，但是至少容量要大很多。另外，操作系统也可以把一些很久不活动的程序转移到虚拟内存中去，留出更多的主内存给需要的程序。交换分区就是在 Linux 中专门划分给虚拟内存所使用的分区。

交换分区大小的划分对 Linux 服务器的性能至关重要。通过调整交换分区，有时甚至可以越过系统性能瓶颈，节省系统升级费用。在划分交换分区大小时，可以遵循如下几条原则：

笔 记

● 交换分区不能过小。一个适当大小的交换分区对于主机，尤其是物理内存较小的机器是必不可少的。

● 交换分区也不能太大。划分过大的交换分区不仅不能够加快机器运行速度，还会适得其反，并且浪费硬盘空间。

● 如果主机有多个物理磁盘，最好把交换分区分布到每块磁盘上以提高运行速度。因为交换分区的操作是磁盘读写的操作，如果有分布于多个磁盘上的多个交换分区，交换分区的分配会轮流操作不同磁盘，这样会大大均衡 I/O 的负载，加快交换的速度。

一般来说，在主机用途没有特殊要求的前提下，可以参照 Red Hat 公司推荐的交换分区的大小划分原则，如表 1-9 所示。

表 1-9　RHEL 官方推荐的系统交换分区设置

系统物理内存容量/GB	建议交换分区大小	允许系统休眠的建议交换分区大小
低于 2	物理内存的 2 倍	物理内存的 3 倍
2～8	与物理内存相等	物理内存的 2 倍
8～64	4GB 到物理内存的 0.5 倍	物理内存的 1.5 倍
超过 64	独立负载（至少 4GB）	不建议使用休眠功能

5. 挂载点

对 Linux 用户来说，无论有几个分区，都只有一个独立且唯一的目录树。Linux 中每个分区都可以成为这个唯一目录树的一部分，因为它采用了一种叫作"挂载"的处理方法，将一个分区和一个目录联系起来，Linux 可以将一个分区"挂载"到目录树下的某一个目录中。这个目录就称为"挂载点"，实际上就是这个分区文件系统的入口目录。

选择挂载点是安装时进行磁盘分区必不可少的步骤，注意在任务 3 中安装系统时自动生成的分区中，除了 Swap 分区外，其他所有分区的挂载点都分别设置为某个目录。这些设置好的分区，在开机时将会被自动挂载到预设的挂载点目录上去，然后就可以通过这些目录去访问它们。也可以在安装完成之后，通过手动的方式来挂载和卸载分区。

6. 文件系统

文件系统是一种存储和组织计算机数据的方法，使得对其访问和查找变得容易。Linux 系统支持大约 100 种分区类型的读取，支持读取这么多类型的分区系统的主要目的是提高兼容性，但是其只能对其中很少的一部分进行创建和写操作。CentOS 7 支持读写的所有文件系统有 BTRFS、CRAMFS、EXT2、EXT3、EXT4、FAT、GFS2、HFSPlus、Minix、MS-DOS、NTFS、ReiserFS、VFAT 和 XFS。

注意到在任务 3 中安装系统时自动生成的分区中，除了 Swap 分区外，其他所有分区的文件系统都被创建为 XFS，这是 CentOS 7 中的默认文件系统。

笔记

1.4 任务小结

在经历了 Linux 的第一课之后，小 Y 对 Linux 有了一个大概的了解。现在，小 Y 应该能够：

1. 确认主机硬件是否兼容 CentOS 7。
2. 获取 CentOS 7 安装镜像文件。
3. 安装 CentOS 7 系统。

同时，小 Y 应该已经了解：

1. Linux 核心的概念。
2. Linux 发行版本及相关概念。
3. Linux 硬盘分区基础知识，包括分区表、分区标准、逻辑卷管理、挂载点以及交换分区等基本概念。
4. Linux 所支持的文件系统。

任务2
初识 bash

——与君初相识，犹如故人归。

任务场景

在老 L 的帮助下，小 Y 终于完成了 CentOS 的安装，但是安装好的服务器不能放在办公桌上，而要搬到机房中去。那么，如何关机呢？按关机键还是拔电源？放到机房后又该如何控制服务器呢？下面就和小 Y 一起来完成这个任务吧！

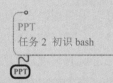

PPT
任务 2 初识 bash

核心素养

2.1　任务介绍

经过一番网上信息搜索和论坛求助后，小 Y 发现要面对的问题主要可以分解为
3 部分，包括：

- 通过何种方法与 Linux 进行交互。
- 关机、重启等指令。
- 如何远程操控主机。

那么，首先要了解一些什么知识，又该从哪里着手做起呢？

2.2　任务实施

微课 2-1
与 Linux 进行交互

2.2.1　子任务 1　与 Linux 进行交互

在所有的问题之中，最先要解决的就是如何才能够让 Linux 做用户想让它做的
事情。

可以用多种方式做到这一点。例如，Linux 程序员可以用编程语言通过操作系
统的编程接口与 Linux 进行交互，甚至可以不使用编程接口，直接与 Linux 内核进
行交互。但是，作为一名普通的 Linux 系统管理员，还是建议通过现成的用户命令
接口（user command interface）与 Linux 进行交互。与 Linux 的"核（kernel）"对应，
用户命令接口被形象地称为"壳（shell）"。

简单来说，shell 就是一种能让用户与 Linux 之间进行"对话"的软件。shell 等
待用户输入，向 Linux 解释用户的输入，并且处理各种各样的系统输出结果，把这
些结果展示给用户。这种交互可以是即时交互（从键盘输入，并且可以立即得到响
应），也可以是非即时交互（shell 脚本[①]）。

本任务中所使用的 CentOS 系统上的默认 shell 叫作 bash（the GNU's bourne again
shell）。bash 也是绝大部分 Linux 平台上的默认 shell。

 注意

- 事实上，Linux 为用户提供了两种截然不同的"壳"：一种是命令行（command line
interface，CLI），用户利用这些字符命令或者 shell 脚本来组织和控制作业的执行，
或者对计算机系统进行管理；另一种是图形用户界面（graphical user interface，GUI），
用户通过单击、拖动图标来完成同样的事情。

---

① shell 脚本是放在文件中的一串 shell 和操作系统命令，它们可以被重复使用。简单来说，shell 脚本就是将命
令行命令简单地组合到一个文件里面。

笔记

....

....

....

....

....

....

....

....

- 对 CLI 和 GUI 应该抱着开放的态度，它们只是解决不同问题的工具而已，完全不存在孰优孰劣的问题。例如，运维技术人员肯定觉得 CLI 比较好用，而美工则一定觉得 GUI 更好。
- 在本书的 10 个任务中基本没有用到 GUI 也只是因为在完成这些任务时，CLI 更加顺手。

微课 2-2
图形界面还是文本界面：一分为二看问题

1. 标准命令提示符

当在文本模式下登录系统或在图形用户界面下打开终端时，首先将看到的是一个提示符（prompt）。提示符本身就包含了相当多的信息。如图 2-1 所示，CentOS 中的标准提示符包括了 4 部分信息：① 登录用户名；② 登录的主机名；③ 用户当前所在的目录（working directory）；④ 提示符号。

图 2-1 中，stu 为登录用户名；localhost 为登录的主机名；～表示当前用户正处在 stu 用户的家目录中；$则表示当前登录用户为普通用户。

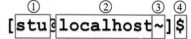

图 2-1　CentOS 中的标准命令提示符

 注意

- 根据 bourne shell 的传统，普通用户的提示符以$结尾，而根用户以#结尾。
- ～符号不是一个固定的目录名称，而是一个 shell 变量，代表使用者的家目录。举例来说，如果以 dev01 用户身份登录系统，dev01 的家目录是/home/dev01，那么～就代表/home/dev01；如果以 root 身份登录系统，而 root 的家目录是/root，那么～就代表/root。

这时就可以输入命令了。为熟悉 shell，下面选择 3 个有代表性的命令来小试牛刀，这 3 个命令分别为 whoami、echo 和 nano。

 注意

- Linux 中所谓的命令（command），本质上是一个与命令同名的可执行（runnable）的二进制文件或者 shell 脚本。
- 这些可执行文件一般都放在/bin、/sbin、/usr/bin 或者/usr/sbin 等目录中，当要执行命令的时候，shell 就会在这些目录或者其他用户指定的目录中（在后面会详细讨论如何指定这些目录）搜索相应的可执行文件，找到以后就运行；如果找不到文件，那么 shell 就会在终端中输出相应的错误信息。

笔 记

2. 不带选项和参数的 whoami

首先来试一试 whoami，在命令提示符后输入 whoami 命令，然后回车，命令将输出当前登录用户的用户名，如清单 2-1 所示。

清单 2-1

```
$ whoami
stu
$
```

whoami 是 Linux 中最简单的命令之一，不能带参数，只有两个选项，所以要通过 shell 给 Linux 下达命令很简单：只要在提示符后输入命令，然后回车，就可以执行这个命令，并在终端里输出相应的结果（如果有的话），命令结束后，再给出新的提示符；如果出错，那么就会在终端中输出相应的错误信息，然后给出新的提示符，如清单 2-2 所示。

清单 2-2

```
$ whoAmi
bash: whoAmi: command not found
$
```

 注意

● 切记，Linux 区分大小写。换句话说，whoami 和 whoAmi 是不一样的。
● Linux 中的命令往往会带若干选项（option）或者参数（parameter），二者对于命令来说相当重要。
  ✓ 选项：包括一个或多个字母的代码，一般来说前面有一个-符号或者--符号（-或者--符号是必要的，Linux 用它来区别选项和参数）。选项可以被看作一种开关，一般用于控制命令的行为。事实上，Linux 中的命令在正常情况下应至少有两个选项，即--help 和--version。
  ✓ 参数：一个字符串，一般用来向命令传递一些运行所需的信息（如文件名等）。Linux 大多数命令都被设计为可以接纳参数。
● 命令本身、选项和参数中间用空格来分隔，不论空多少格，shell 都将其视为一格。

 命令 whoami

用法：whoami [选项]...
功能：显示用户名。
whoami 的选项与说明如表 2-1 所示。

表 2-1 whoami 的选项与说明

选 项	说 明
--help	显示此命令帮助信息
--version	显示命令版本信息

3. 带选项和参数的 echo

第二个命令 echo 相对复杂，不仅有选项，还可以跟参数。首先来看命令最简单的使用方法，在命令提示符后输入 echo 命令，空格之后跟上一个字符串"Hello, Linux world."，然后回车，命令将在屏幕上回显此字符串。这个命令带一个参数，就是字符串 "Hello, Linux world."，如清单 2-3 所示。

清单 2-3

```
$ echo "Hello, Linux world."
Hello, Linux world.
```

echo 命令可以带选项，如在其后跟上-n 选项，表示在回显指定字符串后不换行，如清单 2-4 所示。

清单 2-4

```
$ echo -n "Hello, Linux world."
Hello, Linux world.$
```

或者跟上-e 选项，来输出以反斜杠开头的转义字符，其中，\t 表示制表符，\n 表示换行，如清单 2-5 所示。

笔 记

清单 2-5

```
$ echo -e 序号\\t 姓名\\t 成绩\\t 备注\\n1\\t 张三\\t59\\t 补考
序号   姓名   成绩   备注
1      张三   59     补考
```

 注意

- 所有的 ASCII 码都可以用"\"加数字（一般是八进制数字）来表示。而 C 语言中定义了一些字母前加"\"来表示常见的那些不能显示的 ASCII 字符，如\0、\t、\n等，就称为转义字符，因为后面的字符都不是它本来的 ASCII 字符的意思。
- echo 命令中的转义字符与 C 语言中的转义字符基本一样，可以输入"man echo"以参考 echo 命令的帮助文档。

 Shell 内建命令 echo

用法：echo [选项]... [字符串]...
功能：将字符串回显到标准输出。
echo 命令的常用选项及说明如表 2-2 所示。

表 2-2　echo 命令的常用选项及说明

选　项	说　明
-n	不尾随换行符
-e	启用解释反斜杠的转义功能
-E	禁用解释反斜杠的转义功能(默认)
-e	启用下列字符反斜杠转义。 \\：反斜杠 \a：响铃声 \b：退格 \c：不再产生新的输出 \e：转义符 \f：换页 \n：新行 \r：回车 \t：水平制表符 \v：竖直制表符 \0NNN：字节数以八进制数 NNN（1～3 位）表示 \xHH：字节数以十六进制数 HH（1～2 位）表示

4. 以文件作为参数的 cat

接下来介绍 Linux 中最常用的一个命令 cat（conCATenate 的缩写，顾名思义，即把东西串起来），该命令最常见的用途是用来查看或者合并文本。首先来看 cat 最简单的使用方法，在提示符后输入"cat"，并跟上一个文本文件/home/stu/scores.txt 作为参数，cat 就将这个文本文件的内容输出到了命令行中，如清单 2-6 所示。

清单 2-6

```
$ cat /home/stu/scores.txt
张三        62        及格
```

笔记

```
李四            70          中等
王五            91          优秀
赵六            83          良好
```

cat 同样可以跟上选项，如加上-n 选项，就会给输出的文本添加行号，如清单 2-7 所示。

清单 2-7

```
$ cat /home/stu/scores.txt
1  张三       62          及格
2  李四       70          中等
3  王五       91          优秀
4  赵六       83          良好
```

cat 加上-E 选项，就会给显示每行的结束符，如清单 2-8 所示。

清单 2-8

```
$ cat -E /home/stu/scores.txt
张三            62          及格$
李四            70          中等$
王五            91          优秀$
赵六            83          良好$
```

cat 还可以跟多个文件作为参数，将其内容一并输出到命令行上，如清单 2-9 所示。

清单 2-9

```
$ cat file01
你好
$ cat file02
Linux
$ cat file03
世界！
$ cat file01 file02 file03
你好
Linux
世界！
```

cat 还常常与 bash 中的输入/输出重定向符连用，如和输出重定向符连用来合并文本，如清单 2-10 所示。

清单 2-10

```
$ cat file01 file02 file03 > file04
# 将三个文本文件的输出重定向到一个名为 file04 的文件中去了
$ ls -l file04
-rw-rw-r-- 1 dev01 dev01 47 10 月 18 15:10 file04
$ cat file04
你好
Linux
世界！
```

 注意

- 清单 2-10 第一行中的"＞"就是一个标准输出重定向符，这个重定向符的作用简单来说就是将原本显示命令行中的内容写入到"＞"后面跟着的文件中去。
- 在任务 5 中将详细讲解文件重定向。

命令 cat

用法：cat [选项] [文件]

- cat 命令的功能是连接多个文件并输出到标准输出上。此命令常用于显示单个或者多个文件内容，还可以从标准输出中读取内容并显示，常与输出重定向符（>，>>）或者 here-document 符（<<）联合使用。
- cat 命令的常用选项及说明如表 2-3 所示。

表 2-3 cat 命令的常用选项及说明

选 项	说 明
-n	由 1 开始对所有输出的行数编号
-b	和-n 相似，只不过对于空白行不编号
-s	当遇到有连续两行以上的空白行，就缩减为一行空白行
-E	在每行结束处显示$符号
-T	将 Tab 字符显示为 ^I 符号

5. 有自己界面的 nano

nano 是一个文本编辑器，与上面两个命令不太一样，该命令有自己的界面。在命令行输入"nano"并回车，就进入 nano 界面中，如图 2-2 所示。这时就可以在光标处输入文本了，可以用箭头键来移动光标，也可以按<Alt+M>快捷键打开鼠标支持来移动光标[①]。

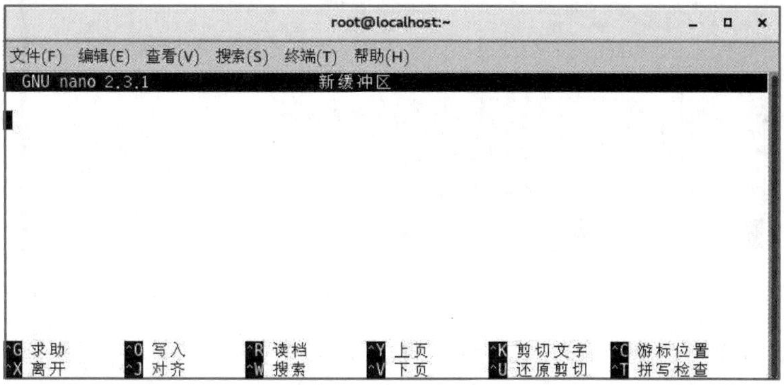

图 2-2 nano 界面

输入一段文本后（如图 2-3 所示），如果要保存，按<Ctrl+O>快捷键，填入文件名并回车，显示"已写入××行"字样，表示文件保存成功，如图 2-4 所示。

按<Ctrl+G>快捷键可以查看 nano 的帮助文档，在其中可以查看 nano 各种命令快捷键的详细用法，如图 2-5 所示。接着，按<Ctrl+X>快捷键可以退出当前查看或编辑的文档。

---

① 只有在图形界面下，才能打开鼠标支持光标移动功能。

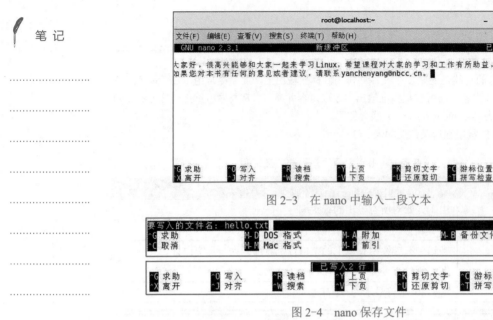

图 2-3 在 nano 中输入一段文本

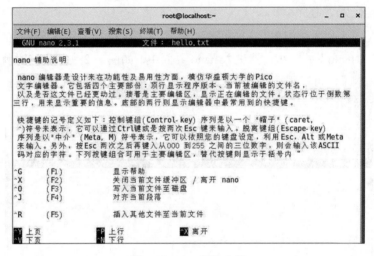

图 2-4 nano 保存文件

图 2-5 nano 帮助文档

微课 2-3
关闭和重启系统

至此，将 3 个命令都演练了一遍，对在 shell 中如何执行命令已经有所了解，对如何与 Linux 进行交互也有了初步认识。接下来就进行第二个任务。

2.2.2 子任务 2 正确关闭系统

对于工作环境下的 Linux 主机，尤其是提供敏感或者关键服务的主机来说，关机是系统管理员要充分重视的一件大事：不恰当或者不正确的关机和重启，轻则造成服务中断，重则导致数据丢失或者出错等不可挽回的后果。

当然，本任务中要面对的问题相对简单：只要将装好的主机关闭，然后搬到机房里去。主机并没有在线提供服务，除了已经登录的本地用户外，没有其他在线用户，所以即使长按主机上的关机键关机也不会造成严重后果。但是建议，在任何情况下都不要使用这种方法以及其他各种不正确的方法关机和重启。

关闭或者重启工作环境下的 Linux 主机，正确的做法应该分 3 步走：① 查看在线用户和在线服务；② 通知用户关机/重启的原因和时间安排；③ 下达关机命令。接下来，就执行这 3 个步骤来关机。

1. 查看在线用户和在线服务

首先是查看在线用户，在命令行输入命令“who -H”并回车，who 命令将列出当前所有在线用户，如清单 2-11 所示。

清单 2-11

```
$ who -H
名称      线路        时间          备注
stu     tty1       2018-09-21 13:05 (:0)
stu     pts/1      2018-09-21 14:06 (:0.0)
# stu 为登录用户名
# tty1 和 pts/1 为登录方式
# 时间中的(:0)和(:0.0)是图形界面服务端口号，一般来说，这就表明是本地登录，如果
# 是远程登录，此处应该是登录客户端的 IP 地址
```

如清单 2-11 所示，本机上没有远程登录用户，只有一个本地用户 stu，因此可以放心关机。如果有多个用户登录，则可以看到与清单 2-12 相似的输出，这时就有必要在关机/重启前通知这些用户（至于如何通知，将在第二步中讲到），并说明关机/重启的原因和时间安排。

清单 2-12

```
$ who -H
名称        线路        时间          备注
stu       tty1       2018-09-22 17:05 (:0)
stu       pts/0      2018-09-22 17:06 (:0.0)
root      pts/1      2018-09-22 17:10 (192.168.68.1)
instructor pts/2     2018-09-22 17:11 (192.168.68.3)
jack      pts/2      2018-09-22 14:12 (172.16.18.129)
```

 命令 who

用法：who [选项]... [文件|参数 1 参数 2]

功能：显示当前已登录的用户信息。

who 的常用选项及说明如表 2-4 所示。

表 2-4　who 的常用选项及说明

选　项	说　　明
-a	等于-b、-d、--login、-p、-r、-t、-T、-u 选项的组合
-b	上次系统启动时间
-H	输出头部的标题列
-m	只显示和标准输入有直接交互的主机和用户
-p	显示由 init 进程衍生的活动进程
-T	用+、-或?标注用户消息状态
-u	显示用户空闲时间
-r	显示当前运行级别
-q	列出所有已登录用户的登录名与用户数量

笔记

接下来查看运行的服务，确认是否有重要服务正在运行中。当然，在刚刚装好的主机上是否有重要服务在运行并不重要，因为主机没有应用在实际工作环境中。如果是实际工作环境下的 Linux 主机有重要服务正在运行中，同样需要管理员通知正在使用这些服务的用户，并说明关机/重启的原因和时间安排。例如，假设现在需要确认主机上是否有 HTTP 服务正在运行，可以输入"systemctl status httpd"命令，将输出指定服务相关进程的运行状态，如清单 2-13 所示。

清单 2-13

```
$ systemctl status httpd
● httpd.service - The Apache HTTP Server
  Loaded: loaded (/usr/lib/systemd/system/httpd.service; disabled; vendor
  preset: disabled)
  Active: active (running) since 二 2018-11-27 01:16:05 CST; 15s ago
    Docs: man:httpd(8)
          man:apachectl(8)
 Main PID: 4036 (httpd)
  Status: "Total requests: 0; Current requests/sec: 0; Current traffic:   0
B/sec"
   Tasks: 6
  CGroup: /system.slice/httpd.service
          ├─4036 /usr/sbin/httpd -DFOREGROUND
          ├─4040 /usr/sbin/httpd -DFOREGROUND
          ……此处省略若干行
```

命令输出中如果有"Active: active (running)"字样，那么就说明 httpd 正在提供服务，作为一个负责任的系统管理员就有义务通知所有的用户（本主机上所有网站的管理员），并说明关机或者重启的原因以及时间安排。

 注意

- systemctl 是一个管理系统中包括服务在内资源的命令，是 systemd 系统中的一个重要组成部分。在任务 10 的知识点 4 和知识点 5 中将详细介绍 systemd 及 systemctl 命令。
- httpd 是 Linux 中的一个服务器 Apache HTTP Server 的守护进程，可以向用户提供基于 HTTP 的网页浏览服务。在任务 10 中将详细讨论相关内容。

2. 通知用户关机原因和时间

首先需要通知在线用户，这时就要用到关机命令 shutdown。但需要先执行另外一个命令 su - root 来切换为 root 用户身份。原因很简单：只有 root 用户才有权限执行 shutdown 命令，如清单 2-14 所示。

清单 2-14

```
$ su - root              #切换为 root 用户
密码：
# shutdown -k 13:00 系统将在大约 1 小时（下午 1 点）后关机维护，维护时间大约持续 30
分钟，请各位保存好手头工作，以免丢失数据，给各位造成不便敬请谅解！
Broadcast message from stu@localhost.localdomain
        (/dev/pts/1) at 0:07 ...

The system is going down for maintenance in 60 minutes!
系统将在大约 1 小时后关机维护，维护时间大约持续 30 分钟，请各位保存好手头工作，以免丢失
数据，给各位造成不便敬请谅解！
```

shutdown 命令用于关机，后跟的数字 60 则表示系统将在 60 分钟后关机。但在这里 shutdown 命令带了一个-k 选项，表示"模拟关机"，即不是真正的关机，只是

笔 记

将关机消息，以及后跟的"系统将在大约 1 小时后关机维护，维护时间大约持续 30 分钟，请各位保存好手头工作，以免丢失数据，给各位造成不便敬请谅解！"字符串广播给所有在线用户。

 注意

su 是用户切换命令，su - root 指的是切换为 root 用户身份，在项目 6 的任务 1 中将详细讨论该命令。

接下来，在某些情况下还要通知正在使用主机上某些服务的用户，系统管理员可以根据实际需要选择是否要通知以及通知的方式、方法（邮件、短信、电话等）。

 注意

在本任务的知识点 3 中将详细讨论 shutdown 命令。

3. 下达关机命令

最后，就可以下达关机命令了。当然对于小 Y 来说，前面两步实际上是可以省略的，可以直接跳到这一步，切换到 root 用户，在控制台中输入 "shutdown -h 15 -t 30"，系统将在 15 分钟后关机，如清单 2-15 所示。

清单 2-15

```
# shutdown -h 15 -t 30 13:00
Shutdown scheduled for 二 2018-11-27 03:08:59 CST, use 'shutdown -c' to cancel.
The system is going down for maintenance in 60 minutes!
系统将在大约 15 分钟后关机维护，维护时间大约持续 30 分钟，请各位保存好手头工作，以免丢失数据，给各位造成不便敬请谅解！
```

2.2.3 子任务 3 实现远程联机

如果不想一直待在机房里，接下来就该解决如何远程操控主机的问题了。这个问题也得分两步来解决：① 在主机上安装启动远程联机服务器；② 安装启动远程联机客户端并联机。接下来，就尝试远程登录刚刚装好的主机。

1. 安装启动远程联机服务器

使用的远程登录服务器叫作 OpenSSH，目前几乎所有的 Linux 发行版都默认捆绑安装 OpenSSH 套件（包括服务器、客户端和运行库），并在开机时自动启动，CentOS 也不例外。当然，为了保险起见，可以使用下面的命令检查系统是否已经安装了 OpenSSH 服务器，如清单 2-16 所示。

清单 2-16

```
$ yum -q list openssh-server
已安装的软件包
openssh-server.x86_64                    7.4p1-16.el7                    @anaconda
```

如果命令输出是"已安装的软件包（installed）"，那么可以跳过安装 SSH 服务器，直接进入步骤 2。如果命令没有输出，那么就表示系统中没有安装 SSH 服务器，需要手动安装 OpenSSH 服务器。在 Linux 下安装软件有多种方法，这里选择最常用也是最方便的一种方法，即通过 yum 来安装 OpenSSH，如清单 2-17 所示。

笔 记

微课 2-4
用 SSH 协议远程联机

清单 2-17

```
$ su - root
密码:
# yum -y install openssh-server
```

 注意

- yum 是 CentOS 中默认的软件管理工具,在任务 9 中将详细讨论这个主题。
- 使用 yum 安装软件时要确保主机已经连接了 Internet。

笔 记

OpenSSH 服务器守护进程名为 sshd。与前面提到的 httpd 一样,可以通过 systemd 进行管理,用 sytemctl 进行启动/停止/查看服务的操作。首先用"systemctl status sshd"命令来查看 sshd 是否在运行,正常情况下,sshd 是默认开机自动运行的,如清单 2-18 所示。

清单 2-18

```
$ systemctl status sshd          #查看 sshd 服务运行状态
● sshd.service - OpenSSH server daemon
  Loaded: loaded (/usr/lib/systemd/system/sshd.service; enabled; vendor
  preset: enabled)
  Active: active (running) since 二 2018-11-27 01:52:30 CST; 31min ago
  #sshd 正在运行
    Docs: man:sshd(8)
          man:sshd_config(5)
 Main PID: 1205 (sshd)
    Tasks: 1
   CGroup: /system.slice/sshd.service
           └─1205 /usr/sbin/sshd -D

11月 27 01:52:30 localhost.localdomain systemd[1]: Starting OpenSSH server
daemon...
11月 27 01:52:30 localhost.localdomain sshd[1205]: Server listening on
0.0.0.0 port 22.
11月 27 01:52:30 localhost.localdomain sshd[1205]: Server listening on ::
port 22.
11月 27 01:52:30 localhost.localdomain systemd[1]: Started OpenSSH server
daemon.
```

如果显示没有启动,那么就需要手动启动这个服务器,并让它开机自启动,如清单 2-19 所示。

清单 2-19

```
#systemctl start sshd            #启动 sshd 服务
#systemctl enable sshd           #让 sshd 开机自启动
#开启(开启自启动)系统的各种服务,将在任务 10 中详细讨论这个主题
```

接下来需要检查系统防火墙是否阻止了 ssh 服务,默认情况下,系统防火墙 firewalld 中已经添加了 ssh 服务。可以用命令来进行查询,如果输出中出现"ssh"字样,就表示防火墙是允许 ssh 服务的,如清单 2-20 所示。

清单 2-20

```
# firewall-cmd --list-service
ssh dhcpv6-client http https
```

如果防火墙没有添加 ssh 服务,那么就用"firewall-cmd --add-service"命令将

ssh 服务添加好，如清单 2-21 所示。

清单 2-21

```
# firewall-cmd --add-service ssh
scuess                          #将 ssh 服务加入防火墙所有域中（一次性，当前生效）
# firewall-cmd --add-service ssh  --permanent#将 ssh 服务永久加入防火墙所有域
中（下次启动生效）
```

到这里，所有工作都完成了，接下来要完成步骤 2。

2. 安装远程联机客户端并联机

在 Windows 上进行远程连接，推荐使用的客户端软件是 PuTTY。

注意

- PuTTY 是目前最好用的开源自由使用的远程联机客户端之一。它支持多种网络协议，包括 SCP、SSH、Telnet、rlogin 和原始的套接字连接。
- PuTTY 不仅支持 SSH 1.1 和 SSH 2 协议，还支持 Telnet（最早的远程登录协议）、rlogin（UNIX 的远程登录协议）、纯 TCP 以及串行接口连接。

PuTTY 是免安装的，下载后解压，双击 putty.exe 即可运行，打开界面如图 2-6 所示。将主机的 IP 地址填入相应文本框中，端口号默认为 22（SSH 协议的端口），无须改动。

微课 2-5
配置密钥联机
登录

图 2-6　设置主机名/IP 地址和端口号

如果不知道主机的 IP 地址，可以通过执行 "ip addr" 命令来查看，如清单 2-22 所示。

清单 2-22

```
$ ip addr
1: lo: <LOOPBACK,UP,LOWER_UP> mtu 65536 qdisc noqueue state UNKNOWN group
default qlen 1000          #lo 是回环接口
    link/loopback 00:00:00:00:00:00 brd 00:00:00:00:00:00
```

笔 记

笔 记

```
    inet 127.0.0.1/8 scope host lo
       valid_lft forever preferred_lft forever
    inet6 ::1/128 scope host
       valid_lft forever preferred_lft forever
2: ens33: <BROADCAST,MULTICAST,UP,LOWER_UP> mtu 1500 qdisc pfifo_fast state
UP group default qlen 1000
    link/ether 00:0c:29:30:e0:6f brd ff:ff:ff:ff:ff:ff
    inet 192.168.116.130/24 brd 192.168.116.255 scope global noprefixroute
dynamic ens33
       valid_lft 1415sec preferred_lft 1415sec
    inet6 fe80::e8ce:8bdd:9a12:9945/64 scope link noprefixroute
       valid_lft forever preferred_lft forever
```

注意

- ip 命令用来查看和配置网络，在任务 8 的知识点 2 中将详细讨论该命令。
- 主机上的以太网接口叫作 ens33，lo 是回环接口，在任务 8 的子任务 1 中将详细讨论相关内容。

为解决中文显示问题，单击选择"Appearance"，指定光标为"Underline"（下画线）以避免中文字符被切割（默认光标是方块，会遮住光标前的半个中文字符），也可以根据需要单击"Change"按钮来改变字体，如图 2-7 所示。

单击选择"Translation"，选择字符编码为"UTF-8"，如图 2-8 所示，如果用默认的"ASCII"编码，则中文将显示为乱码。

图 2-7　设置光标和字体

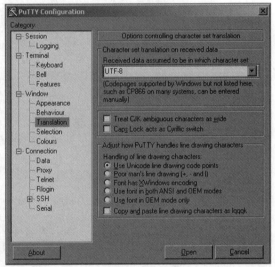

图 2-8　选择字符编码

单击选择"Colours"，根据需要，选择背景色和字体颜色，这里选择白底黑字（默认是黑底白字），如图 2-9 所示。

完成上述设置后单击"Open"按钮，首次远程连接一个主机会弹出如图 2-10 所示的对话框，其中显示了主机密钥指纹，并询问是否信任此服务器。如果选"是"，PuTTY 就会将主机密钥指纹添加到 PuTTY 与此连接的缓存中，以后每次登录该主机时，都会检查比对这个密钥指纹。

注意

- 如果不是首次连接某个主机而弹出了该对话框，那么就表示本次连接时的主机密钥指纹与首次连接时该主机的密钥指纹不一样。
- 简单来说，这表示当前连接的这个 SSH 服务器可能不是原来那个服务器了，虽然其 IP 地址或者主机名并未改变。此时应该警惕是有人在实施"中间人（man-in-the-middle）"攻击，如果是在生产环境中，应该停止登录，并联系主机系统管理员。

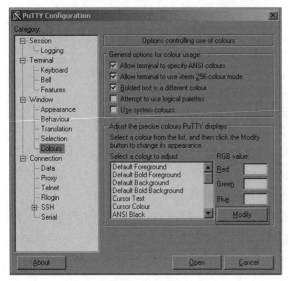

图 2-9　选择背景色和字体颜色

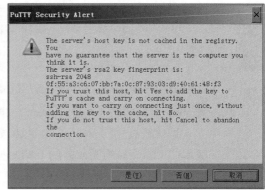

图 2-10　展示主机密钥指纹，并询问是否信任此服务器

此处选择"是"，出现登录界面，这样就在 Windows 下通过 PuTTY 远程连接上了主机，可以在"login as"字样后输入用户名，接着输入密码来远程登录主机，如图 2-11 所示。

笔 记

图 2-11　远程联机成功

如果是在 Linux 下，推荐使用的客户端软件是 openssh-cilent，它是 OpenSSH 套件的一部分，在默认情况下是随系统安装好的（查询系统中具体是否安装了

openssh-cilent 和安装 openssh-cilent 的方法请参考 openssh-server 部分）。在最简单的情况下，可以通过如清单 2-23 所示的方式来连接主机。

清单 2-23

```
# ssh命令后跟登录用户名@登录的主机名或者 IP 地址指定登录用户和远程主机
# ssh stu@192.168.68.128
stu@192.168.68.128's password:
Last login: Sun Sep 23 10:37:41 2012 from 192.168.68.1
$ #这个提示符后面就已经不是对本地主机，而是对远程主机进行操作了
```

到此为止，3 个问题全部解决。

2.3　必要知识

拓展阅读 2-1
安装 GNOME
桌面环境

2.3.1　知识点 1 bash 入门

Linux 上的 shell 有很多种，例如 Bourne Shell（/bin/sh）、Korn Shell（/bin/ksh）、C Shell（/etc/csh），在大部分 Linux 版本中，都提供对多种 shell 的支持。虽然大部分 shell 的用法都差不多，但各个 shell 在语法和细节上还是有区别的。

目前最流行的 shell 称为 bash（The GNU's Bourne Again Shell），几乎所有发行版本的 Linux 和绝大部分的 UNIX 操作系统都支持 bash。bash 是一个强大的工具，它不仅是一个命令解释器，同时也是一种功能相当强大的编程语言。bash 是 RHEL/CentOS 上的默认 shell。

笔 记

 注意

作为系统与管理员之间最主要、最常用的交互接口，bash 是 Linux 上最常用的工具。因此，花一点时间来学习 bash 是值得而且必要的。

下面就从各方面进行入门式的学习。

1. **命令行自动补全**

在命令提示符状态下，输入某些字符，再按两次<Tab>键，就会列出所有以所输入字符开头的可用命令，如果只匹配到一个命令，按一次<Tab>键就会自动将这个命令补全。这个功能被称作命令行自动补全（bash completion）。这个功能非常有用，而且会经常用到。

默认情况下，bash 可以自动补全如下几类对象：文件名和目录路径、bash 变量、用户名、主机名。下面就用 5 个例子来进行说明。

范例 1：输入"shut"字样后按一次<Tab>键，bash 会自动补全命令 shutdown，如清单 2-24 所示。

清单 2-24

```
$ shut<Tab>
#在"shut"字样后按一次<Tab>键
```

范例 2：用 file 命令查看当前目录下名为 itsaverylongandtediousfilename 的文件的类型。在 file 命令后空格并输入 "i"，再按一次<Tab>键，由于当前目录中只有一个 i 打头的文件，因此 bash 会自动补全这个很长的文件名，如清单 2-25 所示。

清单 2-25

```
$ ls
itsaverylongandtediousfilename.txt  samba_users  公共  视频  文档  音乐
saas.cfg.bak                        sample.txt   模板  图片  下载  桌面
#在 file 命令后空格并输入"i"字样后按一次<Tab>键
$ file i<Tab>
```

范例 3：在 file 命令后空格并输入 "sa" 字样，再按两次<Tab>键，自动补全功能会列出当前工作目录下以 "sa" 字样开头，可供执行 file 操作的文件列表，如清单 2-26 所示。

清单 2-26

```
#在 file 命令后空格并输入"sa"字样，再按两次<Tab>键
$ file sa<Tab><Tab>
saas.cfg.bak  samba_users   sample.txt
```

范例 4：在 cd 命令后输入 "/etc/sysconfig/n" 字样，再按一次<Tab>键，bash 会自动补全路径 "/etc/sysconfig/network-scripts"，如清单 2-27 所示。

清单 2-27

```
$ cd /etc/sysconfig/n<Tab>
#在"shut"字样后按一次<Tab>键
```

范例 5：在 ssh 命令后空格并按两次<Tab>键，自动补全功能会提供可供执行 file 操作的主机名列表，如清单 2-28 所示。

清单 2-28

```
#在 ssh 命令后空格并按两次<Tab>键
$ ssh
::1                     localhost4.localdomain4  localhost.localdomain
localhost               localhost6
localhost4              localhost6.localdomain6
```

注意

这里展示的仅仅是 bash 的标准命令行自动补全功能，bash 还提供了 "可编程的命令行补全功能（programmable completion）"，用来实现更加复杂的、自定义的命令行补全。

2. 历史命令

在默认情况下，所有通过 bash 在命令行中执行过的命令都先存放在内存的缓冲区中，该缓冲区被称为历史命令列表，bash 退出时会将历史命令列表写入历史命令文件~/.bash_history 里。

系统管理员可以看到系统上所有用户执行过的命令清单，用户则可以看到自己的命令历史。可以用快捷键（如表 2-5 所示）或者用 history 命令查看或者重新执行这些历史命令。

笔 记

表 2-5 历史命令查看快捷键

格 式	功 能
!n	重新执行第 n 条命令，n 表示历史命令列表中的序号
!!	重新执行上一条命令
!stirng	执行最近用到的以"string"字样开始的历史命令
上下箭头	遍历历史命令

 shell 内建命令 history

用法：history [选项] [历史命令文件]

功能：列出/编辑历史命令列表。

history 的常用选项及说明如表 2-6 所示。

表 2-6 history 的常用选项及说明

选 项	说 明
-c	清空历史列表，删除所有条目
-d offset	删除历史列表中 offset 位置的历史命令条目
-a	将"新"的历史条目（自当前 bash 会话开始输入的历史命令）追加到历史文件中

下面用 3 个例子进行说明。

范例 1：显示执行过的前 5 条命令，如清单 2-29 所示。显示结果有两列，第一列是命令在历史命令列表中的序号；第二列就是命令本身。如果不带数字执行 history 会显示整个历史命令列表。

笔 记

清单 2-29

```
# history 5        #显示最近执行过的 5 条命令
  844  who -H
  845  who -Hu
  846  man who
  847  info who
  848  who -u stu
```

范例 2：执行上一条命令，如清单 2-30 所示。范例中输出有两行，第一行是上一条命令本身；第二行是上一条命令的输出。

清单 2-30

```
#执行一条 echo 命令回显一个字符串
# echo "Hello,history."
Hello,history.
#执行上一条命令，也即 echo 命令
# !!
echo "Hello,history."
Hello,history.
```

范例 3：执行上一条命令和最近一条以"sh"字样开头的命令，如清单 2-31 所示。这条命令没有输出，原因很简单：最近执行的以"sh"打头的一条命令是 shutdown now，该命令导致了机器立即关机。

清单 2-31

```
#执行最近一条以"sh"字样打头的历史命令
#!sh
```

 小心

除非清楚地了解以前执行过什么命令，否则最好还是在查看确认后使用"!"来执行历史命令，特别是 root 用户。

3. 命令别名

当频繁地使用选项和参数较为复杂的某条命令时，可以用 alias 为它创建一个简单的别名。下面用两个例子来说明如何使用 alias 定义和查看别名。

 shell 内建命令 alias

用法：alias [别名[='命令名称']]
- 创建别名或将现有别名输出。
- 如果"别名"参数不是一个有效的名称，则会显示一条错误消息。
- 不加任何选项和参数，就会输出当前环境下用户定义的所有别名。

范例 1：定义两个别名，如清单 2-32 所示。

清单 2-32

```
#创建用一个名为"关机"的关机命令别名
$ alias 关机='shutdown now'
#创建用一个名为"hello"的 echo 命令别名
$ alias hello='echo "Hello,world. '
```

范例 2：查看当前环境下本用户定义的别名，如清单 2-33 所示。

清单 2-33

```
# alias #除了范例1中定义的两个别名外，其他别名是系统帮我们定义的
alias egrep='egrep --color=auto'
alias fgrep='fgrep --color=auto'
alias grep='grep --color=auto'
alias hello='echo "Hello,world. '
alias l.='ls -d .* --color=auto'
alias ll='ls -l --color=auto'
alias ls='ls --color=auto'
alias vi='vim'
alias which='alias | /usr/bin/which --tty-only --read-alias --show-dot
--show-tilde'
alias 关机='shutdown now'
```

笔 记

 注意

- alias 命令仅对本次登录系统有效。
- 如果希望每次登录系统都能够使用该命令中的别名，可以编辑~/.bashrc 文件（root 用户是/root/.bashrc，普通用户是/home/用户名/.bashrc），在其中按照 alias 别名="命令名称"格式写入要添加的别名，保存退出.bashrc 文件，注销后再次登录系统，别名就永久生效了。

4. 特殊字符和快捷键

bash 中还有一些特殊字符和一些快捷键，这些特殊的符号和按键组合在日常管

理系统时，如果能够用得好，往往能起到事半功倍的效果。在表 2-7 和表 2-8 中，分别列出了一些任务中会（或者可以）用到的 bash 特殊符号和快捷键供参考。

表 2-7　一些常用的 bash 特殊字符

符　　号	使用方法及说明
#	作为注释使用，在一行中，#后面的内容并不会被执行
~	表示当前用户的家目录，如果波浪号后面跟用户名，如~stu，表示是 stu 用户的家目录
-	前一个工作目录

表 2-8　一些常用的 bash 快捷键

快　捷　键	使用方法及说明
Ctrl+R	用来搜索命令行缓冲区内的历史命令文本，按下之后，提示符会变成"(reverse-i-search)'': "的样式，输入的搜索内容出现在单引号内，同时冒号后面出现最近最匹配的内容。再按一次<Ctrl+R>快捷键可以切换到下一个匹配的结果，如果找到合适的，按<Enter>键就可以执行，按<→>键会把查询结果放到当前行，可以进行编辑
Ctrl+L	清空终端屏幕
Ctrl+C	终结一个前台作业
Ctrl+D	EOF（文件结尾/end of file），表示标准输入（stdin）的结束

2.3.2　知识点 2 用户帮助命令 man 和 help

微课 2-6
用好帮助文档

本节将介绍如何使用 Linux 中的重要工具——帮助文档。

1．man 命令

man 命令是 Linux 中最常用的帮助命令。man 是 manual 的缩写，用来查看系统中自带的各种帮助文档（注意，不仅是命令）。例如，现在要查看 who 命令的帮助文档，输入 man who 即可，如清单 2-34 所示。

清单 2-34

```
$ man who
```

这时就出现了 man 命令的界面，界面如清单 2-35 所示。

清单 2-35

```
WHO(1)                   User Commands                      WHO(1)
#上面括号里面的数字是有意义的
NAME   #这个程序的名称和简单用途的说明
    who - show who is logged on
SYNOPSIS       #程序摘要，也即其简单格式
    who [OPTION]... [ FILE | ARG1 ARG2 ]
DESCRIPTION    #程序详细说明，包括选项与参数的用法
    Print information about users who are currently logged in.
    -a, --all
        same as -b -d --login -p -r -t -T -u
    -b, --boot
        time of last system boot
…… 此处省略若干行
    --help display this help and exit
    --version
        output version information and exit
```

```
        If FILE is not specified, use /var/run/utmp. /var/log/wtmp as FILE
is common.
If ARG1 ARG2 given, -m presumed: 'am i' or 'mom likes' are usual.
AUTHOR        #程序的作者
       Written by Joseph Arceneaux, David MacKenzie, and Michael Stone.
REPORTING BUGS #如果发现 bug 可以联系的电子邮件
       Report who bugs to bug-coreutils@gnu.org
       GNU coreutils home page: <http://www.gnu.org/software/coreutils/>
       General help using GNU software: <http://www.gnu.org/gethelp/>
       Report who translation bugs to <http://translationproject.org/team/>
COPYRIGHT      #程序的许可协议
       Copyright © 2010 Free Software Foundation, Inc.  License GPLv3+: GNU
       GPL version 3 or later <http://gnu.org/licenses/gpl.html>.
       This is free software: you are free to change and redistribute it.
       There is NO WARRANTY, to the extent permitted by law.
SEE ALSO      #何处获取程序的完整文档
       The full documentation for who is maintained as a Texinfo manual.  If
       the info and who programs are properly installed at your site, the command
          info coreutils 'who invocation'
       should give you access to the complete manual.
GNU coreutils 8.4            November 2011                WHO(1)
```

　　当然，不同程序的文档格式可能有些区别。一个 man 文档中可能包括的项目如表 2-9 所示。

表 2-9　man 文档中常见项目说明

部　　分	内　容　说　明
NAME	程序的名称和简单用途的说明
SYNOPSIS	程序摘要，也即其简单用法格式
DESCRIPTION	程序详细说明，包括选项、参数、子命令等的用法
COMMANDS	可以在此程序中使用的内部命令
FILES	这个程序或数据所使用或者相关的某些文件
EXAMPLE	这个程序使用的一些参考的样例
AUTHOR	程序的作者
COPYRIGHT	程序的许可协议
SEE ALSO	其他要说明的事项
BUGS	程序中已知的 bug

 注意

- man 命令事实上是调用 less 命令来查看各个帮助文档的。
- 在 man 中，可以使用 less 命令的各个快捷键（任务 5 的知识点 2）来进行移动、查询和退出操作。

　　前面已提到过，man 不仅能够用来查看程序或者命令的帮助文档，还能查看系统其他部分的帮助文档。系统的帮助文档分为 8 类，如表 2-10 所示。

表 2-10 系统帮助文档分类

序 号	说 明
1	可执行程序或者普通命令的帮助文档
2	系统调用，也即内核提供的功能调用的帮助文档。例如，要调用内核的某个函数，不知道要加什么头文件
3	标准 C 语言库函数调用的帮助文档
4	特殊文件，也就是/dev 下的各种设备文件的帮助文档
5	一些文本文件或者配置文件的内容格式信息的帮助文档，如要了解/etc/passwd 中每个字段是什么意思
6	游戏的帮助文档，基本用不到
7	其他一些杂项的帮助文档，如 Linux 文件系统、网络协议说明等
8	系统管理命令的帮助文档。这些命令只能由 root 用户使用，如 fdisk

man 命令可以后跟表 2-10 中所示 8 个数字中的一个，来表示要查阅的是系统中哪部分的帮助文档。若不加数字，man 命令默认从数字较小的帮助文档中寻找相关内容。

要特别说明的是，系统帮助文档的各部分中可能会存在同名的内容。例如，执行 man read 和 man 2 read 的显示结果分别如清单 2-36 和清单 2-37 所示。可以看出其中的内容是不同的：清单 2-36 中显示的是命令 read 的帮助文档，而清单 2-37 中显示的是 C 语言中 read 函数的帮助文档。

清单 2-36

```
BASH_BUILTINS(1)                                          BASH_BUILTINS(1)
NAME
      bash, :, ., [, alias, bg, bind, break, builtin, caller, cd, command,
……此处省略若干行
read [-ers] [-a aname] [-d delim] [-i text] [-n nchars] [-N nchars] [-p
      prompt] [-t timeout] [-u fd] [name ...]
……此处省略若干行
```

 笔 记

清单 2-37

```
READ(2)                    Linux Programmer's Manual                    READ(2)
NAME
      read - read from a file descriptor
SYNOPSIS
      #include <unistd.h>
      ssize_t read(int fd, void *buf, size_t count);
……此处省略若干行
```

2. help 命令

help 命令用来查看 shell 内建命令帮助信息。这些内建命令的帮助文档是无法用 man 和 info 命令来查看的。反过来，help 命令也无法用来查看外部命令的帮助文档。

注意

● 内建命令实际上是 shell 程序的一部分，其中包含的是一些比较简单的 Linux 系统命令，这些命令由 shell 程序识别并在 shell 内部完成运行，其执行速度比外部命令快，如前面提到的 alias、history、echo 等。

例如，可以查看一下 alias 命令的帮助文档，输入"help -m alias"即可。与 man

不同，help 是直接输出到命令行上的，如清单 2-38 所示。其中，-m 选项的作用是让 help 输出的帮助文档格式和 man 命令的相仿，可读性较好，这也是推荐的做法。

清单 2-38

```
$ $ help -m alias
NAME
    alias - 定义或显示别名。
SYNOPSIS
    alias [-p] [名称[=值] ... ]
DESCRIPTION
    定义或显示别名。
    不带参数时，alias 以可重用的格式
……此处省略若干行
```

2.3.3 知识点 3 关机命令 shutdown

在 CentOS 7 中，systemd 已经接管了电源管理这项内容。也就是说，系统的关闭、重启和休眠功能都是由 systemd 控制的。当然，许多老命令仍然能够使用，但是这些老命令都是通过调用 systemd 中相应的功能来实现的，包括我们在任务中使用的 shutdown 命令。

 注意

在任务 10 的知识点 4 中将详述 systemd 系统。

但 shutdown 命令仍不失为一个功能完善、灵活好用的工具，它提供了 systemd 中基本关机功能外的许多拓展功能，如定时关机、取消关机、关机广播等功能，因此 shutdown 命令仍然是我们关机的首选命令。下面具体介绍 shutdonw 命令的语法，并用若干例子来展示其用法。

 命令 shutdown

用法：shutdown [选项] 时间 [警告消息]
功能：以一种安全的方式关闭系统。
- 时间：设置多久后执行 shutdown 命令。时间参数有 hh:mm 和+m 两种格式。hh:mm 格式表示在几点几分执行 shutdown 命令。例如，shutdown 10:45 表示将在 10:45 执行 shutdown 命令。+m 格式表示 m 分钟后执行 shutdown 命令。比较特别的用法是以 now 表示立即执行 shutdown 命令。值得注意的是，这部分参数不能省略。
- [警告信息]：要广播所有登录用户的信息，这些信息会显示在当前登录用户的终端中。

shutdown 常用选项及说明如表 2-11 所示。

表 2-11 shutdown 常用选项及说明

选　　项	说　　明
-c	取消前一个 shutdown 命令
-h	关闭系统所有服务后直接关机

笔 记

续表

选 项	说 明
-k	并非真正关机，只是向所有人显示警告信息
-r	重新启动
-h	停机
-t<秒数>	送出警告信息和关机信号之间要延迟多少秒。警告信息将提醒用户保存当前进行的工作

接下来，用 6 个例子来说明 shutdown 的不同用法。

范例 1：立即关机，这是最常用的命令，清单 2-39 中的几种方法是等价的。

清单 2-39

```
#shutdown -h now
#shutdown -h +0
#shutdown -h 0
```

范例 2：指定时间关机，设定在凌晨 01:00 关机，如清单 2-40 所示。这个命令会自动放到后台执行，因此关闭终端对其没有任何影响，关机仍会照常执行。

清单 2-40

```
shutdown -h 03:00
Shutdown scheduled for 三 2018-11-28 01:00:00 CST, use 'shutdown -c' to cancel.
```

范例 3：在 10 分钟之后关机，并发送一些自定义的文本消息给所有目前登录系统的用户，如清单 2-41 所示。

清单 2-41

```
shutdown -h +10 "主机即将关机维护，请马上!!! 保存好手头工作，谢谢！"
```

而用户终端所收到的信息如清单 2-42 所示。

笔 记

清单 2-42

```
Broadcast message from root@localhost.localdomain (Wed 2018-11-28 00:42:26
CST):

主机即将关机维护，请马上!!! 保存好手头工作，谢谢！
The system is going down for power-off at Wed 2018-11-28 00:52:26 CST!
```

范例 4：取消关机。假设之前已经设定好在某个时间自动关机，如果想要取消，就可以使用-c 选项，取消关机也会向登录用户发送广播消息，如清单 2-43 所示。

清单 2-43

```
#shutdown -c
Broadcast message from root@localhost.localdomain (Wed 2018-11-28 00:43:31
CST):

The system shutdown has been cancelled at Wed 2018-11-28 00:44:31 CST!
```

范例 5：重新启动。如要重新启动，则须使用-r 选项，如清单 2-44 所示。

清单 2-44

```
shutdown -r now
```

2.4　任务小结

在经历了 Linux 的第二课学习之后，小 Y 应该能够：

1. 在 bash 中使用基本命令。
2. 正确关闭、重启系统。
3. 使用 ssh 远程连接主机。

同时，应该对如下主题有所了解：

1. bash 命令自动补全、历史命令和命令别名。
2. bash 中常用的特殊字符和快捷键。
3. 系统帮助命令。
4. 系统关机命令。
5. ssh 协议的基本概念。

任务 **3**

初识 vim

——文所以载道也。

任务场景

　　小 Y 决定利用周末给自己补充些 Linux 相关知识，联想到上周老 L 说系统管理员都得会点 vim 并向他展示了 vim 的操作后，他才发现这个所谓的文本编辑器和他脑海中的那些文本编辑器完全是两个概念。而 vim 操作如此之不近人情，简直无法想象能用它来开展日常工作。但老 L 斩钉截铁地告诉小 Y，文本编辑就靠 vim 了，没得选。

　　既然不能逃避，那就只能接受了，小 Y 决定用这个周末，好好地学一下 vim，争取能够入门。下面就跟着小 Y 一起开始 vim 学习之旅吧！

核心素养

3.1 任务介绍

经过一番查阅资料和思考后，小 Y 发现学习 vim 可以分为 3 部分：
- 学习用 vim 对文档做基本编辑。
- 学习用 vim 保存、打开文档。
- 学习配置 vim。

当然这只是一个入门，要达到熟练地使用 vim 来处理文档的水准，就不是一个周末能解决的问题了。

3.2 任务实施

微课 3-1
vim 入门

笔 记

3.2.1 子任务 1 vim 第一步

1. 准备工作

一般情况下，无论何种 Linux 发行版本，安装光盘中都是包括 vim 的，并且默认会安装它。但在使用之前，需要确定一个问题，即系统中安装的是何种版本的 vim。这是因为在 Linux 中 vim 的版本有巨型（huge）、大型（big）、正常（normal）、小型（small）和微型（tiny）之分，不同的版本拥有不同的功能。可想而知，巨型版本拥有的功能最全但占用空间最大，而微型版本拥有的功能最少，占用空间也最小。

输入如清单 3-1 所示的命令。

清单 3-1

```
# vim --version
```

该命令会显示系统中 vim 的版本、拥有的功能等一些信息，若不出意外，显示的 vim 应该是一个巨型版本的 vim。但万一用户系统中的 vim 是小型或者微型版本，或者干脆没有安装 vim，那么可以简单地使用如清单 3-2 所示的命令进行安装。

清单 3-2

```
#su - root
#yum install vim
```

2. 打开 vim

输入如清单 3-3 所示的启动 vim 的命令。

清单 3-3

```
# vim file.txt
```

无论是哪个 Linux 发行版本，这条命令都会让 vim 创建名为 file.txt 的文件。这是个新的文件，所以会看到一个空白窗口（如图 3-1 所示）。

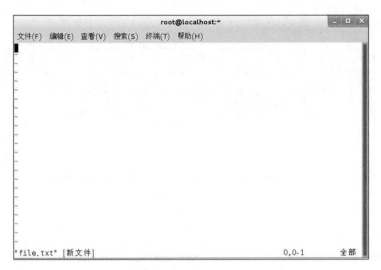

图 3-1 vim 初始窗口

因为打开的 file.txt 文件不存在，因此事实上只是新建了一个空白文件，其中以"～"开头的行表示该行在文件中不存在。换句话说，如果 vim 打开的文件里面的内容不能充满当前 vim 占据屏幕，vim 就会显示以"～"开头的行。在屏幕的底部，有一个消息行，指示文件名为 file.txt，并且说明这是一个新建的文件。这行信息是临时的，新的信息可以覆盖它。

3. 输入文本

vim 非常特别，是一个所谓的多模式编辑器，也就是说 vim 会根据所处的模式对相同行为做出不同反应。在普通模式下，用户输入的字符是命令；而在插入模式，输入的字符就成为了插入的文本。

打开 vim 时，默认是一般模式（NORMAL），要输入文字，须让编辑器进入输入模式。按下<i>键，接着会发现屏幕左下方的文字变成了"--INSERT--"或者"--插入--"（意味着编辑器进入了插入模式）。现在可以在其中输入一些文字了，我们输入的是如清单 3-4 所示的文字。

清单 3-4

> 本课程将对 Linux 系统日常管理所涉及的概念、命令和方法进行讲解和讨论。
> 不论您以前是否接触过 Linux，也不论您目前是在校学生、自由职业者或是
> 在企业上班，只要您熟悉基本的计算机操作，就可以加入我们的课程。接下
> 来，就让我们一起来开启一场 Linux 的探索之旅吧，learn and have fun!

 注意

事实上，包括刚刚用过的<i>，进入插入模式有 4 种方法，各有其功用。
- <i>：进入插入模式，在光标前面插入字符。
- <a>：进入插入模式，在光标后面插入字符。
- <o>：进入插入模式，在光标下方建立一个新的空行，并插入字符。
- <O>：进入插入模式，在光标上方打开一个新行，并插入字符。

输入完并按下<Esc>键，"--插入--"字样消失，编辑器又回到了普通模式。此

笔记

笔 记

....

....

....

....

....

....

....

....

时屏幕应该与图 3-2 相似。

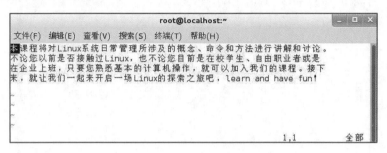

图 3-2 vim 普通模式

注意

- vim 共有 6 种模式，在本任务的知识点 1 中将具体讨论。在本子任务中，只会用到其中的 3 种，分别是一般模式、插入模式和命令模式。
- 在一般模式中，能够移动光标、进行编辑；在插入模式中，能够输入文本；在命令模式中，能够执行保存、退出、查找、替换等命令，也能够对编辑环境进行配置。
- 用户使用 vim 常见的一个问题就是被编辑器的模式所困扰，这常常是因为不清楚编辑器处在哪个模式。事实上，无论编辑器当前在什么模式，按下<Esc>键，它都会回到一般模式。如果按两次<Esc>键，vim 以一声蜂鸣回答用户，说明已经是在一般模式了。

4. 移动光标

在插入模式中，可以使用<h>（左）、<j>（下）、<k>（上）和<l>（右）键在 vim 里移动光标。初看起来，似乎是 vim 的开发者随意地选取了这些字母，但其实这是有充分理由的：移动光标是编辑器里最常做的事情，而这些键都在右手放在键盘上时手指正对的那一行。换句话说，它们就在用户最方便按的地方。

图 3-3 vim 中的移动命令

记住这 4 个命令没有什么好的方法，只有通过不断练习直到形成条件反射为止。另外一个方式是把图 3-3 抄到便贴里，然后贴到显示器上面，直到熟悉这 4 个键为止。

注意

- 在 vim 一般模式中，也可以通过方向键来移动光标，只不过这样做反而会大大降低编辑文件的速度，因为按下方向键的时候必然要把手从字母键上移开。因此，如果编辑文本时要大量移动光标，则使用上述 4 个键会节约很多时间。
- 有些主机上的键盘没有方向键，或者不按常规方式排列方向键。所以，知道如何使用上述 4 个键也能在上述情况下对编辑文件有所帮助。

5. 删除

删除的方法是将光标移到想删除的文字上面，然后按下<x>键[①]。例如，用<gg>命令将光标移动到第一行头上，按下<x>键 4 次以删除"本课程将"，如图 3-4 所示。

[①] 这是为了兼容以前的打字机的操作方式，打字机是通过<x>键来删除文字的。

然后按下<i>键进入输入模式，输入正确的字符"我们的书会"，如图 3-5 所示。最后按<Esc>键，退出输入模式。

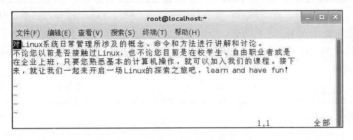

图 3-4 删除"本课程将"

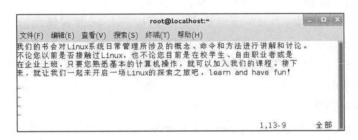

图 3-5 插入"我们的书会"

当然也可以按<dd>键删除一整行内容，删除后下面的行会移上来填补空缺。接下来将光标移到第三行任意一处，按下<dd>键把文件的第三行删除，结果如图 3-6 所示。

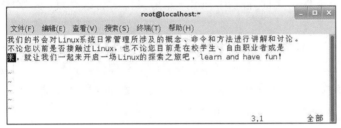

图 3-6 删除第三行之后的结果

还可以按<J>键来删除换行符，如将光标移到第一行任意一处，按<Shift>键加上<j>键也即<J>键来删除当前行的换行符，结果如图 3-7 所示。

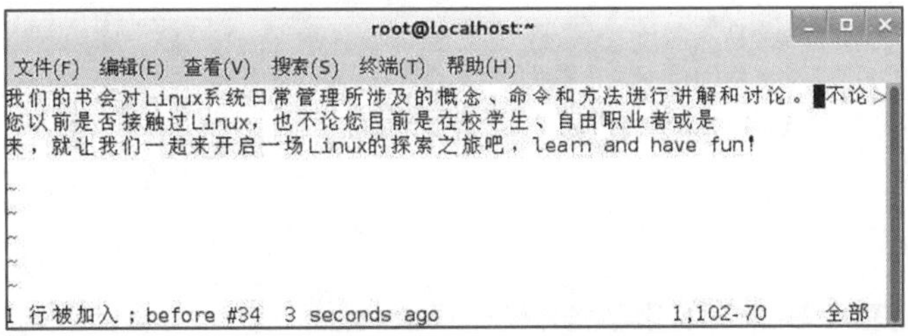

图 3-7 删除第一行的换行符

笔 记

注意

- 在图 3-7 第一行的最后，会发现一个"＞"符号，这个符号表示本行并未结束，仅仅是由于屏幕大小的限制，无法完整显示而"换"到"第二行"继续显示，事实上这里的第一行一直到"自由职业者或是"字样处才结束，这种情况称为"长行自动回绕"。
- 可以通过环境设置让 vim 不自动回绕长行，在子任务 2 中将详述 vim 的环境设置。

6. 撤销和重复

笔记

假如删除多了，当然可以再输入一次，不过 vim 提供了更简单的方法，即按<u>键来撤销最后一次编辑。因为最后一次的编辑删除了第一行的换行符，所以该操作被撤销，文件将回到如图 3-6 所示的状态。再按一次<u>键撤销删第三行的操作，文件将回到如图 3-5 所示的状态。每按一次<u>键就会回撤一次操作。如果撤销多了，可以按<Ctrl+r>键（重复）取消撤销操作带来的效果。在上面的例子中，按<Ctrl+r>键，第三行将再次被删除。

7. 保存和退出

可以使用<:wq>命令来退出 vim。这个命令会将修改的文件写回硬盘，而且不可以进行撤销和重复操作，然后退出 vim。<:wq>命令有 3 部分：冒号<:>，让编辑器进入命令模式；命令<w>，告诉编辑器保存文件；命令<q>，告诉编辑器退出程序。

也可以通过<ZZ>命令，即按两次<Shift+z>键来退出 vim。如果文件做过改动，<ZZ>命令就保存文件并退出 vim；如果文件没有改动过，<ZZ>命令就直接退出 vim。

有些时候，可能要撤销对文件的所有修改，这时可以使用 vim 的"退出然后放弃所有修改"命令，即<:q!>。这个命令同样有 3 部分：冒号<:>，让编辑器进入命令模式；命令<q>，告诉编辑器退出程序；最后是强制命令修饰符——感叹号<!>。注意感叹号是必需的，它告诉 vim 无须保存文件。

注意

这里，强制命令修饰符是必要的，它强制性地要求 vim 放弃修改并退出。如果只是输入 <:q>，vim 会显示如图 3-8 所示的一个错误信息并拒绝退出。

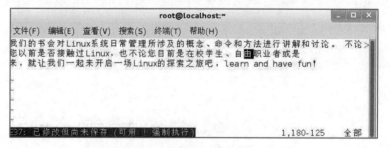

图 3-8　无强制命令修饰符时 vim 报错

8. 帮助文档

最后，还要提到一个重要的命令，即帮助命令。要获取帮助，可输入 ":help" 或者按\<F1>键，vim 会显示一个帮助文档概览窗口，如图 3-9 所示[①]。

拓展阅读 3-1
vim 中文帮助文档

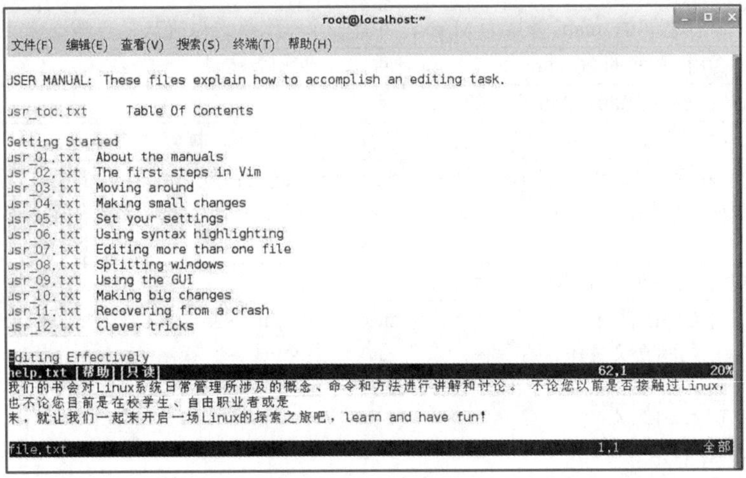

图 3-9 vim 帮助文档

:help 会显示一个帮助文档的概览窗口。在帮助文档中可以使用 vim 的全部命令。因此，按\<h>、\<k>、\<j>和\<l>键会向左、上、下、右移动光标。同样可以通过\<ZZ>命令退出帮助文档。

帮助文档中有些文字是有特殊颜色（这里是浅蓝色）的，如 usr_01.txt。它表示的是这个文字是一个 vim 的标签（tag）。如果将光标放在标签上，然后按\<Ctrl+]>键（标签跳转），可以进入相应的主题。在跳转了几次后，用户可能想要回到原来的位置。按\<Ctrl+T>键（标签退栈）能将用户带回到之前的屏幕。

如果要完整地获取某个主题的帮助，可使用命令 ":help 主题"。例如，要获取\<u>命令的帮助，就需要输入 ":help u"。

在了解了如何使用 vim 编辑器后，就可以完成基本的操作。

3.2.2 子任务 2 vim 牛刀小试

接下来，来完成一个稍复杂一点的任务，如表 3-1 所示。当然，这个任务将涉及 vim 更加高级的一些技巧。

微课 3-2
vim 初探

表 3-1 牛刀小试任务内容列表

序 号	任 务 内 容
1	用 vim 打开/var/log/messages 文件，另存为/var/log/messages.bak 文件
2	设定行号，禁止长行自动回绕，显示光标位置和未完成命令，设置自动保存，打开查找高亮，突出显示当前行
3	移动到第 58 行行首，再向右移动 30 个字符；移动到第 8 行行尾，再向左移动 3 个单词

---

① vim 打开了两个文档，上面是新打开的帮助文档，下面是例子中的文档，在下个一任务中将介绍 vim 如何打开多个文档。

续表

序 号	任 务 内 容
4	移动到第 1 行行首,并且向下搜寻"/boot"这个字符串;移动到末行行尾,向上查找"io"这个单词
5	将第 50~100 行之间的 man 替换为 MAN,并且一个一个挑选以确认是否需要修改
6	删除第 11~30 行之间的 20 行;去第 29 行行首,并且删除 15 个字符
7	删除 messages.bak 第 200~250 行的第一个字段
8	删除有误,撤销第 6~7 步的删除操作;之后发现第 7 步正确,恢复第 7 步的操作
9	复制第 51~60 行这 10 行的内容,并且粘贴到最后一行之后;复制第 61 行的头 20 个字符,并且粘贴到最后一行的最后一个字符之后;剪切第 80~85 行这 6 行的内容,并且粘贴到最后一行之后
10	在第 1~100 行每行前后都添加一个#符号
11	在不关闭当前文件的情况下,打开一个名为 messages01.bak 的新文件;复制 messages.bak 的第 1~100 行,粘贴到新文件中;存储两个文件后,退出 vim

1. 打开并另存文件

先完成第 1 步:

➤ 用 vim 打开/var/log/messages 文件;

➤ 另存为当前目录下的 messages.bak 文件。

首先,用如清单 3-5 所示的命令打开/var/log/messages 文件。

清单 3-5

```
# vim /var/log/messages
```

接着在 vim 命令模式中使用如清单 3-6 所示的命令将文件另存为当前工作目录下的 messages.bak 文件。

清单 3-6

```
:w /var/log/messages.bak
```

2. 设定 vim 环境

第 2 步的内容都属于 vim 环境设置:

➤ 设定行号;

➤ 禁止长行自动回绕;

➤ 显示光标位置和未完成命令;

➤ 设置自动保存;

➤ 打开查找高亮;

➤ 突出显示当前行。

可以在 vim 命令模式下依次使用如清单 3-7 所示的几个命令来完成。

清单 3-7

```
:set nu
:set nowrap
:set ruler
:set showcmd
:set autowrite
:set hlsearch
:set cursorline
```

vim 提供了环境设置功能,利用 vim 的环境设置功能,可以给用户的工作,特

笔 记

别是程序开发和运维提供非常大的帮助。不夸张地说，对于程序员和运维人员而言，配置一个顺手的 vim 环境（有时还包括 vim 插件），可以达到"事半功倍"的效果。

vim 的环境设置参数有很多，可以在一般模式下输入":set all"来查阅。表 3-2 列出了一些平时比较常用的简单的命令。

拓展阅读 3-2
vim 插件

表 3-2   vim 的环境设置命令

命 令 键	命 令 用 途
:set all	显示目前所有的环境参数设定值
:set nu	设定行号，在每行之前显示本行序号，默认不显示行号
:set hlsearch	将查找到的字符串高亮显示，也即 vim 会高亮显示所有匹配的地方，默认高亮
:set autoindent	每行自动缩进，也即当开始一个新行时，新行会采用和上一行相同的缩进，默认不自动缩进
:set showmode	是否要显示当前模式，例如"--插入--"（或者"--INSERT--"）之类的字样在左下角，默认显示
:set backup	自动备份，即当用户编辑一个文件时，vim 会自动生成一个备份文件，备份文件的文件名是在原始文件名的后面加上一个"~"。例如，文件名是 data.txt，则备份文件的文件名就是 data.txt~，默认不会备份
:set ruler	右下角显示光标位置，默认显示
:set wrap	长行自动回绕，以便可以看见所有的文字，默认自动回绕
:set showcmd	右下角，标尺的右边显示未完成的命令。例如，当输入<58>时，vim 等待输入下一个命令字符并且显示<58>；当再输入<G>时，<58G>命令被执行，<58>自动消失。默认不显示
:set autowrite	自动保存，默认不自动保存
:syntax (off|on)	是否依据文本内容相关的语法显示不同颜色。举例来说，在编辑一个 bash 脚本文件时，如果是以#开头，那么该行就会变成蓝色，可以用:syntax off 取消这个设置

 注意

● 如非特殊情况（如 syntax 命令），绝大部分环境设置命令都可以加上"no"来取消。例如，设置行号的命令为<:set nu>，如果要取消行号设置，那么就是<:set nonu>。
● 在命令模式下的设置均是一次性的，如果要让设置永久生效，需要将这些设置写入当前用户家目录下一个特殊的扩展名为 vimrc 的文件中，这部分内容将在本任务的知识点 4 中详述。

笔 记

3. 移动光标

第 3 步的内容都属于 vim 光标移动操作：

➤ 移动到第 58 行行首；
➤ 再向右移动 30 个字符；
➤ 移动到第 8 行行尾；
➤ 再向左移动 3 个单词。

可以在 vim 普通模式下，依次用如清单 3-8 所示的几个命令完成。

清单 3-8

```
58G  #移动到第 58 行行首
30l  #向右移动 30 个字符
8G$  #移动到第 8 行行首，然后移动到行尾
3b   #向左移动 3 个单词
```

vim 有许多命令可以移动光标，但最常见的就是用<数字+命令>来进行快捷移动。例如，可以用<3j>来从当前行向下移动 3 行，可以用<3G>来移动到第 3 行行首。vim 光标移动命令如表 3-3 所示。

表 3-3　vim 光标移动命令

命 令 键	命 令 用 途
<h>	光标向左移动一个字符
<j>	光标向下移动一个字符
<k>	光标向上移动一个字符
<l>	光标向右移动一个字符
<0>	光标移动到这一行的最前面字符处（常用）
<$>	光标移动到这一行的最后面字符处（常用）
<G>	光标移动到这个文件的最后一行（常用）
<gg>	光标移动到这个文件的第一行（常用）
<Enter>	光标向下移动一行（常用）
<w>	光标向右移动一个单词
<b>	光标向左移动一个单词
<H>	光标移动到这个屏幕的最上方那一行
<M>	光标移动到这个屏幕的中央那一行
<L>	光标移动到这个屏幕的最下方那一行
<Ctrl+f>	屏幕"向下"移动一页
<Ctrl+b>	屏幕"向上"移动一页
<Ctrl+d>	屏幕"向下"移动半页
<Ctrl+u>	屏幕"向上"移动半页

笔 记

 注意

- <h>、<j>、<k>、<l>、<$>、<Enter>、<G>、<w>、<b>均可以与数字组成组合键，如<30j>表示向下移动 30 行，<30G>表示移动到本文件的第 30 行。
- 事实上，vim 中许多命令都可以和数字连用，最典型的是删除和复制。在下面的步骤中会用到这些方法。

4. 查找

第 4 步主要是查找操作：

➢ 移动到首行行首，向下查找 "/boot" 这个字符串；

➢ 移动到末行行尾，向上查找 "io" 这个单词。

首先在 vim 普通模式下，用<gg>移动到首行行首，接下来用如清单 3-9 所示的命令来查找 "/boot" 字符串。

清单 3-9

```
/\/boot
```

斜杠字符 "/" 就是 vim 中的查找命令符。注意到，在输入 "/" 时，光标移到了 vim 窗口的最后一行，也进入了命令模式，接着可以输入要查找的字符串，然后按<Enter>键开始执行这个命令。 但会发现，后面输入的不是 "/boot"，而是

"\/boot"，即在头上多了一个反斜杠字符"\"。这是因为，要查找的字符串中包括了一个特殊字符——斜杠字符"/"，而这个字符本身在 vim 中是有特殊含义的（就是查找命令符本身），因此需要在前面加上一个反斜杠"\"来表示后面所跟的"/"字符不是查找命令符，仅仅表达它的字面意义。

 注意

字符"."、"*"、"["、"]"、"^"、"%"、"/"、"\"、"?"、"~"和"$"在 Linux 中都有特殊含义，如果要查找这些字符，须在字符前面加上一个"\"符号来进行转义。

成功执行后，所有匹配字符串均会高亮显示（在第二步中打开了字符串高亮显示）。这时可以输入<n>或<N>来向后或者向前遍历所有匹配的"/boot"字符串，如图 3-10 所示。可以在<n>或者<N>前面增加计数前缀，如<3n>表示从当前光标位置向后移动到第三个匹配点。

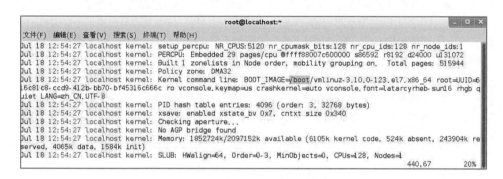

图 3-10 查找高亮显示

接着，在 vim 普通模式下，用<G$>移动到末行行尾，接下来用如清单 3-10 所示的命令来查找"io"这个单词。

清单 3-10

```
?\<io\>
```

"?"的命令功能与"/"类似，但进行反方向（由后向前）查找，马上会发现，后面的输入不是"io"，而是"\<io\>"，在头上多了"\<"，在后面多了"\>"，这是因为要匹配的是一个完整的单词"io"，而不是包括了"io"的字符串。如果仅输入"/io"，那么可能会匹配到"version"或"information"或者其他字符串。

"\<"是一个特殊的符号，表示匹配单词开头，同样"\>"表示匹配单词末尾。这样，要匹配一个完整的单词"io"，就使用"\<io\>"，这样就不会发生匹配成"version"或者"information"的情况了。

 注意

查找字符"/"后面所跟的部分实际上是一个"匹配模式"（pattern），而不仅仅是要查找的字符串，具体查找命令格式如表 3-4 所示。

笔记

表 3-4　vim 查找命令

命 令 键	命 令 用 途
/word	从光标所在处往下查找一个名为"word"的字符串。如要在文件内查找"man"这个字符串，就输入/man（常用）
?word	从光标所在处往上查找一个名为"word"的字符串
n	表示重复前一次查找。如果刚刚执行/man 去向下查找"man"这个字符串，则按<n>键后，会向下继续查找下一个名为"man"的字符串。如果是执行?man，那么按<n>键则会向上继续查找名为"man"的字符串
N	表示"反向"执行前一次查找。例如执行/man 后，按<N>键则表示从光标处向上查找"man"

注意

- 假设在文本中看到一个无意义且冗长的字符串"0x7fedffff"，而想找到下一个相同的字符串，当然可以输入"/0x7fedffff"，但这样既麻烦又容易出错。vim 提供了一个简单的方法：把光标移到那个字符串下面使用 <*> 命令键，vim 会取得光标上的单词并把它作为被查找的字符串进行查找。
- <#>命令键和<*>键类似，只是在反向完成相同的功能。
- 上面讲到的均是简单查找，vim 可以使用正则表达式来定义要查找的对象模式，完成非常复杂的查找。但是要用好正则表达式并非易事，需要经过学习和练习才能够初步掌握它。在任务 5 中将会初步接触这个强大的工具。

5. 替换

第 5 步主要是字符串替换操作：

➤ 将第 50～100 行之间的"PXM"替换为"pxm"，并且一个一个挑选以确认是否需要修改。

可以在 vim 命令模式下，用如清单 3-11 所示的命令来完成。

清单 3-11

```
:50,100s/PXM/pxm/gc
```

这个命令可以分为 5 个部分来解释：

第 1 部分是"50,100"，表示替换的范围为第 50～100 行，可以用<%>表示范围是所有行，如果这部分省略，那么默认作用范围就是光标所在行。

第 2 部分是"s"，表示替换命令，完整的命令是"substitute"，但实际中很少输入完整命令，一般用"s"来替代。

第 3、4 部分分别是要被替换的字符串和替换字符串，均以斜杠"/"开头。

注意

第 3 部分实际上也是一种"匹配模式"（而不仅仅是要被替换的字符串），这与查找命令是一样的。

第 5 部分是"gc"，称为标志位，这里标志位上有两个标志："g"（global）和"c"

（confirm），这两个标志各有其功用。

➢ "g" 标志表示对范围内所有匹配点起作用。默认情况下，":s" 命令只对指定范围内的第一个匹配点起作用。例如在前面的例子中，如果去掉 "g" 标志，则命令只会替换第 50～100 行中的第一个匹配 "PXM" 的字符串，而不是替换第 50～100 行中的所有匹配 "PXM" 的字符串。

➢ "c" 标志表示命令会在每次替换前向用户询问是否需要替换。vim 找到每一个匹配点时都会向用户提示 "替换为 PXM（y/n/a/q/l/^E/^Y/）?"，这时，可以输入表 3-5 所示回答中的一个。

表 3-5　替换命令中 "c" 标志的回答

回　答	作　用
y	是，执行替换
n	否，跳过
a	全部，对剩下的匹配点全部执行替换，不需要再确认
q	退出，不再执行任何替换
l	最后，替换完当前匹配点后退出
Ctrl+E	向上滚动一行
Ctrl+Y	向下滚动一行

表 3-6 为 vim 替换命令及其用途。

表 3-6　vim 替换命令及其用途

命　令	命　令　用　途
:n1,n2s/word1/word2/g	n1 与 n2 为数字。在第 n1 与 n2 行之间查找 word1 这个字符串，并用 word2 来替代。例如，在第 100～200 行之间搜寻 man 并替换为 MAN 则可以写作："100,200s/man/MAN/g"（常用）
:1,$s/word1/word2/g	在整个文件中查找 word1 这个字符串，并用 word2 来替代（常用）
:1,$s/word1/word2/gc	在整个文件中查找 word1 这个字符串，并用 word2 来替代，且在替代前显示提示字符供使用者确认（conform）是否需要替代（常用）

6. 删除

第 6 步主要是删除操作：

➢ 删除第 11～30 行之间的 20 行；

➢ 去第 29 行行首，并且删除 15 个字符。

可以在 vim 普通模式下，依次用如清单 3-12 所示的几个命令完成。

清单 3-12

```
11G     #移动到第 11 行行首
20dd    #向下删除 20 行
29G     #移动到第 29 行行首
15x     #向右删除 15 个字符
```

vim 有很多方法可以删除文本，表 3-7 列出了一些经常用到的删除命令。

表 3-7 vim 常用删除命令

命 令	命 令 用 途
x, X	在一行当中，x 为向后删除一个字符（相当于按<Del>键），X 为向前删除一个字符（相当于按<Backspace>键）（常用）
nx	n 为数字，连续向后删除 n 个字符。例如要连续删除 10 个字符，使用"10x"
D	从当前光标位置开始，删除到行尾
dd	删除光标所在处的那一整行（常用）
ndd	n 为数字。删除光标所在处向下的 n 行，例如 20dd 则是删除 20 行（常用）
dG	从光标所在行开始（包括光标所在行），删除到文件末
dgg	从光标所在行开始（包括光标所在行），删除到文件首

7. 可视模式下的操作

第 7 步主要是利用可视（visual）模式来进行操作：

➢ 删除 messages.bak 第 200～250 行的第一个字段。

这个操作在普通模式、命令模式和插入模式下都很难完成，因为并非整行整列的操作。幸运的是，vim 提供了一种额外的模式——可视模式来解决这个问题。首先将光标定位到第 200 行行首，然后按<Ctrl+V>键进入可视模式下的区块选择模式，此时在屏幕的左下方显示有"--可视 块--"字样；进入可视模式后，移动光标就被视为选择文本操作了，选中要删除的区域（这些区域会反白显示，如图 3-11 所示），确认无误后按<d>键删除。

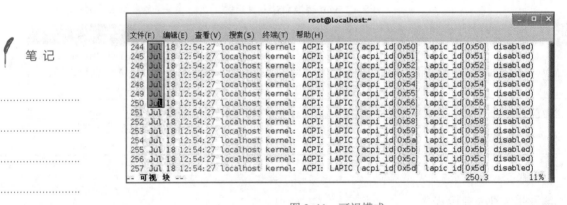

图 3-11 可视模式

 注意

● 在可视模式下，普通模式下的移动光标的命令仍然是适用的。
● 只有 vim 才提供可视模式，vi 并不提供可视模式。

可视模式细分为 3 种：字符选择模式、行选择模式和区块选择模式。例子中进入的是区块选择模式。3 种模式各有不同的进入方式，也有不同的功用，具体如表 3-8 所示。

笔 记

表 3-8 vim 可视模式以及可视模式下的复制、删除命令

命 令 键	命 令 用 途
v	字符选择模式，屏幕左下方会出现"--可视--"，会将光标经过的字符反白选择
V	行选择模式，屏幕左下方会出现"--可视行--"，会将光标经过的行反白选择
Ctrl+v	区块选择模式，屏幕左下方会出现"--可视块--"，可用长方形范围的方式选择文本
y	复制选中区域
d	删除选中区域

8. 撤销和重复

第 8 步主要是撤销和重复操作：

➢ 删除有误，撤销第 6～7 步的删除操作；

➢ 之后发现第 6 步正确，恢复第 6 步的操作。

可以在 vim 普通模式下，依次用如清单 3-13 所示的几个命令完成。

清单 3-13

```
u     #撤销第 7 步操作
u     #撤销第 6 步操作中的删除字符
u     #撤销第 6 步操作中的删除行
^r    #重复第 6 步操作中的删除行，其中^代表<Ctrl>键
^r    #重复第 6 步操作中的删除行，其中^代表<Ctrl>键
```

表 3-9 列出了 vim 中常用的撤销和重复命令。

表 3-9 vim 撤销和重复命令

命 令 键	命 令 用 途
u	撤销上一个动作（常用）
Ctrl+r	重复上一个动作（常用）
:e!	将文件还原到最原始的状态

 注意

结合<u>和<Ctrl+r>，可以将文档切换到打开后任何编辑过的状态。

9. 复制与粘贴

第 9 步主要是复制、剪切和粘贴操作：

➢ 复制第 51～60 行这 10 行的内容，并且粘贴到最后一行之后；

➢ 复制第 61 行的头 20 个字符，并且粘贴到最后一行的最后一个字符之后；

➢ 剪切第 81～100 行这 20 行的内容，并且粘贴到最后一行之后；

➢ 剪切第 101 行末尾的 20 个字符，并且粘贴到最后一行的最后一个字符之后。

可以在 vim 普通模式下，依次用如清单 3-14 所示的几个命令完成。

清单 3-14

```
51G    #移动光标到第 51 行行首
10yy   #复制第 51～60 行这 10 行
G      #移动光标到末行
p      #将复制的 10 行粘贴到本行之后
61G    #移动光标到第 61 行行首
y20l   #向右复制 20 个字符
```

笔 记

```
G$        #移动光标到末行行尾
p         #将复制的 20 个字符粘贴到光标之后
81G       #移动光标到第 81 行行首
20dd      #删除（剪切）第 81～100 行这 20 行
G         #移动光标到末行
p         #将删除（剪切）的 20 行粘贴到本行之后
101G      #移动光标到第 101 行行首
20x       #向左删除（剪切）20 个字符
G$        #移动光标到末行行尾
p         #将删除（剪切）的 20 个字符粘贴到光标之后
```

vim 中的复制命令是 y 和 yy，这两个命令可以分别将指定范围的内容和指定的行复制到 vim 的某些寄存器（register）中（至于什么是 vim 的寄存器，可以查看本任务的知识点 2），然后用 p 或者 P 命令粘贴到指定位置，具体命令如表 3-10 所示。

表 3-10 vim 复制和粘贴命令

命 令 键	命 令 用 途
y	复制命令，往往与光标移动命令连用，如 y10b，表示向左复制 10 个单词，y20l 则表示向右复制 20 个字符，y$ 则表示复制到行尾
yy	复制光标所在的那一行（常用）
nyy	n 为数字。复制光标所在处向下的 n 列，例如 20yy 表示复制 20 列（常用）
p, P	p 为将已复制的数据粘贴在光标的下一行，P 则是粘贴在光标上一行。举例来说，若目前光标在第 20 行，且已经复制了 10 行数据，则按下 p 后，这 10 行数据会被粘贴在原来的 20 行之后，亦即由第 21 行开始粘贴。但如果是按下 P，那么原来的第 20 行会变成第 30 行（常用）

注意

vim 中没有专门的剪切命令，剪切和删除是等价的，最后一次被删除的内容并未马上被 vim 抛弃，同样被放入了 vim 的某些寄存器中，可以用 p 或者 P 命令粘贴到指定位置。

笔记

注意

由于在 vim 中，命令 c 已经被用于表示 change 了，所以复制（copy）就不能再用 c 了。vim 用命令 y 来表示复制，y 是 yank 的缩写，意思是"抽出"。但在中文中还是把它叫作"复制"而非"抽出"。

10. 录制回放

第 10 步主要涉及的是录制回放操作：

➢ 在第 1～100 行每行的行首和行末都添加一个#号。

这个操作如果要手动完成，那么绝对是一项体力活，好在 vim 提供了一项非常有用的功能——录制回放，它是解决这个问题的最佳手段。我们首先来完成这个操作，可以在 vim 普通模式下，依次用如清单 3-15 所示的几个命令完成。

清单 3-15

```
gg         #光标移动到第一行
qa         #启动记录，使用寄存器 a
0          #光标移到行首
i#<esc>    #在行首加上#
```

`$`	#光标移到行末
`a#<esc>`	#在行末加上#
`j`	#光标移到下一行
`q`	#结束记录
`99@a`	#使用寄存器 a 回放记录 99 次，为余下 99 行行首和行末添加#

录制回放功能是 vim 的一个非常有用的功能，往往用于完成较为复杂的重复性操作，录制回放需要 4 个步骤：

➤ 第 1 步：用"q{register}"命令启动操作录制，录制结果保存到{register} 指定的寄存器中，{register}是寄存器名（至于什么是 vim 的寄存器，可以查看本章的拓展知识），可以用 a～z 中的任一个字母表示，此时窗口左下角会出现"**记录中**"的字样，表示开始录制操作，如图 3-12 所示。

➤ 第 2 步：输入命令，完成要录制的操作。

➤ 第 3 步：输入 q 结束录制。

➤ 第 4 步：在合适位置，用"@{register}"命令回放这个录制好的操作。

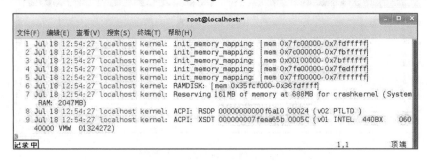

图 3-12　录制操作

注意

"@{register}"命令可以通过计数前缀修饰，使操作重复指定的次数。如在本例中，可以输入"：99@a"，表示重复 99 次录制的操作。

11. 打开多个文件

第 11 步主要涉及的是打开多个文件：

➤ 在不关闭当前文件的情况下，打开一个名为 messages01.bak 的新文件；

➤ 复制 messages.bak 的第 1～100 行，粘贴到新文件中；

➤ 存储两个文件后，退出 vim。

这个步骤可以依次用如清单 3-16 所示的几个命令完成。

清单 3-16

`:sp ./messages01.bak`	#以分割窗口的方式打开新文件
`<ctrl>wl`	#将光标移动到原文件所处（下面）窗口
`gg`	#移到首行
`100yy`	#复制首行开始的 100 行
`<ctrl>wh`	#将光标移动到新文件所处（上面）窗口
`gg`	#移到首行
`p`	#粘贴
`:wqall`	#保存所有打开文件并退出 vim

笔记

笔 记

其中涉及的最主要的命令就是分割窗口的命令 split，一般缩写成 sp。打开文件最简单的命令就是"∶sp [文件名]"，这个命令把屏幕水平分成两个窗口，并将新文件在上面的窗口中打开，同时光标也置于新窗口中（如图 3-13 所示）。sp 后面跟的"[文件名]"可以省略，如果省略，那么 vim 就在新窗口中再次打开当前文件。分割窗口后，就可以同时编辑两个文件了，可使用<Ctrl+w+方向键>在两个窗口间跳转。

图 3-13　水平分割窗口打开新文件

至于保存退出，可以按照常规，用∶w、∶q 或者 ZZ 逐个窗口保存退出来完成，也可以使用表 3-11 中的 qall、wall 或者 qwall 命令来一次性完成。

表 3-11　分割窗口相关命令

命 令 键	命 令 用 途
∶sp [文件名]	水平分割窗口，并在新窗口中打开文件名所指定的文件，如未跟文件名，那么就在新窗口中再次打开当前文件
∶vsp [文件名]	垂直分割窗口，用法和∶sp 类似
<Ctrl+w+方向键>	该命令用于切换窗口。方向键用于指示下一个跳转的窗口。如想跳转到下面一个窗口，那么就可以使用<Ctrl+w+j>来跳转
∶res<+/- + 数字>	该命令用于调整当前窗口高度，<数字>表示调整的行的数目，<+/->表示增加或者减少。如想让当前窗口高度增加 4 行，那么就可以使用∶res+4
∶vertical res<+/- + 数字>	该命令用于调整当前窗口宽度，<数字>表示调整的行的数目，<+/->表示增加或者减少。如想让当前窗口宽度减少 2 列，那么就可以使用∶vertical res-2
∶only	关闭除当前光标所处窗口外的所有窗口。任何一个窗口没有保存，vim 都不会退出，并且那个窗口不会被关闭
∶qall	该命令表示"quit all"（全部退出）。任何一个窗口没有存盘，vim 都不会退出，同时光标会自动跳到那个窗口
∶wall	该命令表示"write all"（全部保存），但实际上，它只会保存修改过的文件
∶qwall	该命令是"∶qall"和"wall"的组合命令

注意

:sp 是水平分割窗口，vim 也允许垂直分割窗口，使用的命令是:vsp（vertical split）。事实上，vim 允许通过任意分割窗口来创建编辑器布局，例如可以将窗口分割调整成如图 3-14 所示的样子。

图 3-14　多次分割窗口

这时可以发现，任务中只要同时打开两个文件，但如果要同时打开许多文件，使用窗口分割就不可行了，因此，vim 提供了"标签页"工具来解决这个问题。假设正在编辑文件"/var/log/messages.bak"，使用如清单 3-17 所示的命令可以建立新的标签页，并在其中打开一个新文件。

清单 3-17

```
:tabedit ./messages01.bak
```

这会在一个窗口中打开文件"./messages01.bak"，此时原来的文件并没有被关闭，在窗口的顶部会有一个含有两个文件名的标签，第一个是文件"/var/log/message.bak"的窗口，第二个是文件"./message01.bak"的窗口，可以使用"数字+gt"命令（Goto Tab）在各个标签页之间进行切换，例如可以用"1gt"来切换到第一个标签页，用"2gt"来切换到第二个标签页，依此类推。如果不加数字前缀，"gt"就表示在各个标签页之间顺序切换。

注意

在任何打开 vim 窗口的命令前面，都可以放上":tab"，这将使得窗口在新标签页中打开。例如，可以使用":tab help"命令在新标签页中打开 vim 的帮助文档，如图 3-15 所示。

笔 记

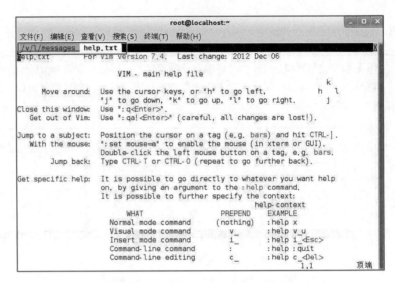

图 3-15 在新标签页中打开帮助文档

拓展阅读 3-3
vim 快速入门帮助
命令

到这里为止,就可大致掌握用 vim 来编辑一个文本文件的基本流程和方法,应对一般的日常管理操作应该是没有什么问题了,但是"食不厌精,脍不厌细",要想进一步提升工作效率,就要充分利用好 vim 提供的各种功能。因此,还是建议看一看必要知识这一部分的内容,再动手操作一下,"学中用,用中学"是掌握 vim 的最佳方法。

 笔 记

3.3 必要知识

3.3.1 vim 的模式

从 vi 衍生出来的 vim 是一个多模式的文本编辑器,根据 vim 的帮助文档[1],vim 一共有 6 种基本模式,分别为正常模式(Normal mode)、插入模式(Insert mode)、命令模式(Command mode)、可视模式(Visual mode)、选择模式(Select mode)和 Ex 模式(Ex mode)。

注意

正是这种独特的"多模式"设计容易使初学者,尤其是习惯于使用 Windows 的初学者感到非常困扰。但这仅仅只是一个习惯问题,而非 vim 的设计有问题;相反,这被公认是一种非常高效的模式,唯一的要求就是花一点时间去习惯它。

在这 6 种模式中,一般常用的模式是前 4 种(如图 3-16 所示)。

[1] http://vimdoc.sourceforge.net/htmldoc/intro.html#vim-modes-intro

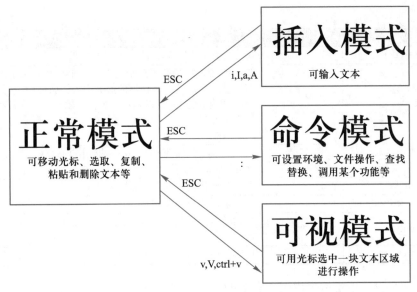

图 3-16 vim 的 4 大模式

● **正常模式**：启动 vim 后默认处于正常模式。在正常模式下，可以移动光标、选取、复制、粘贴和删除文本，不论处于什么模式，按<Esc>键（有时需要按两下）都会进入正常模式。

● **插入模式**：在正常模式下按<i>、<I>、<a>、<A>等键，会进入插入模式。现在只用记住按<i>键会进入插入模式。在插入模式下，可输入文本。

● **命令模式**：在正常模式下，按<:>（冒号）键，会进入命令模式。在命令模式下可以执行一些输入并执行一些 vim 或插件提供的命令，这些命令包括设置环境、文件操作、调用某个功能等。

● **可视模式**：在正常模式下按<v>、<V>、<Ctrl>+v 键，可以进入可视模式。可视模式下可以用光标选中一个文本区域，并且进行删除、替换等操作。

3.3.2 vim 的寄存器

vim 的寄存器（vim register）有点类似于系统的剪贴板，是 vim 用于保存复制、删除、录制的宏等临时数据的地方，但 vim 的寄存器功能要强大很多。vim 具有好几类不同用途的寄存器，分别保存不同的临时数据，活用寄存器可以显著提高 vim 的工作效率。首先要搞清楚 vim 有哪几类寄存器，各有何功用；其次，将用若干实例来说明 vim 寄存器的用法。

根据官方帮助文档，vim 共有 9 类寄存器，如表 3-12 所示。这几类寄存器名字很特别，都是以一个双引号开头的。

表 3-12 vim 中的寄存器

序号	寄存器类别	名 字	功 用
1	无名（unnamed）	""	缓存最后一次复制、删除操作内容
2	数字（numbered）	"0～"9	缓存最近操作内容，复制与删除有别，"0 寄存器缓存最近一次复制的内容，"1～"9 缓存最近 9 次删除内容

笔 记

续表

序号	寄存器类别	名 字	功 用
3	小删除（small delete）	"-	缓存行内删除内容，注意"行内"两个字
4	有名（named）	"a~"z / "A~"Z	缓存或者追加缓存用户指定内容，用小写字母引用有名寄存器，会覆盖该寄存器的原有内容；而使用大写字母，会将新内容添加到该寄存器的原有内容中。有名寄存器没有大小写之分，只是功能上有区别，大写是追加，小写是替换
5	选择及拖曳（selection and drop）	"*, "+, "~	可用于与外部应用交互，使用前提为系统剪切板（clipboard）可用
6	黑洞（black hole）	"_	不缓存操作内容（干净删除）
7	模式（last search pattern）	"/	缓存最近的查找模式
8	只读（read-only）	":, "., "%, "#	分别缓存最近执行的命令、最近插入文本、当前文件名、当前交替文件名
9	表达式（expression）	"=	只读，用于执行表达式命令

下面将以若干实例来说明寄存器的用法。

1. 查看 vim 寄存器情况

可以通过在 vim 中执行如清单 3-18 所示的命令，列出当前 vim 中的寄存器，以及其中存储的内容，内容为空的寄存器则不会出现在列表中。

清单 3-18

```
:reg
```

如图 3-17 所示为:reg 命令的执行结果——当前 vim 寄存器中的内容。

笔 记

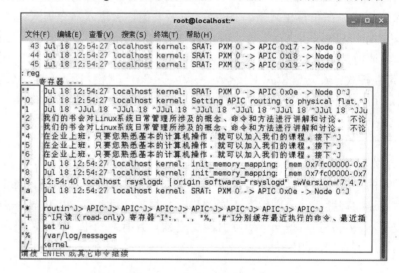

图 3-17　:reg 命令的执行结果

2. 在正常模式下使用寄存器

在执行粘贴（p、P）、复制（y、yy）或者删除（x、X、d、dd）等命令时，可以在前面加上 "{register}（其中{register}代表的是寄存器的名字），这样就可以使用相应的寄存器了，如果不加，则默认使用的是无名寄存器。

例如，"%代表的是文件名寄存器，存放的是当前正在编辑的文件名。现在打开

了一个文件/var/log/messages，并且处于正常模式，如图 3-18 所示。此时如果执行
如清单 3-19 所示的命令，文件内容就会变成如图 3-19 所示的样子。

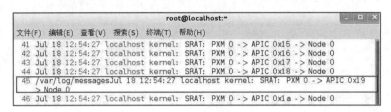

图 3-18 粘贴文件名寄存器"%的内容

清单 3-19

```
"%P  #将文件名寄存器的内容粘贴到当前光标之前
```

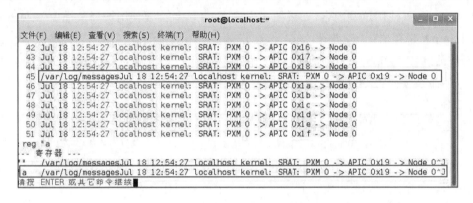

图 3-19 将指定内容复制到有名寄存器"a 中

又如，"a 是有名寄存器中的一个，存放的是当前正在编辑的文件名。现在要将
前面例子中修改的文件的第 45 行内容复制到"a 中去，以备后续使用，可以进行如
下操作（见清单 3-20）：

清单 3-20

```
45G    #移动光标到第 45 行
"ayy   #将当前行内容复制到"a 寄存器中
```

此时用:reg"a 再次查看"a 寄存器内容，发现正是第 45 行文本（如图 3-19 所示）。

3. 在插入模式下使用寄存器

在插入模式下，当按下<Ctrl+r>键时，再加上相应的寄存器的名字，就可以插
入寄存器中的内容了。比如"5 代表的是数字寄存器 5，如果在 vim 中输入如清单 3-21
所示的命令，就可以把数字寄存器 5 中的内容插到光标处了。

清单 3-21

```
gg            #移动光标到首行
i             #进入插入模式
<ctrl>r5      #按下<Ctrl+r>键，再按 5，此时就将寄存器 5 中的内容插入光标处了
```

此时 vim 的页面应如图 3-20 所示。

笔 记

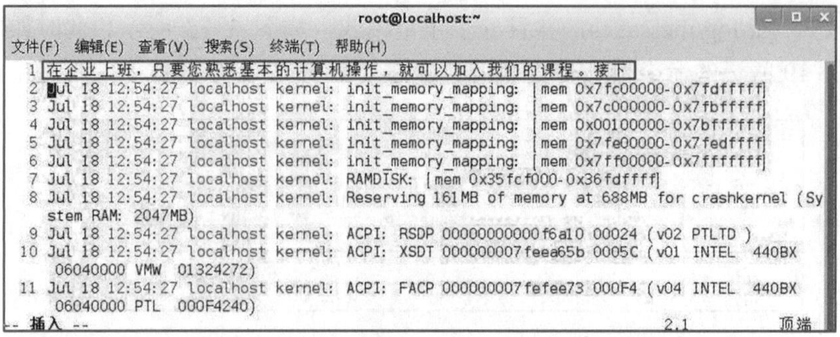

图 3-20 在插入模式下将寄存器 5 中的内容插到光标处

4. vim 内外相互复制内容

在 vim 中用 y 系列命令复制内容时，这些内容默认进入数字寄存器 0 中，而无法在 vim 之外使用这些内容，如果要实现这个功能，就需要使用选择及拖曳（selection and drop）寄存器：''*、''+和''~，但这些寄存器不像别的寄存器，需要确保 vim 的"系统剪贴板（clipboard）"功能启用才能够被使用。可以在命令行输入如清单 3-22 所示的命令来检查 vim 的系统剪贴板是否已经启用。

清单 3-22

```
#vim --version|grep clipboard
```

一般来说，结果会如图 3-21 所示。也就是说，vim 并未开通"系统剪贴板"功能（前面出现"+"才表示开通），因此系统无法使用选择及拖曳寄存器，在 vim 中使用:reg 命令无论如何也看不到''*、''+和~这 3 个寄存器。

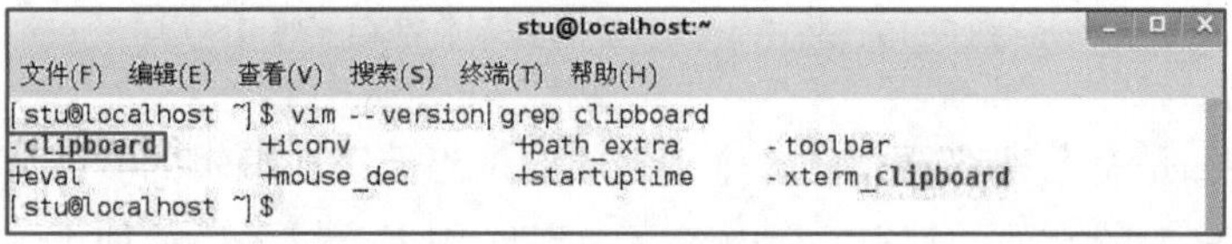

图 3-21 vim 的 clipboard 功能未开通

此时，需要安装一个 vim 的增强包——vim-X11 来解决这个问题，可以在命令行输入如清单 3-23 所示的命令来安装这个包。

清单 3-23

```
#su - root
#yum install vim-X11
```

vim-X11 会附带安装 vim 的图形界面版本 gvim，最重要的是会安装一个命令行下的 vim 增强版本 vimx。vimx 支持系统剪贴板，所以只要在桌面的终端（terminal）运行 vimx 就可以支持系统剪贴板。可以来检查一下，结果应该如图 3-22 所示。

图 3-22 vimx 的 clipboard 功能已开通

注意

> 切记，即使已经安装了 vim-X11，同时 vimx 的 clipboard 功能也已经开通，选择及拖曳寄存器也只有在 GNOME、KDE 或者其他图形界面的终端中打开 vimx 时才能使用。也就是说，如果是通过不支持图形界面的方式远程联机，则仍然不能使用 vimx 选择及拖曳寄存器。

此时，可以随便在桌面上用鼠标选中并复制一些文本内容，然后在终端打开 vimx，输入 ":reg"，就可以看到选择及拖曳寄存器中的"*和"+了，其中的内容就是刚刚复制的那些内容（系统剪贴板中的内容），这时就可以像使用有名寄存器一样使用选择及拖曳寄存器在 vim 内外相互复制内容，如图 3-23 所示。

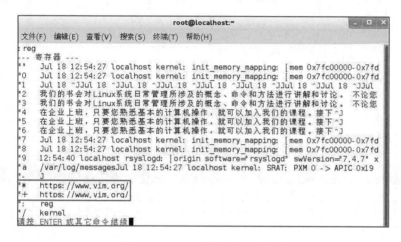

图 3-23　vimx 中的"*和"+寄存器

3.3.3　vim 崩溃后的处理

　笔 记

相信很多人都经历过这样的情况：编辑一个文档很长时间，眼看就要完成的时候，系统或者 vim 崩溃了！

如果使用的是 vim，那么就无须过多担心，因为编辑一个文件时，vim 会在这个文件所处的目录下生成一个隐藏的临时文件——交换文件（swap file），对文档所做的几乎所有编辑修改都会暂时保存在这个文件中，因此如果在编辑过程中，系统或者 vim 非正常关闭了，就可以从这个交换文件中恢复对文档所做的编辑修改。

注意

- 出于性能考虑，交换文件不是实时更新的，因此交换文件不一定能够保证所做的全部修改都会被保存在其中。
- 默认情况下，交换文件将在每录入 200 个字符后，或者每次文档内容被修改后4000毫秒（也即 4 秒）内没有录入任何字符时被更新。
- 如果不希望把修改写到交换文件中，可以用 "vim –n" 选项启动 vim。当然，这就等于放弃了 vim 文档恢复功能，所以除非有充分理由，否则最好不要这么做。

一般情况下，当经历了一次崩溃/非正常退出后，重新用 vim 打开之前编辑的文件时，vim 会出现"交换文件已存在"这样一个提示，如图 3-24 所示。

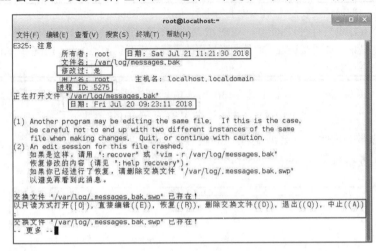

图 3-24 vim 的"交换文件已存在"提示

在提示中，vim 会提供 6 个选项，如表 3-13 所示。

表 3-13 "交换文件已存在"提示的选项

选 项	作 用
以只读方式打开((O))	用只读方式打开文件。当只是想看看文件的内容，而不打算恢复它的时候用这个选项
直接编辑((E))	直接编辑。要小心使用这个选项！这可能会导致文件出现两个不同版本
恢复((R))	从交换文件中恢复文件
退出((Q))	退出。不再编辑该文件
中止((A))	中止。与退出类似，但同时中止更多的命令
删除交换文件((D))	删除交换文件。当能确定不再需要这个交换文件的时候选这一项

此时按<R>键，然后按<Enter>键，就可以将数据从交换文件中恢复过来，十分简单。

 小心

交换文件可以用来恢复文档，但 vim 提示出现了交换文件，并不代表就一定需要恢复文档，所以不要一出现提示就马上按<R>键恢复，盲目选择可能会造成严重后果，一定要仔细观察，谨慎做出选择。

当然，并非只有非正常退出才会产生交换文件，退一步来说，即使 vim 非正常退出了，也不见得一定需要恢复文档。

首先是第一种情况：主机上有其他 vim 进程也在编辑这个文件（可能是自己打开的，也可能是别人打开的），此时打开文档，vim 也会给出"交换文件已存在"提示，这个提示中有两项特别之处，就是在"进程 ID"后面会出现"仍在运行"的字样，在提示选项中也不会出现"删除交换文件"这一项（如图 3-25 所示）。此时，就应该谨慎确认是否有人也在编辑这个文件。如果是，则最好按<Q>键或者<A>键退出，防止发生冲突。

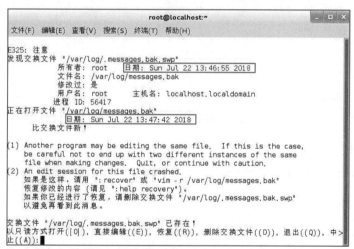

图 3-25 有其他 vim 进程也在编辑文件

其次是第二种情况：交换文件比当前文件要旧，也即交换文件的日期属性在前，而当前打开文件的日期属性在后（如图 3-26 所示）。这有可能是在崩溃后文件被修改过了，也可能文件在崩溃前保存过，但这发生在最后一次写入该交换文件之后。一般来说，出现这种情况，如果确认当前打开的文件内容要比交换文件新，那么就不需要这个交换文件了，直接按<D>键删除该交换文件即可。

图 3-26 交换文件比当前文件要旧

3.3.4 vimrc 配置文件

在前面的子任务 2 "vim 牛刀小试"中的第二步对 vim 的环境进行了一些简单的设置，包括语法高亮、设定行号、禁止长行自动回绕、显示光标位置和未完成命令等。适当的自定义环境设置，能够让用户使用的 vim 更加顺手，甚至能达到"事半功倍"的效果。

但在 vim 中直接使用命令进行环境设置是不合适的，因为这些设置都是一次性的，关闭 vim 后就失效了，下次打开还要重新设置。如果要让这些设置永久生效，

笔 记

笔 记

....

....

....

....

....

....

....

....

或者需要进行更加复杂的环境设置，那么就要用到 vim 的用户配置文件 vimrc。

默认情况下，vim 是不会为每个用户建立 vimrc 文件的，如果要对 vim 进行自定义配置，需要分两步走。

首先是建立自己的 vimrc 文件，建议从 vim 提供的一个样例 vimrc 文件开始建立配置文件。样例 vimrc 通常位于 "/usr/share/vim/vim××/" 目录下，名为 vimrc_example.vim，其中 vim××与用户所使用的 vim 版本有关。需要将这个样例文件复制到当前登录用户的家目录（~）下，并且命名为 ".vimrc"，注意文件名前面的 "."，说明这个文件是一个隐藏文件，如清单 3-24 所示。

清单 3-24

```
cp /usr/share/vim/vim74/vimrc_example.vim ~/.vimrc
```

现在退出 vim 后再进入。从表面上看，vim 和刚才没什么不一样，但其实已经发生了一些变化。举例来说，如果现在是在图形桌面终端打开的 vim，而且系统支持鼠标，那么按下鼠标的左键并拖动，此时 vim 会自动进入"可视模式"，原因很简单：vimrc 文件里面对此进行了一些设置，可以打开该文件，在其中应该可以找到如图 3-27 所示的几行，这几行配置就是让图形桌面终端启用鼠标。

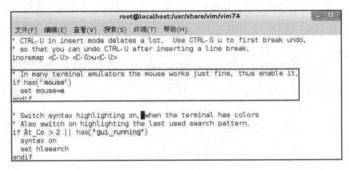

图 3-27　vimrc 启用鼠标配置语句

 注意

- vim 提供的样例 vimrc 是一个注释良好的文件，其中以 " " 打头的行都是注释行。如果想进一步搞懂 vimrc 的配置，可以先研究一下这个样例文件。
- 由于进一步探讨 vimrc 配置不免涉及 vim 脚本，出于篇幅关系，在这里就不深入介绍。如果想进一步了解 vimrc，可查看 vim 的帮助文档的 usr_05.txt 部分。

接下来，可以尝试稍稍修改一下这个 vimrc 文件。可以在文件的末尾添加如清单 3-25 所示的两行命令，然后保存退出，再次进入 vim，就会发现这两个选项已经生效了。

清单 3-25

```
set nu
set cursorline
```

注意

除非非常明确要写入的那行配置的意义，否则就不要随便改动 vimrc 文件。

3.4 任务小结

在经历了一番苦读和操作实践之后，小 Y 算是已对 vim 入门了。现在，小 Y 已经能够：

1. 在 vim 中移动光标，复制、粘贴、删除、查找及替换文本，并使用录制回放。
2. 打开、保存文件和退出 vim，简单设定 vim 的环境，并处理 vim 崩溃事件。
3. 在 vim 中同时编辑多个文本。
4. 查看 vim 的帮助文档。

同时，小 Y 应该对如下概念有所了解：

1. vim 的模式。
2. vim 的寄存器。
3. vimrc 配置文件。

任务 *4*
管理文件

——千举万变，其道一也。

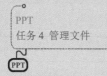 **任务场景**

　　技术部的 P 项目组需要一名系统管理员对项目开发服务器上的文档进行日常维护，主要是管理开发文档、源代码和开发过程中产生的一些临时文件。由于小 Y 在第一个任务中的良好表现，他被分配到这个项目组中担任开发服务器的运维。俗话说得好："师傅领进门，修行在个人"，虽然对于 Linux 这个领域，小 Y 远远算不上入门，但是好歹也算摸到了门把手，因此他觉得应该自己先试试，实在不行再向师傅求助。在接下来的几天中，小 Y 经历了 Linux 系统管理员职业生涯中的又一个挑战——管理文件。

PPT
任务 4 管理文件
PPT

核心素养

4.1 任务介绍

分配给小 Y 的任务具体如表 4-1 所示。

表 4-1 IT 资源和服务申请表

资源类别 □存储资源 □网络带宽 □计算资源 ■ IT 支持服务 □其他
申请人员/部门:
技术部/P 项目组
实施人员/部门:
IT 支持部
详细规格描述:
在 P 项目组的开发主机上进行文件操作,要求:
1. 在根目录下建立 project_z 目录,在此目录下分别建立 src、res、doc 和 log 子目录,其中在 res 目录下再建立 image、sound 和 animation 子目录,要求 dev01 用户对这些文件拥有全部权限,其他用户没有权限。
2. 将/tmp/prj/res 目录中的音乐文件(扩展名为 oog)、图片文件(扩展名为 jpg)、视频文件(扩展名为 mov)分别复制到 image、sound 和 animation 目录中,并将/tmp/prj/res 目录中的 misc 子目录复制到 /project_z/res 目录下。
3. 将/tmp/prj/src 目录中过去 30 天内创建或者修改过的 PHP 脚本文件(扩展名为 php)复制到/project_z/src 目录中。
4. 将/tmp/prj/doc 目录下所有的文件打包压缩为一个以当前日期为名的备份文件,并复制到/project_z/doc 目录下。
5. 在 dev01 家目录中为 project_z 目录创建一个链接 project。
6. 删除/tmp/prj/目录。
本部门主管: 已批准
IT 部门主管: 已批准

在开始动手完成任务之前,需要知道 Linux 中一个很重要的理念,叫作"一切皆文件",也就是说,Linux 中的所有东西(包括各种硬件设备和套接字)都是被作为一个文件来对待的。因此从广义上来说,"管理文件"这 4 个字涵盖一个 Linux 系统管理员所有的工作职责。

接下来就和小 Y 一起来完成任务吧!

4.2 任务实施

4.2.1 子任务 1 创建目录

首先,用 dev01 用户登录,然后用 mkdir 命令创建 project_z 目录,结果发现事情并没有那么简单：bash 提示"mkdir:无法创建目录"/project_z": 权限不够"，如清单 4-1 所示。不需要解释，就能看出问题出在哪里：dev01 用户没有权限创建这个目录。

清单 4-1

```
[dev01@localhost /srv]$ mkdir ./ project_z
mkdir: 无法创建目录"/srv/project_z": 权限不够
```

微课 4-1
切换、创建和删除目录

那么，怎样才能有权限来创建这个目录呢？首先需要弄明白 Linux 中"文件访问权限"这个概念，而 Linux 中的文件访问权限与用户和用户组密不可分，因此先要简单了解一下 Linux 的用户和用户组的概念。

 注意

- 用户（User）是能够获取系统资源的权限的集合。简单来说，就是因为每个用户所需要完成的工作不一样（责任），因此，其对于系统中文件的访问权限（权利）也不同。如系统管理员对整个系统有维护的责任，那么他就有权限操纵整个系统，而普通用户只对系统中某些部分负责，那么他的权限就相应限缩到这部分范围中。
- 用户组（Group）就是具有相同特征的用户的集合。用户组作为用户容器，方便于管理用户。
- 在任务 6 中将详细探讨用户和用户组。

在 Linux 中，一个文件总是与某个特定的用户（文件拥有者）和某个特定用户组（文件所属用户组）关联在一起的。

为了更加清晰、直观，用"ls -l"命令列出了/home/dev01/test.sh 这个文件的属性，如清单 4-2 所示。

清单 4-2

```
$ ls -l /home/dev01/test.sh
-rwxr-xr--. 1  dev01  dgroup  22  12月 2 2017 /home/dev01/test.sh
```

微课 4-2
文件属性

输出结果有 7 个字段，这 7 个字段都代表了文件的一类属性，如图 4-1 所示。

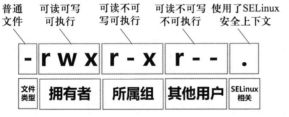

图 4-1　Linux 中的文件访问权限举例

目前所关心的就是字段 1、字段 3 和字段 4，其中字段 3 和字段 4 的意思很明确，分别代表了文件的拥有者（dev01 用户）和文件所属的用户组（dgroup 用户组）。

相对复杂的是字段 1，这个字段由 11 个字符组成，如图 4-1 所示。我们目前关心的是中间 9 个字符，这 9 个字符每 3 个字符为一组，分别表示文件拥有者、文件组从属组中用户、其他用户对文件的访问权限。每组的 3 个字符则分别表示读（r）、写（w）和执行（x）权限，如果相应字符被（-）替代则表示没有该权限。

因此，对于这个 hello.sh 文件，dev01 可读可写可执行，dgroup 用户组中的用户可读不可写可执行，其他用户只读。

 注意

● 读（r）、写（w）、执行（x）这 3 种权限于文件和目录的含义是不同的，如表 4-2 所示。

表 4-2 r、w、x 权限的含义

	r	w	x
文件	读文件	写文件	运行文件
目录	列出目录中文件	操纵目录中文件	进入目录

到这里为止，基本了解了文件访问权限的概念，接下来再来看看要新建目录的父目录，也即根目录"/"的访问权限。输入"ls –ld /"命令来查看这个根目录"/"的信息，如清单 4-3 所示。

笔 记

清单 4-3

```
$ ls -ld /
drwxr-xr-x. 25 root root 4096  9 月 27 12:23 /
```

根目录"/"的拥有者是根用户 root，从属文件组是根用户组 root，读写权限是 rwxr-xr-x，dev01 用户既非 root 用户，也不是 root 用户组中的用户，是其他用户，因此并没有写权限。显然要新建目录是需要写权限的，只能先切换到 root 用户来建立这个新目录，如清单 4-4 所示。

清单 4-4

```
$ su - root
密码：        #在此处输入 root 用户密码，注意密码是不会回显的
# mkdir /project_z
# ls -ld /project_z
drwxr-xr-x 2 root root 4096  9 月 27 12:32 /project_z
```

接下来用 cd 命令跳转到 project_z 目录下，用 mkdir 命令建立余下的其他目录，如清单 4-5 所示。

清单 4-5

```
# cd /project_z
# mkdir src res doc log
# ls -l
总用量 28
drwxrwxr-x 2 root root 4096  9 月 27 12:42 doc
drwxrwxr-x 2 root root 4096  9 月 27 12:42 log
drwxrwxr-x 5 root root 4096  9 月 27 12:43 res
drwxrwxr-x 2 root root 4096  9 月 27 12:42 src
#cd res
# mkdir image sound animation
# ls -l .
总用量 12
drwxrwxr-x 2 root root 4096  9 月 27 12:42 animation
drwxrwxr-x 2 root root 4096  9 月 27 12:42 image
drwxrwxr-x 2 root root 4096  9 月 27 12:42 sound
```

至此，就将任务中要求的目录结构建立好了。

注意

在本任务的知识点 4 和知识点 5 中将分别讨论 cd 和 ls 命令。

4.2.2 子任务 2 修改文件访问权限

接下来又出现了新的问题。建立好的目录依然与根目录 "/" 一样，拥有者是根用户 root，文件组是根用户组 root，读写权限是 rwxrwxr-x，这意味着对这个目录，dev01 用户依然没有写权限，而且其他用户能够进入这个目录并能读取文件列表，这与任务要求不一致。因此，还需要修改目录的拥有者、文件组和访问权限这 3 个属性。

注意

修改文件属性也是需要对文件有写权限的。

拓展阅读 4-1
文件第二扩展
系统属性

首先来更改文件拥有者、文件组这两个属性，使用 chown 命令来实现，如清单 4-6 所示。

清单 4-6

```
# chown dev01:dev01 /project_z
# ls -ld /project_z/
drwxr-xr-x 2 dev01 dev01 4096  9月 27 12:32 /project_z
```

chown 后跟了一个参数 dev01:dev01，其中冒号前的 dev01 表示修改文件拥有者为 dev01，冒号后面的 dev01 表示修改文件从属的组为 dev01（dev01 用户的私有组）。修改完成之后，dev01 就对 project_z 目录有了完全的访问权限（可读可写可执行）。

接着修改文件的访问权限，让从属组用户和其他用户没有权限，使用 chmod 命令来实现，如清单 4-7 所示。

清单 4-7

```
# chmod g-rwx,o-rwx ./project_z/
# ls -ld ./project_z/
drwx------ 2 dev01 dev01 4096  9月 27 12:32 project_z/
```

注意

拓展阅读 4-2
ACL 文件访问
控制列表

- 修改或者设置文件访问权限可以用两种方法，这里使用的是助记符的方法，助记符分为以下 3 个部分。
  - ✓ 对象助记符：a 代表所有用户，u 代表文件拥有者，g 代表文件组用户，o 代表其他用户。
  - ✓ 操作助记符：+代表添加权限，-代表删除权限，=代表设置权限。
  - ✓ 权限助记符：r 代表可读，w 代表可写，x 代表可执行。
- 如果要对用户、组合或其他设置不同的权限，可以通过逗号分隔不同的表达，如 "chmod u+r, g=rx,o-rwx hello.sh" 表示为文件拥有者增加读权限，设置文件组用户权限为可读可执行，删除其他用户的所有权限

可以看到，chmod 改变了 project_z 目录的文件访问权限这个属性，现在 project_z

笔 记

目录的文件访问权限是"rwx------"，也即 dev01 能够读、写、执行这个目录，所属组用户无任何权限，其他用户也无任何权限。但这仅仅改变了 project_z 目录本身，其下的各级子目录的权限仍未改变，需要在 chmod 后添加上-R 选项，表示不仅修改本目录，而且还递归修改目录下的各级子目录及其中的文件访问权限，如清单 4-8 所示。

清单 4-8

```
# chmod -R g-rwx,o-rwx ./project_z/
# ls -lR ./project_z/
drwx------ 2 dev01 dev01 4096  9月 27 12:32 project_z/
```

此时，就将目录的权限都修改好了，用 exit 命令退出 root 用户，回到 dev01 用户身份后，就可以开始迁移相关资料文件了。

注意

在本任务的知识点 6 中将详细讨论文件访问权限、chown 和 chmod 命令。

4.2.3　子任务 3 复制文件

在本子任务中，需要将/tmp/prj/res 目录中的音乐文件（扩展名为 oog）、图片文件（扩展名为 jpg）和视频文件（扩展名为 mov）分别复制到 image、sound 和 animation 目录中。

微课 4-3
复制、移动、删除
和创建文件

注意

可以用 root 用户身份运行附录 A 中的 4.sh 的脚本文件，生成任务中操作所需的相应目录和文件，如清单 4-9 所示。

清单 4-9

```
#.su - root -c /4.sh
```

首先，尝试复制一个文件，使用 cp 命令，cp 后第一个参数是要复制的源文件，第二个参数是复制的目标目录，如清单 4-10 所示。

清单 4-10

```
$ ls -l /tmp/prj/res/img1.jpg
-rw-r--r-- 1 root root 4096 10月 10 00:55 /tmp/prj/res/img1.jpg
$ cp /tmp/prj/res/img1.jpg /project_z/res/image/
$ ls -l /project_z/res/image/img1.jpg
-rw-r--r-- 1 dev01 dev01 4096 10月 13 15:19 img1.jpg
```

可以看到/tmp/prj/res/img1.jpg 文件已经复制到/project_z/res/image 目录下。

也可以在 cp 后面跟多个文件名来同时复制多个文件，最后的参数是复制的目标文件，前面所有的参数都是要复制的文件，如清单 4-11 所示。

清单 4-11

```
$ cd /tmp/prj/res/
$ cp img2.jpg  img3.jpg  img4.jpg  /project_z/res/image/
$ ls -l /project_z/res/image/
总用量 12
-rw-r--r-- 1 dev01 dev01 4096 10月 13 15:19 img1.jpg
-rw-r--r-- 1 dev01 dev01 1024 10月 13 22:14 img2.jpg
```

```
-rw-r--r-- 1 dev01 dev01 4096 10月 13 22:14 img3.jpg
-rw-r--r-- 1 dev01 dev01 2048 10月 13 22:14 img4.jpg
```

如果要复制的文件都有一些相同的特征，还可以应用 bash 中一个非常有用的工具——通配符（wildcard），来快速进行复制，如清单 4-12 所示。其中，文件名中的"*"就是一个通配符，表示任意长度的字符串，因此 /tmp/prj/res/*.jpg 就表示 /tmp/prj/res 目录下文件名以 .jpg 结尾的所有文件。

清单 4-12
```
$ cp /tmp/prj/res/*.jpg /project_z/res
$ cp /tmp/prj/res/*.ogg /project_z/res
$ cp /tmp/prj/res/*.mov /project_z/res
```

 注意

- 通配符一般用在文件操作中，可以用通配符组合成模式来匹配符合特定规则的文件名。
- 在本任务的知识点 3 中将详细讨论通配符这个工具。

接下来是复制目录。cp 不能像复制文件一样直接复制目录，需要加上一个 -R 选项，如清单 4-13 所示。

清单 4-13
```
$ cp -R /tmp/prj/res/misc /project_z/res
```

至此就将资料都迁移好了。可以用"ls -R"命令来递归查看整个 project_z 目录中的各级子目录和其中的文件，如清单 4-14 所示。

清单 4-14
```
$ ls -R /project_z
/project_z/:
doc log res src

/project_z/doc:

/project_z/log:

/project_z/res:
animation  image  misc sound

/project_z/res/animation:
ani0.mov ani2.mov ani4.mov ani6.mov ani8.mov
ani1.mov ani3.mov ani5.mov ani7.mov ani9.mov

/project_z/res/image:
img0.jpg img2.jpg img4.jpg img6.jpg img8.jpg
img1.jpg img3.jpg img5.jpg img7.jpg img9.jpg

/project_z/src/misc:

/project_z/res/sound:
track0.ogg track2.ogg track4.ogg track6.ogg track8.ogg
track1.ogg track3.ogg track5.ogg track7.ogg track9.ogg

/project_z/src:
```

 注意

在本任务的知识点 7 中将详细讨论 cp、mv 等命令。

笔 记

4.2.4 子任务 4 查找文件

本子任务要做的就是将/tmp/prj/src 目录中过去 30 天内创建或者修改过的 PHP 脚本文件（扩展名为 php）复制到/project_z/src 目录中。

首先需要指出的是，这些文件数目巨大，手工筛选是不现实的。幸运的是，Linux 提供了许多实用的文件查找工具，其中最为常用、最为强大的就是 find 命令。接下来就用 find 命令来完成任务，只需要一条命令即可，如清单 4-15 所示。

清单 4-15

```
$ find /tmp/prj/src \( -name "*.php" -a -type f -a -mtime -30 \)
-exec cp -f {} /project_z/src \;
```

命令虽只有一条，但是比较复杂，下面分 3 个部分进行一个简单说明。

- 参数/project_z/prj/src 指定了要查找文件的目录。
- 在一对圆括号 "\( )\" 中括起的内容均为 find 查找条件选项，条件选项之间的-a 意为 and，表示条件选项之间是 "与" 的关系，具体条件有 3 个：
  - ✓ -name 选项指定要查找文件的名字，PHP 脚本文件必然文件以 php 作为扩展名，这里使用了文件通配符。
  - ✓ -mtime 选项指定了要查找文件的最后修改时间，-30 表示在 30 天内。
  - ✓ -type 选项指定了要查找文件的类型，f 表示普通文件，这是个隐含条件，因为 PHP 文件一定是普通文件，而不可能是目录、设备等类型的文件。
- -exec 选项指定了要对查找到的文件所执行的命令，"cp -f {} /project_z/src" 为要执行的命令，{}代表查找到的文件，也即 cp 复制的源文件，"\;" 表示命令结束，注意命令和 "\;" 之间是有一个空格的。

> **注意**
>
> - 命令中的一对圆括号可以用来调整条件测试和操作符的优先级。圆括号前后有空格，由于圆括号对于 shell 来说有特殊含义，所以还必须使用反斜线来引用圆括号。
> - 如果在文件名条件 "-name" 处使用通配符，必须在模式上使用引号以确保模式没有被 shell 扩展。
> - 在本任务的知识点 8 中将详细讨论 find 命令。

4.2.5 子任务 5 归档压缩文件

本子任务要将/tmp/prj/doc 目录下所有扩展名为 txt 的文件打包压缩为以当下日期为名的一个备份文件，并复制到/project_z/doc 目录下。

子任务涉及打包文件和压缩文件两项内容。首先使用 tar 命令来打包文件，如清单 4-16 所示。tar 命令后面的-c 选项表示创建归档文件，-v 选项表示显示被打包的文件名，-f 选项指定归档文件名，文件名为 2018-11-23.tar，紧接着使用文件通配符/tmp/prj/doc/*.txt 指定了要打包的文件。

清单 4-16

```
$ tar -cvf 2018-11-23.tar /tmp/prj/doc/*.txt
```

在打包完成之后，可以用 "ls -l" 命令列出该刚刚生成的打包文件查看其属性，通过 "tar -tf" 命令来查看打包文件中的内容，如清单 4-17 所示。

清单 4-17

```
$ tar -tf 2018-11-23.tar
$ ls -l 2018-11-23.tar
```

 注意

 笔 记

- 打包文件的扩展名 ".tar" 不是必需的, 加上这个扩展名是告诉用户该文件是一个打包文件。
- 在 tar 命令的-f 选项后必须紧跟归档文件名。
- tar 命令并不会压缩文件的。归档文件的大小甚至比归档前所有文件的大小之和还要略大, 原因是归档时会添加一些额外的信息。

接下来是压缩文件, 使用 Linux 中最常用的压缩文件命令 gzip 来压缩文件。该命令非常简单, 如清单 4-18 所示, 即将 2018-11-23.tar 命令压缩成了名为 2018-11-23.tar.gz 的压缩文件。

清单 4-18

```
$ gzip 2018-11-23.tar
```

完成后用 "ls -l" 命令来查看这个压缩文件的大小, 文件由原来的字节, 压缩为了现在的字节, 接着将这个压缩文件复制到指定的/project_z/doc 目录中去, 如清单 4-19 所示。

清单 4-19

```
$ ls -l 2018-11-23.tar.gz
$ cp 2018-11-23.tar.gz /project_z/doc
```

由于 tar 命令和 gzip 经常连用, 因此 tar 命令中提供一个一个选项, 可以直接调用 gzip, 一次完成打包和压缩, 如清单 4-20 所示。

清单 4-20

```
$ tar -czvf 2018-11-23.tar.gz /tmp/prj/doc/*.txt
```

 注意

在本任务的知识点 9 中将详细讨论 tar 和 gzip 命令。

4.2.6 子任务 6 创建链接

在本子任务中需要在 dev01 家目录中为 project_z 目录创建一个链接。首先要了解什么是链接, 简单来说, Linux 中的链接就是为文件建立一个额外的访问入口。

微课 4-6
创建文件链接

注意

- 在 Linux 中, 链接有两种: 符号链接 (symbolic link) 和硬链接 (hard link)。这两种链接原理不同, 表现形态上也不同, 但主要目的都是为文件建立一个额外的访问入口。
- 硬链接使用限制较大, 主要有两点限制: 一是不能跨分区 (文件系统) 使用; 二是不能为目录创建链接。因此在一般无特殊需求的情况下, 建议使用符号链接。

建立文件链接的命令是 ln, 接下来就用 ln 命令为 project_z 目录在 dev 的家目录 /home/dev01 下建立一个名为 project 的链接, 如清单 4-21 所示。ln 命令中带了一个 -s 选项, 表示建立的是符号链接 (因为无法为目录建立硬链接)。第一个参数代表要建立链接的目标文件或者目录，第二个参数指定了要创建的链接名。

清单 4-21

```
$ ln -s  /project_z  /home/dev01/project
$ ls -l /home/dev01/project
lrwxrwxrwx 1 dev01 dev01   13 10 月 12 10:22 /home/dev01/project -> /project_z
```

可以看到 l 在长格式下，符号链接文件的首字段的第一个字符为 l，指明其为一个符号链接文件，文件名字段也非常特殊，不仅包括了文件名，还包括了一个箭头符号（->），指向本符号链接的目标文件（同时文件的颜色也与普通文件不同，在 CentOS 命令行中，默认显示为浅蓝色）。

至此，就为 project_z 目录创建好了符号链接/home/dev01/project，可以直接通过该符号链接来访问该目录了，如清单 4-22 所示。

清单 4-22

```
$ ls /home/dev01/project
doc  log  res  src
#
```

 注意

在本任务的知识点 10 中将详细讨论链接文件和 ln 命令。

4.2.7 子任务 7 删除文件

复制完毕后，需要删除/tmp/prj 目录以及其下文件。删除文件使用 rm 命令，但尝试删除一个文件/tmp/prj/res/img1.jpg 时会发现没有权限，原因很简单，/tmp/prj 目录以及其下文件的拥有者是 root，从属组是 root 组，其他用户只有读权限。因此需要先切换为 root 用户来进行删除，如清单 4-23 所示。

清单 4-23

```
$ rm /tmp/prj/res/img1.jpg
rm: 是否删除有写保护的普通文件 "/tmp/res/image/img1.jpg"? y
rm: 无法删除"/tmp/res/image/img1.jpg"：权限不够
$ls -l /tmp/prj/res/img1.jpg
$ su - root
密码:
# rm /tmp/res/image/img1.jpg
rm: 是否删除普通文件"/tmp/res/image/img1.jpg"? y
```

可以发现在删除文件时，系统会进行提示，如果要删除的文件很多，将会非常麻烦，因此加上-f 选项表示直接删除，如清单 4-24 所示。

清单 4-24

```
# rm -f /tmp/res/image/img2.jpg
```

 注意

只有 root 用户在删除文件时系统会提示，是因为 root 用户权限太大，系统担心 root 误删文件，所以以 root 用户的 "rm -i" 命令建立了一个别名 rm，也即自动添加了-i 选项，表示删除文件前要询问。

最后就来删除整个目录结构 project_z。和 cp 命令一样，rm 命令需要添加-R 选

笔 记

项来递归删除目录及其下文件，如清单 4-25 所示。

清单 4-25

```
# rm /tmp/res
rm: 无法删除"/tmp/res"：是一个目录
# rm -fR /tmp/prj
```

笔记

注意

在本任务的知识点 7 中将详细讨论 rm 命令。

至此，就完成了整个任务，但也仅仅是"完成"了任务，对于任务外文件管理的知识和技能并未涉及，因此还要仔细阅读下面的必要知识这部分内容，尤其是要动手做一做其中的范例，为后续任务打好基础。

4.3 必要知识

4.3.1 知识点 1 文件系统层次标准

Linux 中所有文件存储在文件系统中，它们被组织到一个颠倒的目录树中，称为文件系统层次结构，如图 4-2 所示。这棵树是颠倒的，因为树根"/"在该层次结构的顶部，称为根目录，所有的文件和目录都位于根目录"/"之下。

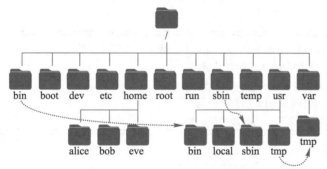

图 4-2 Linux 文件系统层次结构

在早期的 UNIX 系统中，厂家各自定义了自己的文件系统组织结构，比较混乱。Linux 为了避免产生同样的问题，在面世不久后就开始了对 Linux 文件系统进行标准化的活动。FHS（Filesystem Hierarchy Standard）就是 Linux 基金会发布的一个 Linux 文件系统结构标准，简单来说，就是规定了根目录"/"下面各个主要目录应该放什么样的文件。

FHS 主要定义了两层规范，第一层是根目录"/"下面的各个一级子目录应该要放什么文件数据，例如 /etc 应该要放置设置文件，/bin 与 /sbin 则应该要放置可执行文件等等。第二层则是针对 /usr 及 /var 这两个一级目录下的二级子目录的规定，例如/var/log 放置系统登录文件、/usr/share 放置共享数据等。

RHEL/CentOS 系统中一些最重要的目录如表 4-3 所示。

拓展阅读 4-3
FHS 说明书

表 4-3 重要目录列表

目 录	用 途
/	整个文件系统层次结构的根目录
bin	必需命令的二进制文件，也即系统管理员和用户都可能使用的命令
boot	引导加载程序的静态文件，此文件夹包含了启动过程中所需的所有文件
dev	设备文件
etc	主机配置文件。"配置文件"只能是一个用于控制程序操作的本地文件，它必须是静态文件而且不能是可执行的二进制文件 4
lib	必需的共享库和内核模块，有些情况下，库文件夹可能是/lib32 和/lib64，/lib 作为其中之一的符号链接
mnt	临时挂载一个文件系统用的挂载点。提供这一目录是为了使系统管理员能够在需要时临时地挂载某个文件系统
opt	外部应用程序软件包
sbin	必需的系统级命令的二进制文件，也即系统管理员使用的命令
srv	本系统所提供服务的数据文件
tmp	临时文件
usr	二级层次结构，包含绝大多数的用户工具和应用程序
var	变量数据，存放应用程序数据和日志记录的目录
home（非必需）	用户的家目录，普通用户一般在该目录下有一个与用户名同名的子目录，放置用户个人文件、个人设置（环境变量）等
root（非必需）	根用户的家目录。放置根用户个人文件、个人设置（环境变量）等

 注意

在 RHEL/CentOS 7 中，有 4 个一级子目录变成了其他目录的符号链接：
- /bin 变成了/usr/bin 的符号链接。
- /sbin 变成了/usr/sbin 的符号链接。
- /lib 变成了/usr/lib 的符号链接。
- /lib64 变成了/usr/lib64 的符号链接。

4.3.2 知识点 2 文件路径

在 Linux 中文件的路径简单来说就是在文件系统中访问这文件的途径，而 Linux 的文件系统是一个树状结构，因此就会有两种路径表示方式：绝对路径与相对路径。

- 绝对路径就是从根目录 "/" 开始，依次将各级子目录的名字组合起来，形成的路径就称为某个文件的绝对路径。例如，根目录 "/" 下有目录 usr，usr 目录下有子目录 bin，bin 目录下有文件 ls，则 ls 文件的绝对路径就是/usr/bin/ls。绝对路径明确但往往较长。

- 相对路径是相对当前所在位置的路径，例如，当前所在的位置为/usr，也就是在根目录的 usr 目录下，则 ls 文件相对当前位置的路径为 bin/ls。相对路径短而快捷但往往不够明确。

4.3.3 知识点 3 文件通配符

系统管理员经常需要对文件进行批量操作，尽管这在文件数目较少的情况下可以通过手动逐个操作实现，但是在目标文件较多的情况下，这种手动逐个操作就不可行了。好在 bash 为用户提供了通配符（Wildcard）工具。通配符可以让用户用一些特殊的字符来描述一条规则，可以匹配符合这个规则的所有字符串（往往是文件名或者目录名）。bash 中的常用通配符如表 4-4 所示。

微课 4-7
通配符

表 4-4 常见通配符

字　符	含　义	实　例
?	匹配任意一个字符	a?b：a 与 b 之间必须也只能有一个字符，可以是任意字符，如 aab, abb, acb, a0b
*	匹配 0 或多个字符	a*b：a 与 b 之间可以有任意长度的任意字符，也可以一个也没有，如 aabcb, axyzb, a012b, ab
[字符列表]	匹配 list 中的任意单一字符	a[xyz]b：a 与 b 之间必须也只能有一个字符，但只能是 x 或 y 或 z，如 axb, ayb, azb
[!字符列表]	匹配除 list 中的任意单一字符	a[!0-9]b：a 与 b 之间必须也只能有一个字符，但不能是阿拉伯数字，如 axb, aab, a-b
[字符 1-字符 2]	匹配一个连续的范围中所有的字符，包括这两个字符和排序序列中介于这两个字符之间的所有字符	a[0-9]b：0 与 9 之间必须也只能有一个字符，如 a0b, a1b, ..., a9b
{字符串列表}	匹配 sring1 或 string2（或更多）其一字符串	a{abc,xyz,123}b：a 与 b 之间只能是 abc 或 xyz 或 123 这三个字符串之一
{字符 1..字符 2}	匹配一个连续的范围中所有的字符，包括这两个字符和排序序列中介于这两个字符之间的所有字符	a{0..9}b：0 与 9 之间必须也只能有一个字符，如 a0b, a1b, ..., a9b

接下来，用若干范例来展示和说明通配符的用法。

笔记

范例 1："?"字符用法，匹配任意单个字符，如清单 4-26 所示。

清单 4-26

```
# 存在文件 a.txt 和 b.txt，用?匹配任意一个字符
$ ls ?.txt
a.txt b.txt
#存在文件 a.txt、b.txt 和 ab.txt，用??匹配任意两个字符
$ ls ??.txt
ab.txt
```

 注意

"?"不能匹配空字符，也就是说，它占据的位置必须有字符存在。

范例 2："*"字符用法，匹配任意数量字符，包括 0 个字符，如清单 4-27 所示。

清单 4-27

```
#存在文件 a.txt、b.txt 和 ab.txt
#列出文件名以.txt 结尾的文件
```

```
$ ls *.txt
a.txt b.txt ab.txt
#存在文件 a.txt、b.txt 和 ab.txt
#列出文件名以 a 开头,以 .txt 结尾的文件
$ ls a*.txt
a.txt ab.txt
```

范例 3:"[...]" 模式用法,匹配 "[...]" 中字符列表或者序列中的任意一个字符,还可以加上 "!" 表示取反,如清单 4-28 所示。

清单 4-28

```
# 存在文件 a.txt、b.txt、bxyz.txt、a01.txt、a02.txt、a09.txt c.txt d.txt
#列出文件名以 a 或者 b 开头,以 .txt 结尾的文件
$ ls [ab]*.txt
a.txt b.txt axyz.txt a01.txt  a02.txt  a09.txt
#列出文件名以 a.txt 或者 b.txt 结尾的文件
$ ls *[ab].txt
a.txt b.txt
#列出文件名以 a0 开头,接着一个 0 到 9 之间数字,以 .txt 结尾的文件
$ ls a0[0-9].txt
a01.txt  a02.txt  a09.txt
#列出文件名不以 a 开头的文件
$ ls [!a-c]*
d.txt
```

范例 4:{...} 模式,{...}表示匹配大括号里面的所有模式,模式之间使用逗号分隔,如清单 4-29 所示。

清单 4-29

```
#和 [ ] 一样, { } 可以用于单字符的模式
$ echo d{a,e,i,u,o}g
dag deg dig dug dog
#{ }还可以用于多字符的模式
$ echo {cat,dog}
cat dog
#{ }可以嵌套使用
$ echo .{mp{3,4},m4{a,b,p,v}}
.mp3 .mp4 .m4a .m4b .m4p .m4v
#和 [ ] 一样, { } 可以匹配连续范围的字符。
$ echo d{a..d}g
dag dbg dcg ddg
#{ }也可以与其他模式联用。
$ echo {cat,d*}
cat dawg dg dig dog doug dug
```

 注意

● {}与[]有一个很重要的区别。如果匹配的文件不存在,[]会失去模式的功能,变成一个单纯的字符串,而{}依然可以展开,这点在某些情况(如创建文件)下非常有用,如清单 4-30 所示。

清单 4-30

```
# 不存在 a.txt 和 b.txt
#[ab]模式未作为通配符解释展开
$ ls [ab].txt
ls: [ab].txt: No such file or directory
```

```
#{a,b}模式仍作为通配符解释展开
$ ls {a,b}.txt
ls: a.txt: No such file or directory
ls: b.txt: No such file or directory
#创建了一个名为file[a-c]的空文件
$ touch file[a-c]
#创建了filea、fileb和filec三个空文件
$ touch file{a-c}
```

● 通配符只匹配单层路径，不能跨目录匹配，也即?或*这样的通配符，不能匹配路径分隔符"/"，如清单 4-31 所示。

清单 4-31

```
# 只会列出当前目录中的所有文件，但不会列出子目录中的文件
$ ls *
```

● 允许文件名中使用通配符，但引用文件名的时候，需要把文件名放在单引号、双引号中或用反斜杠"\"进行字符转义，如清单 4-32 所示。

清单 4-32

```
# （*）作为通配符解释
$ ls file*
# 以下情况中（*）均作普通字符解释
$ ls "file*"
$ ls 'file*'
$ ls file\*
```

4.3.4　知识点 4　目录相关命令

在本节中，将重点讲解与目录操纵相关的 3 个命令，包括在任务中用到的 cd、mkdir 和未在任务中用到的 pwd。

1. pwd 命令

下面首先介绍 pwd 命令的语法格式，然后用 1 个范例来进行展示和说明。

 命令 pwd

用法：pwd
功能：显示出当前工作（活动）目录的名称。

用户在工作的时候，为了操作方便，经常要切换工作，输入 pwd 命令就可以让用户清楚了解当前处在哪个目录下。

 注意

如同在任务 2 的子任务 1 中提到的，CentOS 的默认命令提示符中也会出现当前工作目录的路径，但只会显示路径的最后一个目录。

范例：显示当前工作目录完整路径，如清单 4-33 所示。

清单 4-33

```
$ pwd                          #显示当前工作目录
/etc/sysconfig/network-scripts
$ cd /var/www/html/            #切换工作目录
pwd                            #再次显示当前工作目录
/var/www/html
```

笔 记

笔 记

2. cd 命令

下面首先介绍 cd 命令的语法格式，然后用 1 个范例来进行展示和说明。

命令 cd

用法：cd [选项][目录路径]
功能：切换工作目录至指定目录路径，若[目录路径]参数省略则变换至使用者的家目录，其中[目录路径]可为绝对路径或相对路径。
cd 命令的常用选项及说明如表 4-5 所示。

表 4-5　cd 命令的常用选项及说明

选　　项	说　　明
~	表示当前用户的家目录
~user	表示 user 用户的家目录
..	表示当前所在目录的上一层目录
.	表示当前所在目录
-	则表示上一次所处的目录

范例：以字节为分隔符，如清单 4-34 所示。

清单 4-34

```
$cd /var/www/html          #切换到指定目录
$pwd
/var/www/html
$cd ..                     #切换到当前工作目录的上层目录
$pwd
/var/www/
$cd ../..                  #切换到当前工作目录上层目录的上层目录
$pwd
/
$cd ~                      #切换到当前用户家目录
pwd
/home/stu
$cd -                      #切换到上一次所处的工作目录
pwd
/
```

3. mkdir 命令

下面首先介绍 mkdir 命令的语法格式，然后用两个范例来进行展示和说明。

 命令 mkdir

用法：mkdir [选项]目录...
功能：建立目录。
mkdir 命令的常用选项及说明如表 4-6 所示。

表 4-6　mkdir 的常用选项及说明

选　项	说　　明
-m<权限模式>	设置权限模式（类似 chmod 命令）
- p	创建嵌套目录，也即需要时创建目标目录的上层目录，（如上层目录已存在也不作错误处理）

范例 1：建立单个或者多个目录，如清单 4-35 所示。

清单 4-35

```
$ mkdir sampledir01                    #建立单个目录
$ mkdir sampledir01/subdir01 sapmpledir02    #建立多个目录
$ # tree                               #列出目录树
.
├── sampledir01
│   └── subdir01
├── sampledir02
3 directories, 0 filestree
```

范例 2：建立嵌套目录，如清单 4-36 所示。

清单 4-36

```
$ mkdir dirx/diry/dirz                      #建立嵌套目录，但父目录尚未建立
mkdir: 无法创建目录"dirx/diry/dirz"：没有那个文件或目录
$ mkdir -p dirx/diry/dirz                    #需要加上-p 选项，否则无法创建
$ tree
.
└── dirx
    └── diry
        └── dirz
3 directories, 0 files
```

 注意

范例 1 中使用的 tree 命令，表示列出当前目录树，如果想进一步了解 tree 命令更加详细的信息，可以通过 "man tree" 命令来查看该命令的帮助文档。

4.3.5　知识点 5 列出文件命令

在本节中，将重点讲解 ls 命令。首先介绍 ls 命令的语法格式，然后用 8 个范例来进行展示和说明。

 命令 ls

用法：ls [选项] [文件或目录]
功能：列出目录中文件及其属性。如不指定文件或者目录，则默认查看当前工作目录。
ls 命令的常用选项及说明如表 4-7 所示。

表 4-7　ls 命令的常用选项及说明

选　项	说　　明
-a	列出所有文件，包括以 "." 开头的隐藏文件
-A	列出除 "." 及 ".." 以外的隐藏文件
-c	按 ctime（文件属性或者内容最后更改的时间）排序。同-lt 一起使用，则根据 ctime 排序并显示 ctime；同-l 一起使用，则显示 ctime 但根据名称排序
-d	将目录名像其他文件一样列出，而不是列出它们的内容
-F	每个目录名加 "/" 后缀，每个 FIFO 名加 "|" 后缀，每个可运行名加 "*" 后缀
-h	与-l 一起，以易于阅读的格式输出文件大小，如 1K、234M、2G 等，默认情况下的单位是 Byte

续表

选 项	说 明
-i	显示每个文件的 inode 号
-l	除每个文件名外，增加显示文件类型、权限、硬链接数、所有者名、组名、大小（默认字节）以及时间信息（默认为修改时间）
-n	类似-l，但列出 UID 及 GID 号
-r	逆序排列目录内容
-R	递归显示子目录
-S	根据文件大小排序，默认降序（由大到小）
-t	根据 mtime（文件内容最后修改时间）排序，默认降序（由新到旧）
-u	按照 atime（文件最后访问时间）排序。同-lt 一起使用，则按照访问时间排序并显示；同-l 一起使用，则显示访问时间并按文件名排序

范例 1：列出当前目录和指定目录下的文件，如清单 4-37 所示。

清单 4-37

```
$ ls
公共 模板 视频 图片 文档 下载 音乐 桌面
$ ls /
bin   dev   lib      media       opt     raid1  sbin  tmp
boot  etc   lib64    mnt         proc    root   srv   usr
data  home  log_data mysql_data  project run    sys   var
```

范例 2：列出目录下的所有（包括.开头的隐藏文件）文件，如清单 4-38 所示。默认情况下，ls 命令不会列出文件名以点号 "." 开头的隐藏文件。可以使用 -a 或者-A 选项组合来显示所有隐藏文件。这两个选项的唯一区别就是，-A 选项不会列出目录本身 "." 和父目录 ".." 这两个隐藏目录。

清单 4-38

```
$ ls -a
.                .bash_profile .dbus           .local      .vnc            视频 音乐
..               .bashrc       .esd_auth       .mozilla    .Xauthority     图片 桌面
.bash_history    .cache        .gnupg          .ssh        公共            文档
.bash_logout     .config       .ICEauthority   .viminfo    模板            下载

$ ls -A
.bash_history    .cache        .gnupg          .ssh        公共  文档
.bash_logout     .config       .ICEauthority   .viminfo    模板  下载
.bash_profile    .dbus         .local          .vnc        视频  音乐
.bashrc          .esd_auth     .mozilla        .Xauthority 图片  桌面
```

 注意

除根目录外的所有目录都至少包含两个特殊隐藏条目：目录本身 "." 和父目录 ".."（根目录没有父目录）。

范例 3：以长格式列出文件，如清单 4-39 所示。

清单 4-39

```
$ ls -al ~/sample/
总用量 8
drwxrwxr-x. 2   stu stu 22       12月 2 19:24 .
drwx------.  19  stu stu 4096     12月 2 19:22 ..
-rwxrw-r--.  1   stu stu 23       12月 2 19:24 hello.sh
```

以长格式列出文件时，第一行显示所列文件使用的磁盘块（block）的总数（这里是 8）。下面的每一行都代表一个文件，每行都有 7 个字段，如图 4-3 所示，每个字段的意义如表 4-8 所示。

字段1	-rwxrw-r--.	类型和权限
字段2	1	硬链接数
字段3	stu	拥有者
字段4	stu	从属文件组
字段5	23	大小
字段6	12月2 19:42	被修改时间
字段7	hello.sh	文件名

图 4-3　ls 长格式列出文件属性字段示意图

表 4-8　ls 长格式列出文件属性字段释义

序号	字 段 释 义		
1	文件的类型和访问权限。该字段比较复杂，由 11 个字符组成，可以分为 3 个部分		
	字符 1	文件类型。在 Linux 中，文件总共有 7 种类型，类型对应符号及意义如下。	
		字符	意义
		-	常规文件
		d	目录文件
		l	符号链接文件
		c	字符设备文件
		b	块设备文件
		p	FIFO 管道文件
		s	套接字文件
	字符 2~10	文件读写权限。9 个字符共分 3 组，意义如下	
		字符	意义
		字符 2~4	文件拥有者的读写权限
		字符 5~7	文件从属组用户的读写权限
		字符 8~10	其他用户的读写权限
		每组的 3 个字符则分别表示读（r）、写（w）和执行（x）权限，如果相应字符被"-"替代则表示没有该权限	
	字符 11	文件是否应用了其他访问控制措施，字符及意义如下	
		字符	意义
		空格	文件没有应用可替换的访问控制措施
		.	文件应用了 SELinux 上下文
		+	文件应用了 ACL 访问控制
2	文件的硬链接数目（关于文件硬链接，将在本任务的知识点 10 中详述）		
3	文件拥有者用户名		
4	文件从属用户组名		
5	文件大小（默认单位：Byte）		
6	文件时间戳，即文件最后被修改的时间		
7	文件名，如是符号链接，该字段会额外显示该符号链接指向的文件		

笔 记

范例 4：列出文件索引节点（inode）号，如清单 4-40 所示。每个文件系统中的文件的索引节点都是唯一的，放置着文件的属性和数据地址，因此索引节点号也是唯一的。使用-i 选项会列出每个文件的索引节点号。

清单 4-40
```
$ ls -ila ~/sample/
总用量 8
100690106 drwxrwxr-x.  2 stu stu   22 12月  2 19:24 .
 34914279 drwx------. 19 stu stu 4096 12月  2 19:22 ..
100690109 -rwxrw-r--.  1 stu stu   23 12月  2 19:24 hello.sh
```

 注意

范例 4 中提到的文件索引节点，将在本任务的知识点 10 中介绍。

范例 5：以易读格式列出文件大小，如清单 4-41 所示。在长格式中文件的大小默认单位是字节，使用-h 选项会自动以合适的单位（K、M、G 等）列出文件大小。

清单 4-41
```
$ ls -lh
总用量 23M
-rw-rw-r--. 1 stu stu  23M  12月  2 20:26 file00
-rwxrw-r--. 1 stu stu  23K  12月  2 19:23 sample.txt
drwxrwxr-x. 2 stu stu  22   12月  2 19:24 temp.txt
drwxr-xr-x. 2 stu stu   6   11月 21 23:50 公共
drwxr-xr-x. 2 stu stu   6   11月 21 23:50 模板
```

范例 6：列出目录本身信息，如清单 4-42 所示。对于目录名，ls 命令默认列出目录的内容，而不是关于目录本身的信息。使用-d 选项可以让 ls 列出目录本身的信息，而不是目录的内容。

清单 4-42
```
$ ls -ld sample/
drwxrwxr-x. 2 stu stu 22 12月  2 19:24 sample/
```

范例 7：按列出文件的指定字段排序，如清单 4-43 所示。默认情况下，ls 将按文件名的字母升序列出文件。可以使用多种选项对输出进行排序。例如，"ls -lhS"将按文件大小降序列出文件。添加-r 将反向排序，例如，"ls -lt"将按照修改时间降序列出文件，"ls -lrt"按文件修改时间升序列出文件。

清单 4-43
```
$ ls -lhS /etc
总用量 1.5M
-rw-r--r--. 1 root root  655K 6月   7 2013 services
-rw-r--r--. 1 root root   78K 11月 22 23:04 ld.so.cache
-rw-r--r--. 1 root root   51K 5月  15 2013 mime.types
-rw-r--r--. 1 root root   27K 4月  11 2018 dnsmasq.conf
……此处省略若干行
$ ls -lrt /etc
总用量 1476
-rw-r--r--. 1 root root    91 12月  3 2012 numad.conf
-rw-r--r--. 1 root root  1634 12月 25 2012 rpc
-rw-r--r--. 1 root root    28 2月  28 2013 ld.so.conf
```

```
-rw-r--r--.  1 root root   51787 5月  15 2013 mime.types
......此处省略若干行
```

4.3.6　知识点 6 文件权限相关命令

1. chown 命令

下面首先介绍 chown 命令的语法格式，然后用 4 个范例来进行展示和说明。

 命令 chown

用法：chown [选项]... [所有者][:[组]] 文件...

功能：chown 将指定文件的拥有者改为指定的用户或组，用户可以是用户名或者用户 ID，组可以是组名或者组 ID。root 用户才有权限修改文件的拥有者和从属组。

chown 命令的常用选项及说明如表 4-9 所示。

表 4-9　chown 命令的常用选项及说明

选　　项	说　　明
-R	以递归方式更改所有的文件及子目录
--dereference	修改符号链接指向的文件，而非符号链接本身
--reference=<参考文件>	将文件的所有权设置为和<参考文件>相同

范例 1：设置文件拥有者，修改 sample01 的文件拥有者为 alice，如清单 4-44 所示。

清单 4-44

```
$ ls -l ~jack/ sample01
总用量 9216
-rw-r--r--. 1 jack jack 1048576 12月  2 23:09 sample01
$ su - root
密码：
#chown alice ~jack/sample01
# ls -l ~jack/sample01
-rw-r--r--. 1 alice jack 1048576 12月  2 23:09 /home/jack/sample01
```

 注意

● 修改文件的拥有者和从属组，一般来说只有 root 才有权限，普通用户是没有权限的。
● 将某个文件拥有者/从属组设为某个用户/用户组，前提是该用户/用户组要存在，否则将出错。

范例 2：设置文件从属组，修改 sample02 的文件从属组为 tgourp 用户组，如清单 4-45 所示。

清单 4-45

```
# chown :tgroup ~jack/sample02
# ls -l ~jack/sample02
-rw-r--r--. 1 jack tgroup 4194304 12月  2 23:09 /home/jack/sample02
```

范例 3：设置文件拥有者和从属组，修改 sample03 的文件拥有者为 alice，从属组为 tgourp 用户组，如清单 4-46 所示。

清单 4-46

```
# chown alice:tgroup ~jack/sample03
# ls -l ~jack/sample03
-rw-r--r--. 1 alice tgroup 4194304 12月  2 23:09 /home/jack/sample03
```

范例 4：为目录中所有子目录和文件设置文件拥有者和从属组，修改当前工作目录中所有子目录和文件的拥有者为 stu，从属组为 stu 组，如清单 4-47 所示。

清单 4-47

```
# tree -ug ~jack/sampledir/
/home/jack/sampledir/
├── [jack      jack    ] file01
├── [jack      jack    ] file02
└── [jack      jack    ] file03

0 directories, 3 files
#使用了-R选项
# chown -R stu:stu ~jack/sampledir/
# tree -ug ~jack/sampledir/
/home/jack/sampledir/
├── [stu       stu     ] file01
├── [stu       stu     ] file02
└── [stu       stu     ] file03

0 directories, 3 files
```

2. chmod 命令

下面首先介绍命令的语法格式，然后用两个范例来进行展示和说明。

 命令 chmod

用法：chmod [选项] 模式 文件...

功能：改变文件的访问权限。其中，模式有两种写法：一种是助记符方法，另一种是八进制方法，将在范例中进行具体说明。

chmod 命令的常用选项及说明如表 4-10 所示。

表 4-10　chmod 命令的常用选项及说明

选　项	说　明
-R	以递归方式更改所有的文件及子目录
--dereference	修改符号链接指向的文件，而非符号链接本身
--reference=<参考文件>	将文件的访问权限设置为和<参考文件>相同

范例 1：用助记符的方法将~stu/hello.sh 文件修改为拥有者可读可写可执行，从属组用户可读可执行，其他用户无权限，如清单 4-48 所示。

清单 4-48

```
$ ls -l ~stu/hello.sh
-rw-rw-r--. 1 stu stu 23 12月  2 19:23 /home/stu/hello.sh
$ chmod u+x,g=rx,o-r ~stu/hello.sh
$ ls -l ~stu/hello.sh
-rwxr-x---. 1 stu stu 23 12月  2 19:23 /home/stu/hello.sh
```

笔记

注意

关于助记符方法在子任务 2 中有详细叙述。

范例 2: 用八进制的方法,修改将~stu/sampledir 目录修改为拥有者可读可写可执行,从属组用户可读可执行,其他用户可读,如清单 4-49 所示。

清单 4-49

```
$ ls -ld ~stu/sampledir
drwxrwxr-x. 2 stu stu 6 12月  3 00:18 sampledir
$ chmod 750 ~stu/sampledir/
$ ls -ld ~stu/sampledir
drwxr-x---. 2 stu stu 6 12月  3 00:18 sampledir
```

在 chmod 命令八进制访问权限模式中,一般用 3 位八进制数字来表示一个文件的访问权限。这个八进制数字具体含义就用范例 2 中~stu/sampledir 目录的读写权限来进行说明,如图 4-4 所示,此外还提供了一个八进制数字和访问权限符号对照表,如表 4-11 所示。

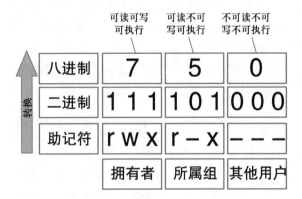

图 4-4　八进制访问权限示例图

表 4-11　八进制数字和文件访问权限符号对照表

符　　号	二　进　制	八　进　制
rwx	111	7
rw-	110	6
r-x	101	5
r--	100	4
-wx	011	3
-w-	010	2
--x	001	1
---	000	0

 注意

● 完整的八进制权限有 4 位,其中首位表示文件特殊访问权限,如不设置特殊访问权限,可以省略。
● 文件特殊访问权限将在本任务的知识点 11 中进行探讨。

笔 记

3. umask 命令

下面首先介绍 umask 命令的语法格式，并详细介绍 umask 值与文件访问权限的关系，然后用 3 个范例来进行展示和说明。

命令 umask

用法：umask [选项] [模式]

功能：显示或者设置当前的 umask 值。umask 命令本身非常简单，重点关注的是 umask 值本身。

umask 命令的常用选项及说明如表 4-12 所示。

表 4-12　umask 命令的常用选项及说明

选　项	说　明
-S	助记符的样式显示 umask 值，默认以八进制样式显示

当用户创建一个新文件时，新文件的权限就已经规定好了，通常，普通文件默认是 0666，目录默认为 0777，这个默认的访问权限就是由用户的 umask 值规定好的，因此，umask 也称为文件创建权限掩码，这个值指明了用户想默认授予新创建的文件或者目录什么权限。

范例 1：查看当前用户的 umask 值，并进验证 umask 值与创建的文件、目录默认访问权限之间的关系，如清单 4-50 所示。

清单 4-50

```
$ umask
0002
$ touch sample_file
$ mkdir sample_dir
$ ls -ld sample_file sample_dir/
drwxrwxr-x 2 dev01 dev01 4096 10月  8 15:27 sample_dir/
-rw-rw-r-- 1 dev01 dev01    0 10月  8 15:27 sample_file
```

可以看出当前用户的 umask 值是 0002，创建的文件 sample_file 访问权限为 664，而目录 sample_dir 的访问权限为 775。umask 值与文件、目录的默认访问权限关系可以范例用一张图来说明，如图 4-5 所示。

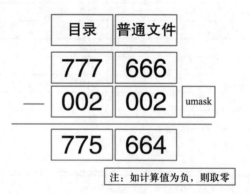

图 4-5　用户 umask 值与文件和目录默认访问权限计算示意图

注意

umask 的第一位与文件特殊访问权限有关，这里不进行讨论。

范例 2：也可以更改当前用户的 umask 值，使得新创建的文件或者目录默认对于文件从属组用户和其他用户没有任何权限。例如，可以将 umask 值设为 0077，如清单 4-51 所示。

清单 4-51

```
$ umask 0077
$ umask
0077
$ touch newfile
$ mkdir newdir
$ ls -ld newfile newdir
-rwx------. 1 dev01 dev01 4096 10月  8 15:30 newdir
-rw-------. 1 dev01 dev01    0 10月  8 15:30 newfile
```

 注意

用 umask 命令修改的 umask 值是临时生效的，如果要永久生效，就需要修改配置文件 /etc/bashrc 或者 /etc/profile。但一般来说，没有必要去修改用户的默认 umask 值。

4.3.7 知识点 7 创建、复制、移动和删除文件相关命令

1. touch 命令

下面首先介绍 touch 命令的语法格式，然后用两个范例来进行展示和说明。

 命令 touch

用法：touch [选项]...文件...
功能：将每个文件的访问时间和修改时间改为当前时间。不存在的文件将会被创建为空文件，除非使用-c 或-h 选项。如果文件名为"-"则特殊处理，更改与标准输出相关的文件的访问时间。
touch 命令的常用选项及说明如表 4-13 所示。

笔记

表 4-13　touch 命令的常用选项及说明

选　　项	说　　明
-a	只更改访问时间
-c	不创建任何文件
-d 字符串	使用指定字符串表示时间而非当前时间
-m	只更改修改时间
-r 文件	文件使用指定文件的时间属性而非当前时间
-t STAMP	使用[[CC]YY]MMDDhhmm[.ss]格式时间而非当前时间，字符依次表示世纪、年、月、日、小时、分钟和秒

范例 1：创建空文件，如清单 4-52 所示。

清单 4-52

```
$ touch file1 file2
```

```
$ ls -l
总用量 0
-rw-rw-r--. 1 stu stu 0 12月  3 08:38 file1
-rw-rw-r--. 1 stu stu 0 12月  3 08:38 file2
#可以使用通配符
$ touch file{a..d}
$ ls -l
总用量 0
-rw-rw-r--. 1 stu stu 0 12月  3 08:38 file1
-rw-rw-r--. 1 stu stu 0 12月  3 08:38 file2
-rw-rw-r--. 1 stu stu 0 12月  3 08:40 filea
-rw-rw-r--. 1 stu stu 0 12月  3 08:40 fileb
-rw-rw-r--. 1 stu stu 0 12月  3 08:40 filec
-rw-rw-r--. 1 stu stu 0 12月  3 08:40 filed
```

范例 2：修改文件时间戳（最后访问时间），如清单 4-53 所示。

清单 4-53

```
#不加选项，将时间戳修改为当前时间
$ ls -l file1
-rw-rw-r--. 1 stu stu 0 12月  3 08:49 file1
$ touch file1
$ ls -l file1
-rw-rw-r--. 1 stu stu 0 12月  3 08:52 file1
#用-d选项指定时间，将时间戳修改为 2019 年 03 月 06 日
$ touch -d 20190306 file1
$ ls -l file1
总用量 0
-rw-rw-r--. 1 stu stu 0 12月  3 08:49 file*
-rw-rw-r--. 1 stu stu 0 3月   6 2019 file1
#用-r选项指定文件，将时间戳修改为和该文件相同
$ touch -r /etc/centos-release file1
$ls -l file1 /etc/centos-release
-rw-r--r--. 1 root root 38 4月  29 2018 /etc/centos-release
-rw-rw-r--. 1 stu  stu   0 4月  29 2018 file1
```

2. cp 命令

下面首先介绍 cp 命令的语法格式，然后用 8 个范例来进行展示和说明。

 命令 cp

用法：cp [选项]. 源文件... 目标文件|目录

功能：将源文件复制至目标文件，或将多个源文件复制至目标目录。如果最后一个命令参数为一个已经存在的目录名，cp 会将每一个源文件复制到那个目录下（维持原文件名）。

cp 命令的常用选项及说明如表 4-14 所示。

表 4-14 cp 命令的常用选项及说明

选 项	说 明
-f	如果目标文件无法打开，则将其移除并重试
-i	覆盖前询问（使-n 选项失效）
-l	只创建硬链接文件而不复制文件
-n	不覆盖已存在的文件（使-i 选项失效）

续表

选项	说明
-p	复制时保留文件的访问权限、拥有者、文件组和时间戳
-R/-r	递归复制目录及其子目录内的所有内容
-s	只创建符号链接而不复制文件
-u	只在源文件文件比目标文件新，或目标文件不存在时才进行复制
-d	复制符号链接作为符号链接而不是复制它指向的文件，并且保护在副本中原文件之间的硬链接

笔记

范例 1：不带任何参数，复制单个文件到目标目录中，如清单 4-54 所示。源文件 myfile.txt 位于当前工作目录下，目标是一个文件，其中/home/pungki/office 是一个目录，文件会复制到里面，并被重命名为 myfile01.txt。

清单 4-54

```
$ cp myfile.txt /home/stu/office/myfile01.txt
```

 注意

- 如果目标是一个目录路径，那么文件就会被复制到该目录中，且保持原名。
- 如果目标是目录加上文件名，那么文件就会被复制到该目录中，并重命名为该文件名。

范例 2：不带任何参数，复制多个文件到目标目录中，如清单 4-55 所示。

清单 4-55

```
$ cp file_1.txt file_2.txt file_3.txt /home/stu/office
```

 注意

复制多个文件时，目标必须是一个目录。

范例 3：用-r 或者-R 选项复制目录。无论该目录是否为空目录，这个选项都是必要的，如清单 4-56 所示。

清单 4-56

```
$ $ cp -r mydir /home/stu/office
```

 注意

复制目录时，可以使用-r 或者-R 选项都可以，一般情况下没有区别。

范例 4：使用-p 选项，在复制文件的同时，也复制文件属性。在复制文件时，默认会改变文件的属性，文件的访问权限将由 umask 值来重新定义，文件的拥有者和从属组将变为 cp 命令的执行用户和该用户所属的用户组。为 cp 命令添加-p 选项后，复制的文件的上述的属性均得到保留，如清单 4-57 所示。

清单 4-57

```
$ touch file01
$ ls -l file01
-rw-rw-r--. 1 stu stu 0 12月  3 14:17 file01
```

```
#切换到 root，将~stu/file 复制到当前工作目录中
$ su - root
密码：
# cp ~stu/file01 .
#该文件的访问属性，拥有者和从属组均发生了变化
# ls -l file01
-rw-r--r--. 1 root root 0 12 月  3 14:18 file01
# umask
0022
#带上-p 选项，则这些属性都予以保留
# cp -p ~jack/file01 ./file01_bak
# ls -l file*
-rw-r--r--. 1 root root 0 12 月  3 14:18 file01
-rw-rw-r--. 1 stu stu 0 12 月  3 14:17 file01_bak
```

范例 5：使用-i 选项开启交互模式，提醒复制时出现的同名文件。当目标目录下出现和源文件同名的文件时，会询问是否覆盖目标目录下的文件，如清单 4-58 所示。

清单 4-58

```
$ ls /home/stu/sampledir/
file01
$ cp -i /tmp/file01 ~/sampledir/
cp: 是否覆盖"/home/stu/sampledir/file01"？ y
```

范例 6：root 用户的 cp 别名。对于 root 用户，系统会为"cp -i"命令自动创建一个别名 cp。因此，root 用户在使用 cp 命令时，实际上是在使用"cp -i"命令。如果不想使用这个别名，需要再在 cp 前加上反斜杠，表示使用 cp 命令本身而非别名 cp，如清单 4-59 所示。

清单 4-59

```
# alias cp
alias cp='cp -i'
# cp /tmp/file01 ~stu/sampledir/
cp: 是否覆盖"/home/stu/sampledir/file01"？ y
# \cp /tmp/file01 ~stu/sampledir/
```

 注意

> 只有 root 用户在复制文件出现重名时系统会提示，这是因为 root 用户权限太大，系统担心 root 误覆盖文件，所以为 root 用户的"rm -i"命令建立了一个别名 rm，也即自动添加了-i 选项。

范例 7：用-l选项来实现以创建硬链接替代复制。有时出于某些原因（如为了节省存储空间或者为了控制文件版本），希望在目标目录中为文件建立硬链接来替代真实复制文件内容，如清单 4-60 所示。

清单 4-60

```
$ ls -il /usr/share/myfile
12496 -rw-rw-r--. 1 stu stu 2097152 12 月  3 14:34 /usr/share/myfile
#并非复制而是为/usr/share/myfile 在当前用户家目录下建立一个同名硬链接，可以从两个文件的索引节点号相同这一点上得到印证
$cp -l /usr/share/myfile ~
$ls -il ~/myfile
12496 -rw-rw-r--. 2 stu stu 2097152 12 月  3 14:34 ./myfile
```

操作并未将/usr/share/myfile 复制到当前工作目录中，而是为其在当前工作目录

中建立了一个硬链接。这两个文件事实为同一文件，因为它们有同样的索引节点号
（12496）。

 注意

- 在复制前后，文件的硬链接的计数由原来的 1 变为了 2。
- 在用 cp 命令复制目录时使用-l 选项是无效的，cp 会忽略该选项，按默认方式复制
  目录，原因很简单：无法为目录建立硬链接。

范例 **8**：用-s 选项来实现以创建符号链接替代复制。与范例 7 类同，希望在目
标目录中为文件建立符号链接来替代真实复制文件内容，如清单 4-61 所示。

清单 4-61

```
$ cp -s /usr/share/file01 ~
$ ls -l ~/file01
lrwxrwxrwx. 1 stu stu 17 12 月 10 23:24 /home/stu/file01 -> /usr/share/file01
```

 注意

可以连用选项-sR，则 cp 命令会复制目录及其中的所有下层目录本身，但并不复制目录
中的其他文件，而是代之以创建符号链接。

3.　mv 命令

下面首先介绍 mv 命令的语法格式，然后用两个范例来进行展示和说明。由于
mv 和 cp 的用法相当类同，因此，这里只对不同之处和特别的用法做出展示。

 命令 mv

用法：mv [选项]. 源文件 目标文件|目标目录
功能：将源文件重命名为目标文件，或将源文件移动至指定目录。
mv 命令的常用选项及说明如表 4-15 所示。

笔 记

表 4–15　mv 命令的常用选项及说明

选　　项	说　　明
-f	覆盖前不询问
-i	覆盖前询问
-u	只在源文件目标文件新，或目标文件不存在时才进行移动

范例 **1**：用 mv 移动目录。用 mv 命令可以直接移动目录，如清单 4-62 所示。

清单 4-62

```
$ls -ld /tmp/sampledir
drwxrwxr-x. 2 stu stu  6 12 月  3 13:54 /tmp/sampledir
$mv /tmp/sampledir ~
$ls -ld ~/sampledir
drwxrwxr-x. 2 stu stu  6 12 月  3 13:54 /tmp/sampledir
```

 注意

mv 命令没有-R 选项，可以直接移动目录。

范例 2：用 mv 重命名文件。如果让移动文件的源路径和目标路径一致，但文件名不同，则相当于重命名文件，如清单 4-63 所示。

清单 4-63

```
$ls -l ~/sampledir/file01
-rwxrwxr-x. 2 stu stu  6 12月 3 13:57 /home/stu/file01
$mv ~/sampledir/file01 ~/sampledir/file02
$ls -l ~/sampledir/file02
-rwxrwxr-x. 2 stu stu  6 12月 3 13:57 /home/stu/file02
```

4. rm 命令

下面首先介绍 rm 命令的语法格式，然后用 5 个范例来进行展示和说明。

 命令 rm

用法：rm [选项]文件|目录

功能：移除文件或者目录。

rm 命令的常用选项及说明如表 4-16 所示。

表 4-16 rm 命令的常用选项及说明

选 项	说 明
-f	强制删除，忽略不存在的文件，不提示确认
-i	在删除前需要确认（默认选项）
-R 或者-r	递归删除目录及其内容

范例 1：用 rm 删除单个或者多个文件，如清单 4-64 所示。

清单 4-64

```
$rm ~/file01
$rm ~/sample01.txt /tmp/output.bak
$rm ~/*.tmp
```

范例 2：用-R 选项删除目录，如清单 4-65 所示。

清单 4-65

```
$ rm ~/mydir/
rm: 无法删除"/home/stu/mydir/"：是一个目录
$ rm -R ~/mydir/
```

范例 3：用-f 选项强制执行删除操作。如果用 rm 命令删除一个不存在的文件或目录时，会输出一个错误提示。可以使用 -f 选项让此次操作强制执行，忽略错误提示，如清单 4-66 所示。

清单 4-66

```
$rm ~/file02
rm: 无法删除"/home/stu/file02"：没有那个文件或目录
$ls -f ~/file02
```

范例 4：使用-i 选项开启交互模式，在删除文件时会提醒用户，如清单 4-67 所示。

清单 4-67

```
$ rm -i ~/file01
rm: 是否删除普通文件"/home/stu file01"?  y
```

笔 记

....

....

....

....

....

....

....

....

....

范例 5：root 用户的 rm 别名。对于 root 用户，系统会为 "rm -i" 命令自动创建一个别名 rm。因此 root 用户在使用 rm 命令时，实际上是在使用 "rm -i" 命令。如果不想使用这个别名，需要再在 rm 前加上反斜杠，表示使用 rm 命令本身而非别名 rm，如清单 4-68 所示。

清单 4-68

```
# alias rm
alias rm='rm -i'
# rm ~/myfile01
rm: 是否删除普通文件 "/root/myfile"? y
# \rm ~/myfile02
```

4.3.8 知识点 8 查找文件相关命令

1. find 命令

find 命令最常用的文件查找命令之一，同时也是最混乱的一个，因为它的语法与其他命令的标准语法有所不同。但是 find 命令很强大，使用它不但可以通过文件的各种属性来查找文件，还可以对找到的文件执行操作。下面首先介绍 find 命令的语法格式，然后用 9 个范例来进行展示和说明。

 命令 find

用法：find [查找路径][表达式]
功能：在查找路径指定的目录结构中依据特定条件搜索文件，并执行指定的操作。如果不指定的查找路径，find 就默认在当前工作目录下进行查找。其中，表达式由选项、测试和动作组成。
find 命令的常用选项及说明如表 4-17 所示。

表 4-17　find 命令的常用选项及说明

选　项	说　明
-depth	先处理目录的内容再处理目录本身
-maxdepth n	搜索定的目录下层目录时，最深不超过 n 层
-noleaf	搜索不遵循 UNIX 文件系统链接约定的文件系统时用，如 NTFS、VFAT、ISO9660 等

find 命令的常用测试条件选项及说明如表 4-18 所示。

表 4-18　find 命令的常用测试条件选项及说明

选　项	说　明
-name 模式	查找名文件名匹配指定模式查找，此处模式指的是文件通配符模式
-iname 模式	与-name 相同，只是忽略文件名中的大小写
-user 用户名	查找文件拥有者是指定用户（用户名）的文件
-uid 用户 UID	查找文件拥有者是指定用户（UID）的文件
-group 用户组名	查找文件从属组是指定用户组（组名）的文件

笔　记

续表

笔 记

....

....

....

....

....

....

....

....

....

选 项	说 明
-gid 用户 GID	查找文件从属组是指定用户组（GID）的文件
-type 类型符号	查找特定类型文件，类型符号可取值如下 ✓ b：块设备文件 ✓ c：字设备符文件 ✓ d：目录 ✓ p：命名管道 (FIFO) ✓ f：普通文件 ✓ l：符号链接 ✓ s：套接字
-amin 时间	按文件被访问的时间（分钟）来查找文件，时间可取值如下（这对接下来五个测试也适用） ✓ -n：n 分钟以内 ✓ n：恰好 n 分钟 ✓ +n：n 分钟以前
-atime 时间	按文件被访问的时间（天）来查找文件
-cmin 时间	按文件内容或者属性被修改的时间（分钟）来查找文件
-ctime 时间	按文件内容或者属性被修改的时间（天）来查找文件
-mmin 时间	按文件内容被修改的时间（分钟）来查找文件
-mtime 时间	按文件内容被修改的时间（天）来查找文件
-newer 文件	查找最近一次修改比指定文件修改时间要晚的文件
-size 大小	按文件大小查找文件，大小可取值如下 ✓ -n：比 n 大的文件 ✓ n：恰好 n 大小的文件 ✓ +n：比 n 小的文件 大小的计数单位可以是以下几种 ✓ b：表示 512 字节的块 ✓ c：表示字节 ✓ k：表示 k 字节 ✓ M：表示 M 字节 ✓ G：表示 G 字节
-empty	查找空文件或者空目录
-perm 权限	查找访问权限恰好是指定权限（八进制或助记符）的文件
-links 硬链接数	按硬链接数来查找文件，硬链接数可取值如下 ✓ -n：小于 n 个 ✓ n：恰好 n 个 ✓ +n：大于 n 个
-inum 索引节点号	按文件索引节点号（inode number）来查找文件
-path 模式	查找路径与通配符模式匹配的文件。注意，文件路径中的 "/" 或 "." 不会被作为元字符做特殊处理
-regex 模式	查找路径与正则表达式模式匹配的文件

find 命令的常用动作表达式及说明如表 4-19 所示。

表 4-19 find 命令的常用动作表达式及说明

表 达 式	说　　明
-print	find 命令的默认动作，将查找到的文件名输出
-fprint \<filename>	将查找到的文件输出到指定文件
-ls	以 "ls -dils" 格式在标准输出列出文件
-exec command{} \;	对查找到的文件名执行指定命令，命令 command 由用户指定，用{} 代表查找到的文件，用 "\;" 结束
-ok	与-exec 非常类同，只不过在对文件执行指定命令之前会询问用户是否执行

范例 1：按文件名进行查找，用 5 个不同的例子进行说明，如清单 4-69 所示。

清单 4-69

```
#在/tmp 目录下查找下名字为"sample"的文件
$find /tmp -name "sample" -print
#在/tmp 目录下查找下名字以".txt"结尾的文件
$find /tmp -name "*.txt" -print
#在当前工作目录下查找名字以大写字母开头的文件
$find -name "[A-Z]*" -print
#在/etc 目录下查找名字长 6 个字符，并以".bak"结尾的文件
#find /etc -name "??.bak" -print
#在当前用户家目录下查找名字以 file 开头（忽略大小写）的目录文件
$ find ~ \( -type d -a -iname "file*.txt" \)
```

范例 2：按文件拥有者或者从属用户组进行查找，用 4 个不同的例子进行说明，如清单 4-70 所示。

清单 4-70

```
#在/home 下查找属于用户 user01 的文件
# find /home -user user01
#在/home 下查找文件拥有者 UID 大于 1001 的文件
#find /home -uid +1001
#在/var 下查找从属用户组为 apache 的文件
#find /var -group apache
#在/home 下查找从属用户组 GID 为 1000，且文件名以小写字母或者数字开头的文件
#find /home \( -gid 1000 -a -name "[0-9a-z]* " \)
```

范例 3：按文件类型进行查找，用 3 个不同的例子进行说明，如清单 4-71 所示。

清单 4-71

```
#在当前目录下查找所有子目录
$find . -type d
#在当前目录下查找所有非目录文件
$find . ! -type d -print
#在/dev 目录下查找所有的块设备和字符设备文件
#find /dev /( -type b -o -type c \)
```

范例 4：按文件大小进行查找，用 5 个不同的例子进行说明，如清单 4-72 所示。

清单 4-72

```
#在当前工作目录下查找大小大于 100 字节的文件
$find -size +100c
#在当前工作目录下查找大小小于 1k 字节的文件
$find -size -1k -print
```

笔 记

```
#在根目录下查找大于 900M 字节，小于 1G 字节的文件
#find / -size +900M -a -size -1G
#在当前工作目录下查找大小超过 10 块的文件（1 块=512 字节）
$find -size +10 -print
#在当前用户家目录下查找空文件或空目录
$find ~ - empty
```

　　范例 5：按文件访问权限进行查找，用两个不同的例子进行说明，如清单 4-73 所示。

清单 4-73

```
#在当前目录下查找所有权限为 755 的文件
$find -perm 755
#在用户家目录下查找拥有者可读可写可执行，组用户可读可执行，其他用户可读的文件
$find ~ -perm u=rwx,g=rx,o=r
```

　　范例 6：按文件时间属性进行查找，用 7 个不同的例子进行说明，如清单 4-74 所示。

清单 4-74

```
#在当前目录下查找在 10 分钟之前，15 分钟内访问过的文件
$find /tmp -amin +10 -amin -15
#在当前目录下查找在 1 天前，2 天内访问过的文件
$find -atime +1 -atime -2
#在当前目录下查找在 10 分钟之前，15 分钟内文件属性/内容发生改变的文件
$find -cmin +10 -cmin -15
#在当前目录下查找在 1 天前，2 天内文件属性/内容发生改变的文件
$find -ctime +1 -ctime -2
#在当前目录下查找在 10 分钟之前，15 分钟文件内容发生改变的文件
$find -mmin +10 -mmin -15
#在当前目录下查找在 1 天前，2 天内文件内容发生改变的文件
$find -mtime +1 -mtime -2
#在用户家目录下查找文件内容更新时间比 tmp.txt 近的文件或目录
$find /home -newer tmp.txt
```

笔 记

注意

- 在 Linux 中与文件相关的时间属性有以下 3 个。
  - ✓ atime：文件最后被访问时间（Time when file data was last accessed），是在读取文件或者执行文件时更改的。
  - ✓ mtime：文件内容最后被更改的时间（Time when data was last modified），是在写入文件时随内容的更改而更改的。
  - ✓ ctime：文件状态（属性或者内容）最后被更改的时间（Time when file status was last changed），是在写入文件、更改所有者、权限或链接设置时随 inode 的内容更改而更改的。
- 常在一些文章和资料中提到的文件时间戳（timestamp）指的是文件的 mtime。

　　范例 7：按文件硬链接数目或者文件索引节点号（inode number）查找，用两个不同例子进行说明，如清单 4-75 所示。

清单 4-75

```
#在当前用户家目录下查找硬连接数大于 2 的普通文件
$find ~ \( -links +2 -a -type f \)
```

```
#在当前用户家目录下查找索引节点号为 14550 的文件
$find ~ -inum 14550
```

范例 8：关于 find 命令的"动作（Actions）"，用 6 个不同例子进行说明，如清单 4-76 所示。

清单 4-76

```
#在当前目录下找到名称为 tools 的对象,将这些文件（包括完整路径的）全名输出（默认动作）
$find -name tools -print
#在当前目录下找出大于 3kB 小于 3MB 的文件,并用 ls -dils 格式列出
$find -size +3k -size -3M -ls
#在当前目录下查找大小为 0 字节的文件,并把这些文件复制到 test 目录下
$find ./ -type f -size 0c -exec cp {} ./test/ \;
#在当前目录下查找大小为 0 字节的文件,按照 ls -lt 命令格式列出,并输出到文件 result.txt
文件中
$find ./ -type f -size 0c -fprint ./result.txt -exec ls -lt {} \;
#在/tmp 下查找名字以.txt 结尾的文件，并将这些文件打包为 text.tar 文件
$find /tmp -name *.txt -exec tar -uzf text.tar {} \;
#在/tmp 下查找名字以.tmp 结尾的文件，并删除之
$find /tmp -name tmp.txt -ok rm {} \;
```

范例 9：关于 find 命令的表达式和逻辑运算符，用 3 个不同例子进行说明，如清单 4-77 所示。

清单 4-77

```
#在用户家目录下查找文件名以为.tmp 或 .bak 结尾的文件
$ find ~ -name *.tmp -o -name xtmp*
#在/tmp 目录下查找名字以数字开头，且类型非目录的文件
$ find /tmp \( -name [0-9]* -a ! -type d \)
#在当前工作目录下查找属于用户 stu 的,且类型为字符设备,名字以.tmp 结尾的文件
$ find \( -name *.tmp -a -type c -a -user stu \)
```

 注意

- 在 find 命令中可以使用如下逻辑运算符：
  - ✓ - a 表示与；
  - ✓ - o 表示或；
  - ✓ ! 表示取反。
- 使用多个条件时，这些条件要用圆括号括起来,左右圆括号还要使用反斜杠"\"来进行转义，以防止 shell 的解释。

笔记

2. locate 命令

下面先介绍 locate 命令的语法格式，然后用 3 个范例来进行展示和说明。

 命令 locate

用法：locate [选项] ...模式...

功能：在一个预先建立好的系统文件名数据库/var/lib/mlocate/mlocate.db 中查找全名匹配指定模式的文件。

locate 的查找速度比 find 要快，因为 locate 并不是真的查找，而是查数据库。也正是由于这个原因 locate 的查找并不是实时的，也即新建的文件可能会查找不到而删除的文件仍会被查找到。

笔记

....

....

....

....

....

....

....

....

locate 命令的常用选项及说明如表 4-20 所示。

表 4-20 locate 命令的常用选项及说明

选 项	说 明
-A	查找时要匹配所有列出的模式，而非模式之一
-b	查找时只匹配文件名而非（包括路径在内的）文件全名
-c	显示匹配文件个数而非名字
-i	查找时忽略大小写
-e	只显示真实存在的文件（而非存在数据库中但已经被删除的文件）
-S	显示所使用的数据库，并列出数据库中收集的系统文件的统计信息
-q	不显示错误信息

范例 1：简单查找，查找文件全名中包括"/bin/ls"字样的文件，如清单 4-78 所示。

清单 4-78

```
$ locate /bin/ls
/usr/bin/ls
/usr/bin/lsattr
/usr/bin/lsblk
......此处省略若干行
```

 注意

● locate 命令对（包括路径在内的）文件全名进行匹配，而不仅仅针对文件名。
● locate 命令查找的范围是全局，也即整个文件系统。

范例 2：使用选项-A 查找文件全名中同时包括"/bin/ls"和"md"字样的文件，如清单 4-79 所示。

清单 4-79

```
$ locate -A /bin/ls md
/usr/bin/lsmd
```

范例 3：使用选项-b 查找文件名（而非全名）中包括"stun"字样的文件，如清单 4-80 所示。

清单 4-80

```
$ locate -b stun
/etc/selinux/targeted/active/modules/100/stunnel
/usr/bin/stunbdc
......此处省略若干行
#如果不添加选项-b，则会匹配包括路径在内的全名
$ locate stun
/etc/selinux/targeted/active/modules/100/stunnel
/etc/selinux/targeted/active/modules/100/stunnel/cil
/etc/selinux/targeted/active/modules/100/stunnel/hll
/usr/bin/stunbdc
......此处省略若干行
```

注意

- locate 使用的数据库默认是/var/lib/mlocate/mlocate.db。
- mlocate.db 数据库是使用 updatedb 命令创建和更新的，一般作为一个定时任务按日运行。
- 可以执行 updatedb 立即更新 mlocate.db 数据库

4.3.9　知识点 9 打包压缩相关命令

1. tar 命令

下面首先介绍 tar 命令的语法格式，然后用 10 个范例来进行展示和说明。

　命令 tar

笔 记

用法：tar　[选项] 归档名 文件列表

功能：命令最初设计用于将文件打包到磁带上，现在大都使用它来实现备份某个分区或目录或者文件目录。使用 tar 命令可以归档多个文件或目录到单个归档文件中，并且归档文件可以进一步使用 gzip 或者 bzip2 等技术进行压缩。

tar 命令的常用选项及说明如表 4-21 所示。

表 4-21　tar 命令的常用选项及说明

选　　项	说　　明
-A	合并两个归档文件
-c	创建一个新的归档文件
--delete	从归档文件中删除一个文件
-r	向归档文件末尾追加文件
-t	列出归档文件中的文件
-u	更新归档文件，仅替换比归档文件中文件新的文件
-x	从归档文件中解出文件
-C	指定一个解档目录
-f	指定一个归档文件/设备进行操作
-z	调用 gzip 来压缩/解压缩文件
-j	调用 bzip2 来压缩/解压缩文件
-v	显示归档的过程

范例 1：创建一个归档文件。创建一个 myarchive.tar 文件，将/etc 目录和/root/anaconda-ks.cfg 文件打包进去，如清单 4-81 所示。

清单 4-81

```
# tar -cvf myarchive.tar /etc /root/anaconda-ks.cfg
```

注意

- 归档文件的扩展名 ".tar" 不是必需的，但是一般约定俗成都会加上，以告诉用户这个文件是一个归档文件。
- -f 选项后必须紧跟归档文件名。

笔 记

● tar 不会压缩文件。
● tar 在创建归档文件时，会自动删除被归档的文件路径中的根路径 "/"，其目的是为了不在释放文件时意外覆盖同名文件。

范例 2：列出归档文件中的内容。使用-t 选项可以列出归档文件中包含的文件名，联合使用-t 和-v 选项，可以用长格式列出文件，如清单 4-82 所示。

清单 4-82

```
# tar -tf myarchive.tar
......此处省略若干行
# tar -tvf myarchive.tar root/anaconda-ks.cfg
-rw------- root/root 953 2016-08-24 01:33 root/anaconda-ks.cfg
```

范例 3：追加文件到归档（tar）文件中。使用-r 选项用于向已有的归档文件中追加文件，如将/etc/fstab 添加到 data.tar 中，如清单 4-83 所示。

清单 4-83

```
# tar -rvf data.tar /etc/fstab
```

注意

● 用-r 选项和-c 选项一样，也可用来创建归档文件。
● 在压缩过的 tar 文件中无法进行追加文件操作。

范例 4：从 tar 文件中释放文件以及目录。用-x 选项释放出归档文件中的文件和目录。下面来释放范例 1 中创建的 myarchive.tar 文件中的内容，如清单 4-84 所示。

清单 4-84

```
# tar -xvf myarchive.tar
```

注意

● tar 默认将文件释放到当前工作目录下。
● tar 在释放取文件时，如果有同名文件存在，这些文件将被覆盖。

范例 5：释放 tar 文件到指定目录。使用-C 选项后边加上指定的目录即可，如清单 4-85 所示。

清单 4-85

```
#释放 myarchive.tar 文件中的内容到/tmp 目录
# tar -xvf myarchive.tar -C /tmp/
```

范例 6：释放归档文件中的指定文件或目录。在归档文件后跟上要释放的文件名（包括路径）即可，如清单 4-86 所示。

清单 4-86

```
# 释放 myarchive.tar 文件中的 root/anaconda-ks.cfg 文件到当前工作目录
# tar -xvf /root/myarchive.tar root/anaconda-ks.cfg
#释放 myarchive.tar 文件中的 etc 目录下所有名字中包括 conf 字样的文件或目录到当前工作目录
# tar -xvf /root/myarchive etc/*conf*
```

范例 7：创建并调用 gzip 命令压缩归档文件。假设需要打包 /etc 和/opt 文件夹，并用 gzip 命令将其压缩。可以在 tar 命令中使用-z 选项来实现，如清单 4-87 所示。

清单 4-87

```
# 调用 gzip 来压缩归档文件
# tar -zcpvf myarchive.tar.gz /etc/ /opt/
```

 注意

压缩归档文件的扩展名.tar.gz 并非必需，但是一般约定俗成都会加上，以告诉用户这个文件是一个经 gzip 压缩后的归档文件。

范例 8：解压.tar.gz 压缩归档文件。联合使用 -zx 选项来解压.tar.gz 文件，如清单 4-88 所示。

清单 4-88

```
#调用 gzip 来解压
# tar -xzf myarchive.tar.gz -C /tmp/
```

范例 9：在/var/www/html/mysite 目录中查找过去 24 小时创建或者修改过的，扩展名为 html 的文件，并将这些文件归档压缩到当前工作目录中以 mysite.tar.gz 命名的备份文件中，如清单 4-89 所示。

清单 4-89

```
$ find /var/www/html/mysite /( -name "*.html" -a -mtime -1 \) -exec tar -rzf
mysite.tar.gz {} \;
```

 注意

范例中未使用-c 来创建归档文件，而是使用了追加选项-r，原因很简单：find 命令的-exec 选项对每一个找到文件单独执行一次 tar 命令，而不是对所有的文件整体执行 tar 命令。

2. gzip 命令

前面提到过，tar 命令是不会压缩文件的，而是通过-z 选项来调用 gzip 命令来实现压缩和解压。在本节中，将首先介绍 gzip 命令的语法格式，然后用 4 个范例来进行展示和说明。

 命令 gzip

用法：gzip [选项] 压缩（解压缩）的文件名
gzip 命令的常用选项及说明如表 4-22 所示。

表 4-22　gzip 命令的常用选项及说明

选　　项	说　　明
-c	将输出写到标准输出上，并保留原有文件
-d	将压缩文件解压
-数字	用指定的数字 num 调整压缩的速度和压缩比，-1 表示最快压缩方法（低压缩比），-9 表示最慢压缩方法（高压缩比）。系统默认值为-6
-v	压缩或解压缩文件时，显示详细的信息
-t	测试，检查压缩文件是否完整

笔记

笔 记

范例 1：用 gzip 压缩文件。压缩一个文件非常简单，仅仅需要将压缩文件名跟 gzip 后即可，如清单 4-90 所示。

清单 4-90

```
#压缩前文件大小为 20480 字节
$ ls -l ./data.tar
-rw-rw-r-- 1 dev01 dev01 20480 10 月 18 09:35 data.tar
$ gzip ./data.tar
#压缩后文件大小仅为 2087 字节
$ ls -l ./data.tar.gz
-rw-rw-r-- 1 dev01 dev01 2087 10 月 18 09:35 data.tar.gz
```

注意

- gzip 不能压缩目录，如果在 gzip 后跟的是一个目录文件，gzip 会分别压缩其中每一个文件，而非将目录作为整体进行压缩。
- gzip 在压缩文件过程中，会自动为文件添加一个扩展名 ".gz"，并且将源文件删除。
- 如果要保留源文件，就必须使用-c 选项和 shell 的输出重定向机制（将在范例 3 中进行讨论）。

范例 2：用 gzip 解压文件。解压缩文件也很简单，只要使用-d 选项即可，如清单 4-91 所示。

清单 4-91

```
$ gzip -d .data.tar.gz
```

范例 3：控制 gzip 压缩比例。gzip 命令可以通过一个特殊的数字选项控制压缩比例：-1 或表示最低压缩比（最快），-9 表示最高压缩比（最慢），默认值为 6。可以看到，两次压缩所得到的压缩文件的大小是不同的，如清单 4-92 所示。

清单 4-92

```
$ ls -l ./data.tar
-rw-rw-r-- 1 dev01 dev01 20480 10 月 18 09:35 data.tar
$ gzip -9 ./data.tar
$ ls -l ./bak/data.tar.gz
-rw-rw-r-- 1 dev01 dev01 2068 10 月 18 09:35 data.tar.gz
$ gzip -d ./data.tar.gz
$ gzip -1 ./data.tar
$ ls -l ./bak/
-rw-rw-r-- 1 dev01 dev01 2366 10 月 18 09:35 data.tar.gz
```

范例 4：用 gzip 压缩但不删除源文件。可以用-c 选项保留源文件，并将 gzip 的输出（压缩文件）写到标准输出并用重定向符定向到指定文件中，如清单 4-93 所示。

清单 4-93

```
$ gzip -c ./data.tar > ./data.tar.gz
```

注意

- 也可以使用-c 选项让 gzip 解压但不删除压缩文件。
- 关于标准输出和重定向的概念，将在任务 5 中进行详细讨论。

4.3.10 知识点 10 链接的相关概念和命令

1. ln 命令

链接相关命令 ln 本身相当简单，但理解 Linux 中的链接文件概念则相对困难，因此下面首先介绍 ln 命令的语法格式，然后重点讨论链接文件相关的概念，并在探讨概念同时，用 9 个范例说明 ln 命令的用法。

 命令 ln

用法：ln [选项] 目标名 链接名|目录
功能：创建指向指定目标的链接文件。如果不指定链接名而是指定目录，则将在该目录中创建和目标同名的链接。
ln 命令的常用选项及说明如表 4-23 所示。

表 4-23 ln 命令的常用选项及说明

选 项	说 明
-s	创建符号链接，默认创建硬链接

2. 文件索引节点

在 Linux 中，一个文件总是分为两部分：用户数据（user data）与元数据（metadata）进行存储。用户数据指的是文件或目录本身数据，这些数据被存储到一个或多个数据块（data block）中。元数据则指的是文件或目录的属性（文件大小、类型、时间戳、所有者、访问权限等信息）以及块指针（指向存储文件数据的块），这些数据被存储在一个索引节点（inode）中。

一个文件只有一个索引节点，这个索引节点在本文件系统内是唯一的，因此文件索引节点号（inode number）也是唯一的。索引节点号（而非文件名）是文件的唯一标识。文件名仅是为了方便人们的记忆和使用，系统或程序通过文件的 inode 号寻找正确的文件数据，如图 4-6 所示。

笔记

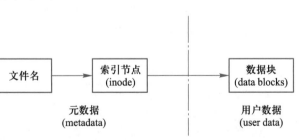

图 4-6 通过文件索引节点找到文件数据块

可以通过 stat 命令或者 ls 的 -i 选项来查看文件的 inode 号，如清单 4-94 所示。

清单 4-94

```
$ stat initial-setup-ks.cfg
  文件: "initial-setup-ks.cfg"
```

```
大小：1850          块：8          IO 块：4096     普通文件
设备：802h/2050d Inode: 33554524     硬链接：1
权限：(0644/-rw-r--r--) Uid: (    0/    root) Gid: (    0/    root)
环境：system_u:object_r:admin_home_t:s0
最近访问：2018-11-21 16:09:11.007489226 +0800
最近更改：2018-11-21 16:09:11.008489226 +0800
最近改动：2018-11-21 16:09:11.008489226 +0800
创建时间：-
$ ls -i initial-setup-ks.cfg
33554524 initial-setup-ks.cfg
```

 命令 stat

用法：stat 文件名
功能：输出指定文件的索引节点信息。

3. 硬链接

为能够共享文件，Linux 系统引入了两种链接：硬链接（hard link）与符号链接（symbolic link）。链接除了可以共享文件，还可以带来隐藏文件路径、增加访问安全性及节省存储等好处。硬链接和符号链接既有一些相同之处，又有不同的地方。

硬链接（hard link）事实上就是同一个文件拥有的多个访问入口，如果一个索引节点对应多个文件名，则称这些文件互为硬链接，如图 4-7 所示。

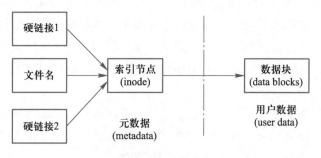

图 4-7 硬链接原理

范例 1：为文件创建硬链接。为当前目录下的 sample.txt 在/tmp 目录中创建一个同名硬链接，并在 stu 用户家目录中创建一个名为 sample_hl 的硬链接，如清单 4-95 所示。

清单 4-95

```
# echo "Hello,Linux.">./sample.txt
# ln ./sample.txt /tmp
# ln ./sample.txt ~stu/sample_hl
# 查看 3 个文件的索引节点号，发现都是一样的，表示这 3 个文件事实上是同一个文件
# 且 3 个文件的硬链接计数都变成了 3，表示文件有 3 个硬链接
# ls -li ./sample.txt /tmp/sample.txt ~stu/sample_hl
33714434 -rw-r--r--. 3 root root 13 12 月 19 23:28 /home/stu/sample_hl
33714434 -rw-r--r--. 3 root root 13 12 月 19 23:28 ./sample.txt
33714434 -rw-r--r--. 3 root root 13 12 月 19 23:28 /tmp/sample.txt
```

范例 2：为目录创建硬链接。将尝试为当前目录下的子目录 sampledir 在/tmp 目录中创建一个同名硬链接，如清单 4-96 所示。

清单 4-96

```
$ mkdir ./sampledir
$ ln -d ./sampledir/ /tmp
ln: 无法创建硬链接"/tmp/sampledir" => "./sampledir/": 不允许的操作
```

 注意

- 不能为目录创建硬链接。因为创建目录硬链接有可能会在文件系统中引入目录遍历的死循环而造成文件系统的混乱。
- 例外情况是每个目录中表示目录本身及其父目录（. 和 ..）这两个硬链接文件。

范例 3：跨文件系统创建硬链接。尝试为当前目录下的 sample.txt 在/mnt 目录（该目录上挂载着另外一个存储设备）中创建一个同名硬链接，如清单 4-97 所示。

清单 4-97

```
# df
文件系统              1K-块        已用         可用  已用%  挂载点
/dev/sda2         62882820  4977768   57905052    8%  /
devtmpfs            999108        0     999108    0%  /dev
tmpfs              1015072     8496    1006576    1%  /dev/shm
tmpfs              1015072    18840     996232    2%  /run
tmpfs              1015072        0    1015072    0%  /sys/fs/cgroup
tmpfs               203016       40     202976    1%  /run/user/1000
tmpfs               203016        0     203016    0%  /run/user/0
/dev/md0        1073083460   164016 1072919444    1%  /mnt
# ln ./sample /mnt
ln: 无法创建硬链接"/mnt/sample" => "./sample": 无效的跨设备连接
```

 注意

不能跨文件系统创建硬链接。这很容易理解，硬链接是基于索引节点的，而索引节点只有在本文件系统中才是唯一的。

范例 4：删除硬链接。逐个删除范例 1 中 sample.txt 的硬链接，观察文件的状态，如清单 4-98 所示。

清单 4-98

```
#删除 sample_hl 对文件内容没有影响
# rm -f ~stu/sample_hl
# cat sample.txt
Hello,Linux.
#删除 sample.txt 本身对文件内容也没有影响
# rm -f ./sample.txt
# cat /tmp/sample.txt
Hello,Linux.
#只有删除文件所有的硬链接（入口），文件才真正被删除
# rm -f /tmp/sample.txt
```

 注意

如果文件有多个硬链接，删除其中任意一个硬链接（访问入口）都不会对文件内容产生任何影响，仅在其最后一个硬链接被删除时文件才会被真正从文件系统中删除。

笔 记

4. 符号链接

符号链接的原理与硬链接完全不同：符号链接就是一个普通文件，只是数据块内容有点特殊，它的内容是另外一个文件的路径的指向。

虽然可以通过符号链接去读写其所指向的文件，但符号链接和它指向的文件不是同一个文件，符号链接有着自己的 inode 号以及用户数据块，如图 4-8 所示。

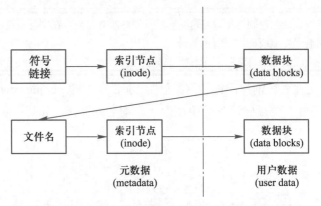

图 4-8　符号链接原理

范例 5：为文件创建符号链接。将为当前目录（/root）下的 readme.txt 在/tmp目录中创建一个同名符号链接，并在 stu 用户家目录中创建一个名为 readme_sl 的符号链接，如清单 4-99 所示。

清单 4-99

```
# echo "READ ME">/root/readme.txt
#使用-s 选项，表示建立的是符号链接
#要使用绝对路径来指定源文件，否则会出错
# ln -s /root/readme.txt /tmp
# ln -s /root/readme.txt ~stu/readme_sl
#符号链接文件和源文件是不同的文件，注意它们的索引节点号
# ls -il /root/readme.txt /tmp/readme.txt ~stu/readme_sl
33714441 lrwxrwxrwx. 1 root root 16 12月 21 22:44 /home/stu/readme_sl ->
/root/readme.txt
33714440 -rw-r--r--. 1 root root 15 12月 21 22:25 /root/readme.txt
 3145984 lrwxrwxrwx. 1 root root 16 12 月 21 22:44 /tmp/readme.txt ->
/root/readme.txt
```

> **注意**
>
> 在长格式下，符号链接文件的首字段的第一个字符为 l，指明其为一个符号链接文件。符号链接文件名字也非常特殊，不仅包括了文件名，还包括了一个"->"箭头符号，指向本符号链接的目标文件，同时文件的颜色也与普通文件不同，在 CentOS 控制台中，默认显示为浅蓝色。

范例 6：创建符号链接时使用相对路径指定源文件。将为当前目录（/root）下的readme.txt 在 stu 家目录（/home/stu）中创建一个同名符号链接，如清单 4-100 所示。

清单 4-100

```
#用相对路径指定源文件
# ln -s ./readme.txt ~stu
```

```
#访问刚刚创建好的符号链接文件会出错
# cat ~stu/readme.txt
cat: 无法访问/home/stu/readme.txt: 符号连接的层数过多
```

 注意

在实际使用中建议使用绝对路径定义源文件，否则当在指定目录中创建和源文件同名连接时，会出现"符号连接的层数过多"的错误。

范例 7： 为目录创建符号链接。将为当前目录下的 sampledir 在/tmp/data 目录中创建一个同名符号链接，并在 stu 用户家目录中创建一个名为 sampledir_sl 的符号链接，如清单 4-101 所示。

清单 4-101

```
# ln -s /root/sampledir/ /tmp/data/
# ls -l /tmp/data
lrwxrwxrwx. 1 root root 16 12月 21 23:10 sampledir -> /root/sampledir/
```

范例 8： 跨文件系统创建符号链接。为当前目录下的 readme.txt 在/mnt 目录（该目录上挂载着另外一个存储设备）中创建一个同名符号链接，如清单 4-102 所示。

清单 4-102

```
# ln -s /root/readme.txt /mnt/
# ls -l /mnt
lrwxrwxrwx. 1 root root 16 12月 21 23:10 readme.txt -> /root/readme.txt
```

 注意

符号链接具有更大的灵活性：可以为目录创建符号软链，可以跨文件系统乃至跨越不同机器、不同网络创建符号链接。

范例 9： 删除符号链接。首先删除范例 1 中 readme.txt 在/tmp 目录下的符号链接，然后删除源文件 readme.txt 本身，如清单 4-103 所示。注意观察符号链接文件和源文件的状态。

清单 4-103

```
# rm -f /tmp/readme.txt
#删除符号链接对于源文件没有影响
# cat /root/readme.txt
READ ME
# rm -f /root/readme.txt
#删除源文件会使符号链接失去作用
# cat ~stu/readme_sl
cat: /tmp/readme_sl: 不存在文件或目录
```

 注意

- 删除一个符号链接不会影响到这个符号链接指向的目标文件或目录。反过来，删除、移动或者重命名某个符号链接所指向的目标文件或目录不会导致这个符号链接被删除，但会让符号链接失去作用，也即无法通过符号链接访问源文件或者目录。
- 这些符号链接称为悬浮链接（dangling link）。与一般符号链接文件名显示为浅蓝色不同，悬浮链接文件名颜色为红底白字高亮显示。
- 当源文件被重新创建，悬浮链接可恢复为正常的符号链接。

笔 记

4.3.11　知识点 11 文件特殊属性

在本任务的知识点 6 中提到，完整的文件访问权限除了读、写、执行外，还包括了文件特殊访问权限。Linux 中文件的特殊权限有 3 种，分别是 SUID、SGID 和 Sticky Bit。事实上 SUID、SGID 和 Sticky Bit 一起占据了 4 位八进制权限位中的第一位，同时，由于这 3 个特殊权限只对可执行文件或者目录有意义，因此在 9 位的文件权限字符中分别占据了文件拥有者（u）、文件从属组（g）和其他用户（o）的执行权限位，如表 4-24 和图 4-9 文件特殊权限位所示。

表 4-24　文件特殊权限

特 殊 权 限	助 记 符 号	八 进 制
suid	u(+/-/=)s	4
sgid	g(+/-/=)s	2
sticky	o(+/-/=)t	1

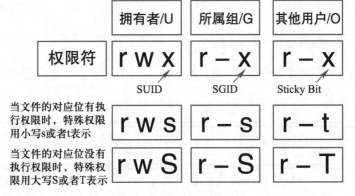

图 4-9　文件特殊权限位

在本节中，将简要讨论这 3 种特殊权限，并用 6 个范例来说明它们。

1. SUID

SUID（Set User ID，设置文件拥有者 ID）权限只对可执行的二进制文件起作用。设置这个权限的目的，就在于可以使得文件组用户和其他用户能够以文件拥有者的身份来执行这个文件。

范例 1：展示了系统中一个典型的设置 SUID 权限的文件/usr/bin/passwd。在用户的权限中文件拥有者 x 的位置上是一个 s。这就表示，对这个特定的程序来说，SUID 和可执行位已经被设置。所以，无论哪个用户执行 passwd 命令时，passwd 都是以 root 用户的身份运行，所以它可以修改只有 root 才有写权限的系统用户配置文件/etc/passwd，如清单 4-104 所示。

清单 4-104

```
$ ls -l /usr/bin/passwd
-rwsr-xr-x. 1 root root 27012  8 月 22 2010 /usr/bin/passwd
$ ls -l /etc/passwd
-rw-r--r-- 1 root root 2270  9 月 27 12:27 /etc/passwd
```

笔记

注意　　　　　　　　　　　　　　　　　　　　　　　　笔 记

- SUID 位在文件访问权限字符串中与文件拥有者执行权限位占据相同的位置。
- 如果文件对文件拥有者可执行且 SUID 已设置，文件拥有者执行位会显示为小写的 s；如果文件对文件拥有者不可执行且 SUID 已设置，文件拥有者执行位就显示为大写的 S。
- 一个文件的文件拥有者执行位为大写 S 是没有意义的，可以忽略。

范例 2：设置 SUID 权限。分别设置当前目录下的 hello.sh 和 sample 两个文件的 SUID 位，如清单 4-105 所示。

清单 4-105

```
#hello.sh 和 sample 均为可执行文件
$ ls -l hello.sh sample
-rwxrwxr-x 1 stu stu 25 10月  7 18:01 hello.sh
-rwxr-xr-x 1 stu stu 25 10月  7 18:01 sample
#用助记符为 hello.sh 设置 SUID
$ chmod u+s hello.sh
$ ls -l hello.sh
-rwsrwxr-x 1 stu stu 25 10月  7 18:01 hello.sh
#用八进制来设置 sample 的 SUID
$ chmod 4755 hello.sh
$ ls -l sample
-rwsr-xr-x 1 stu stu 25 10月  7 18:01 sample
```

2. SGID

SGID（Set Group ID，设置文件组用户 ID）权限只对可执行文件和目录起作用。设置这个权限位对于可执行文件和目录的意义是不同的，如表 4-25 所示。

表 4-25　SGID 对于可执行文件和目录的意义

对　　象	意　　义
二进制可执行文件	对于二进制可执行文件 A 来说，如果 SGID 设置在文件 A 上，则无论用户是谁，在执行 A 的时候，它的生效的用户组将会变成该 A 从属的用户组
目录	对于目录 D 来说，如果 SGID 是设置在目录 D 上，并且用户对 D 目录有写和执行权限时，用户进入 D 中，用户的生效的用户组将会变成 A 的文件组，并且在 D 目录内所建立的文件或目录的用户组，将会是此 D 目录的用户组

范例 3：展示系统中一个典型的设置 SGID 权限的文件/usr/bin/locate。用 "ls -l" 命令查看，发现文件从属用户组权限中应该出现 x 的位置显示 s，表示这个 /usr/bin/locate 具有 SGID 权限。在本任务的知识点 8 中提到，locate 命令实际上会去访问 /var/lib/mlocate/mlocate.db 这个文件。此文件对于普通用户没有任何权限，所以理论上普通用户无法执行 locate 命令。不过因为 locate 命令有 SGID 权限，所以运行 locate 生成进程时，这个进程会得到 locate 命令的用户组权限，相当于 stu 这个用户被临时加入了用户组 slocate 内。于是就对 mlocate.db 这个文件有 r 权限，可以访问了，如清单 4-106 所示。

清单 4-106

```
#locate 命令设置了 SGID 权限
$ ls -l /usr/bin/locate
```

```
-rwx--s--x. 1 root slocate 40520 4 月  11 2018 /usr/bin/locate
#locate 要使用的数据库文件 mlocate.db 对于普通用户是没有任何权限的
$ ls -l /var/lib//mlocate/mlocate.db
ls: 无法访问/var/lib//mlocate/mlocate.db: 权限不够
#由于 locate 命令设置了 SGID 权限，普通用户仍然能够执行 locate 命令
$ locate /etc/passwd
/etc/passwd
```

 注意

- SGID 位在文件访问权限字符串中与文件从属组用户执行权限位占据相同的位置。
- 如果文件对文件从属组用户可执行且 SGID 已设置，文件从属组用户执行位会显示为小写的 s；如果文件对文件从属组用户不可执行且 SGID 已设置，文件拥有者执行位就显示为大写的 S。
- 一个文件或者目录的从属组用户执行位为大写 S 是没有意义的，可以忽略。

范例 4：设置 SGID 权限。设置/project_a 的 SGID 位，使得进入该目录的所有用户的有效用户组都暂时设置为/project_a 从属的用户组，如清单 4-107 所示。

清单 4-107

```
# ls -ld /project_a
drwxr-xr-x. 2 root group_p 6 12 月 23 21:09 /project_a
#用助记符为/project_a 设置 SGID，也可使用 chmod 2755 /project_a 实现
# chmod g+s /project_a
# ls -ld /project_a
drwxr-sr-x. 2 root group_p 6 12 月 23 21:09 /project_a
#进入/project_a 中的任何用户，有效用户组都被设置为 group_p，从创建的文件的属性可以得到验证
# cd /project_a/
# touch file01
# ls -l file01
-rw-r--r--. 1 root group_p 0 12 月 23 21:10 file01
```

笔记

....

 注意

....

关于用户、用户组、有效用户组等概念，将在任务 6 中进行详细讨论。

....

 小心

....

- 虽然 suid 和 sgid 很便利，甚至在很多环境下是必需的，但是这些访问模式不适当的使用会造成系统安全上的漏洞。
- 尽量少使用 suid 程序。passwd 是少数必须为 suid 的命令之一。

....

3. Sticky Bit

Sticky Bit（粘贴位）权限位仅仅对目录起作用，设置这个权限的目的，是对于设置了 Sticky Bit 的目录，其中的任何文件都只有文件拥有者和 root 用户能够删除和重命名。

....

范例 5：展示系统中一个典型设置 Sticky Bit 的目录/tmp，如清单 4-108 所示。

清单 4-108

```
# /tmp 的 sticky bit 位已设置
$ cd /tmp
$ ls -ld
drwxrwxrwt. 16 root root 4096 10月  8 13:34 .
#在/tmp 中创建 file01 文件
$ touch file01
$ ls -l file01
-rw-rw-r-- 1 stu stu 0 10月  8 14:43 file01
#将 file01 文件权限设置为任何用户可读可写可执行
$ chmod 777 file01
$ ls -l file01
-rwxrwxrwx 1 dev01 dev01 0 10月  8 14:43 file01
#切换为其他普通用户（stu01），虽然 file01 对于任何用户都可写，但仍然无法删除文件
$ su - stu01
密码:
$ rm -f /tmp/file01
rm: 无法删除"/tmp/file01": 不允许的操作
```

 注意

- Sticky Bit 位在目录访问权限字符串中与文件其他用户执行权限位占据相同的位置。
- 如果目录对其他用户可执行且 Sticky Bit 已设置，目录其他用户执行位会显示为小写的 t；如果目录对其他用户不可执行且 Sticky Bit 已设置，目录其他用户执行位就显示为大写的 T。
- 一个目录其他用户执行位为大写 T 是没有意义的，可以忽略。

范例 6：设置 Sticky Bit 权限。为范例 4 中的/project_a 设置 Sticky Bit 位，如清单 4-109 所示。

清单 4-109

```
# ls -ld /project_a
drwxr-sr-x. 2 root group_p 20 12月 23 21:10 /project_a
#用助记符为/project_a 设置 sticky bit，也可使用 chmod 3755 /project_a 实现
# chmod o+t /project_a
# ls -ld /project_a
drwxr-sr-t. 2 root group_p 20 12月 23 21:10 /project_a
```

4.4 任务小结

在经历了自己完成的第一个任务之后，小 Y 总算对 Linux，特别是 Linux 的文件管理有了一些了解。现在，小 Y 应该能够：

1. 列出、创建、删除、复制及移动目录和文件。
2. 修改文件的拥有者、从属组和访问权限。
3. 为文件和目录创建链接。
4. 查找满足指定要求的文件，并对这些文件执行指定操作。
5. 归档/解归档和压缩/解压缩文件。
6. 熟练查看文本文件。

笔记

同时，小 Y 应该已经了解如下概念和内容：

1. Linux 中文件的类型。
2. 文件的拥有者和文件从属组。
3. 文件的访问权限。
4. 文件的时间戳。
5. 文件通配符的基本用法。
6. 硬链接与符号链接的概念和作用。
7. 文件存储方式和文件索引节点。

任务 **5**

初识重定向和管道

——同寅协恭和衷哉。

任务场景

小 Y 所在 P 项目组的项目原型已经在内部开始测试了，这次组长交给了小 Y 一个任务：分析已经收集好的测试项目的 Apache Http Server 的日志数据，提取分析其中的一些信息，以备将来用于服务器的优化。在此之前，小 Y 没有接触过 Apache Http Server，对分析其日志更是一无所知。在大致查看了具体的任务后，小 Y 更加没有头绪了，因为他发现交给他分析的所谓日志数据，就是一个巨大的文本文件；所谓的提取，就是到这个文本文件中如大海捞针一般地截取一些特定的片段；所谓分析，大致就是对这些截取的片段进行计数。如何完成这个任务呢？由于有了一段时间文件管理的经验，对 CentOS 系统也有所了解，小 Y 虽然没有头绪，但并不慌张，有了系统帮助手册和搜索引擎，还有什么任务是不能完成的呢？

PPT
任务 5 初识重定向和管道

核心素养

5.1 任务介绍

任务需求非常明确：

● 统计 Apache Http Server 日志中所有来访客户端数目；

● 列出日志中出现 100 次以上的客户的 IP，并将这些 IP 保存到名为 clients.txt 的一个文件中；

● 统计某指定文件 core.data 在指定日期（2018-07-25）的被访问次数；

小 Y 搜索了下 Apache Http Server 访问日志文件，得知这个名为 access_log 的日志文件记录了所有对 HTTP 服务器的访问活动，该日志文件如图 5-1、图 5-2 和表 5-1 所示，里面大约有 8 万行记录。

access_log 日志
文件

```
1  192.168.116.132 - - [24/Jul/2018:15:44:09 +0800] "GET / HTTP/1.1" 403 4897 "-" "Mozilla/5.0 (X11; L
   inux x86_64; rv:24.0) Gecko/20100101 Firefox/24.0"
2  192.168.116.132 - - [24/Jul/2018:15:44:09 +0800] "GET /noindex/css/bootstrap.min.css HTTP/1.1" 200
   19341 "http://192.168.116.132/" "Mozilla/5.0 (X11; Linux x86_64; rv:24.0) Gecko/20100101 Firefox/24
   .0"
3  192.168.116.132 - - [24/Jul/2018:15:44:09 +0800] "GET /noindex/css/open-sans.css HTTP/1.1" 200 5081
   "http://192.168.116.132/" "Mozilla/5.0 (X11; Linux x86_64; rv:24.0) Gecko/20100101 Firefox/24.0"
4  192.168.116.132 - - [24/Jul/2018:15:44:09 +0800] "GET /images/apache_pb.gif HTTP/1.1" 200 2326 "htt
   p://192.168.116.132/" "Mozilla/5.0 (X11; Linux x86_64; rv:24.0) Gecko/20100101 Firefox/24.0"
5  192.168.116.132 - - [24/Jul/2018:15:44:09 +0800] "GET /images/poweredby.png HTTP/1.1" 200 3956 "htt
   p://192.168.116.132/" "Mozilla/5.0 (X11; Linux x86_64; rv:24.0) Gecko/20100101 Firefox/24.0"
6  192.168.116.132 - - [24/Jul/2018:15:44:09 +0800] "GET /noindex/css/fonts/Light/OpenSans-Light.woff
   HTTP/1.1" 404 241 "http://192.168.116.132/noindex/css/open-sans.css" "Mozilla/5.0 (X11; Linux x86_6
   4; rv:24.0) Gecko/20100101 Firefox/24.0"
7  192.168.116.132 - - [24/Jul/2018:15:44:09 +0800] "GET /noindex/css/fonts/Bold/OpenSans-Bold.woff HT
   TP/1.1" 404 239 "http://192.168.116.132/noindex/css/open-sans.css" "Mozilla/5.0 (X11; Linux x86_64;
   rv:24.0) Gecko/20100101 Firefox/24.0"
8  192.168.116.132 - - [24/Jul/2018:15:44:09 +0800] "GET /noindex/css/fonts/Light/OpenSans-Light.ttf H
   TTP/1.1" 404 240 "http://192.168.116.132/noindex/css/open-sans.css" "Mozilla/5.0 (X11; Linux x86_64
   ; rv:24.0) Gecko/20100101 Firefox/24.0"
9  192.168.116.132 - - [24/Jul/2018:15:44:09 +0800] "GET /noindex/css/fonts/Bold/OpenSans-Bold.ttf HTT
   P/1.1" 404 238 "http://192.168.116.132/noindex/css/open-sans.css" "Mozilla/5.0 (X11; Linux x86_64;
   rv:24.0) Gecko/20100101 Firefox/24.0"
10 192.168.116.132 - - [24/Jul/2018:15:44:09 +0800] "GET /favicon.ico HTTP/1.1" 404 209 "-" "Mozilla/5
   .0 (X11; Linux x86_64; rv:24.0) Gecko/20100101 Firefox/24.0"
```

图 5-1　access_log 日志文件样例

日志文件
access_log

图 5-2 所示是日志 access_log 中的一条典型记录。

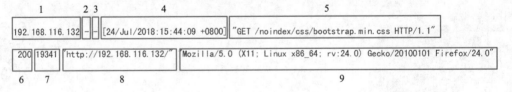

图 5-2　access_log 日志典型条目

记录中默认有 9 个字段，其中各个字段所代表的内容如表 5-1 所示。

表 5-1　Apache Http Server 日志文件 access_log 字段解释

序　号	字　　段
1	远程主机 IP
2	远端用户标识（基本废弃）
3	远程用户名（记录浏览者进行身份验证时提供的名字）
4	请求时间
5	请求第一行（典型格式是"请求方法/访问资源/协议"）
6	状态代码（显示客户端的请求是否成功）
7	发送字节数（服务器发送给客户端的总字节（Byte）数）
8	请求来源（请求是从哪个网页提交过来的）
9	客户端浏览器识别信息

　　小 Y 所要做的，就是分析这个文本文件，找出或者统计出所要求的信息。由于这个文本文件十分庞大，用人工完成这个任务实属"挟泰山以超北海，非不为也，实不能也"，因此需要充分利用恰当工具，用聪明的方法去解决问题。

　　在开始着手之前，得先弄清楚一项非常重要的基本准则，这既有助于完成当前的任务，也有助于弄明白 Linux 的"行事方式"，对 Linux 有更深层次的了解。这个基本准则就是所谓的"UNIX 哲学（UNIX philosophy）"[①]：一次只做一件事，并做到最好（Do one thing, and do it well）。Linux 很好地秉持了这个准则，如果仔细回想一下，会发现前面所用到过的各种 Linux 命令（程序）无不体现了这个准则：这些命令（程序）大多很小，目的明确、专一，但往往能够又快又好地达成目标。但实际工作往往千头万绪，就如同小 Y 要完成的任务一样，并非"目标单一"。怎么办？事实上，前面提到的只是准则的一部分，完整的准则是：让程序一次只做一件事，并做到最好；能够与其他程序协同工作；能够处理文本流，因为这是一个普适接口。

　　按照"UNIX 哲学"这个准则，本次任务中这些相对复杂的问题都可以抽象并分解为如下两个子任务：

- 逐步分析和提取文本内容；
- 将输出结果存储到文件中去。

　　接下来，就尝试和小 Y 一起来完成这两个子任务。

5.2　任务实施

微课 5-1
使用重定向

5.2.1　子任务 1　使用重定向

　　首先从简单任务开始，解决"将输出结果存储到文件中去"这个问题。解决这个问题，要用到的工具就是 Linux 中"输入/输出重定向（input & output redirection）"。

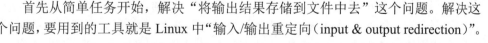

① UNIX 哲学（UNIX philosophy）最初由 Ken Thompson 提出，之后分别由 Doug McIlroy 和 Peter H. Salus 扩展并归纳，其原文如下：Write programs that do one thing and do it well. Write programs to work together. Write programs to handle text streams, because that is a universal interface.

笔记

在动手操作前，先介绍一些相关概念。

在任务 2 "初识 bash" 的子任务 1 中提到过，Linux 通过 shell 与用户进行交互，用户通过输入设备，一般来说是键盘向 shell 提供输入（input），而 shell 则通过输出设备，一般来说是终端显示屏或者图形桌面上的模拟终端窗口向用户输出结果（output）。确切地说，对于 shell 中任何一条命令的执行，都会是如图 5-3 所示的一个过程。

图 5-3　Linux 中命令执行时输入输出的流向

对图 5-3 中的若干名词和概念，有必要进行一些解释和适当的引申，以便于理解"输入输出重定向"。

首先是标准输入流、标准输出流和标准错误流这 3 个概念。在之前提到过，在 Linux 中"一切皆文件"，也就是说，输入/输出设备也被视为文件。而在 Linux 中，程序（命令）在开始读或者写一个文件之前，必须首先在程序（命令）与文件之间建立连接，也即打开文件，这个连接可以通过流（stream）这个概念来描述。流具有方向性，当程序（命令）需要从某个文件读入数据的时候，就会开启一个输入流。相反地，需要写出数据到文件中时，会开启一个输出流。可以将流想象成一个"数据通道"，数据就像水流一样在这个通道中形成了，如图 5-4 所示。

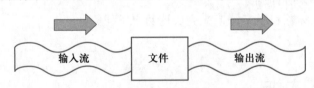

图 5-4　打开读写文件

每个 Linux 程序（命令）在启动时都会开启 3 个流与相应的输入/输出设备建立连接：一个用于输入，一个用于正常输出，还有一个用于诊断或错误消息输出。它们分别被称作标准输入（stdin）流、标准输出（stdout）流和标准错误（stderr）流。如图 5-3 中所示，标准输入流连接的是输入设备，一般来说就是键盘；标准输出流和错误输出连接的是输出设备，一般来说是终端或者图形界面上的模拟终端窗口。

其次是文件描述符（file descriptor）的概念。系统每打开一个文件时，都会返回一个文件描述符，一般来说是一个非负的整数，用于指代被打开的文件，所有与文件读写相关的系统调用都是通过文件描述符来完成的。因此，文件流一般来说是可以与文件描述符对应起来的。习惯上，标准输入的文件描述符是 0；标准输出是 1；标准错误是 2。

理解了上面两个概念后，"输入/输出重定向"就相当容易理解和记忆了。"输出重定向"指的是不向标准输出流（stdout）或者标准错误流（stderr）输出命令结果或者错误消息，而是将其写入到指定文件中去。"输入/输出重定向"的语法更是简单，可以用表 5-2 进行概括。

表 5-2　输出重定向语法

命　　令	说　　明
n>文件名　或者　n>>文件名	表示将来自文件描述符 n 的输出流重定向到文件：前者表示覆盖式的重定向，也即输出流的内容会覆盖原有文件中的内容；后者表示追加式的重定向，也即输出流的内容会追加到文件原有内容之后。注意，如果 n 省略，默认指的是标准输出（1）
&>文件名　或者　&>>文件名	表示将标准输出和标准错误都重定向到文件中去。同样，前者表示覆盖式的重定向，后者表示追加式的重定向
n>& m	表示将来自文件描述符 n 的输出流重定向到来自文件描述符 m 的输出流中去

接下来，就进行一些实操演练。这些实操演练不是本任务的一部分，但俗话说得好："磨刀不误砍柴工"，这些实操演练，是为了去掌握"输入/输出重定向"这个工具，为能够举一反三打好基础。

1. 使用输出重定向

下面通过 3 个例子来逐条理解"输出重定向"的具体用法，为完成任务打好基础。

范例 1：要将当前工作目录下文件名以 data、log 和 debug 字样打头的文件打包压缩成一个名为 data.tar.gz 的文件，将被压缩的文件名记录到一个名为 archived_files 的文件中，同时将错误输出重定向到一个名为 err_file 的文件中。

正常打包文件，发现输出如清单 5-1 所示，这是因为工作目录下并不存在以 log 开头的文件，如清单 5-2 所示。因此，tar 将输出相应的错误信息。

清单 5-1
```
tar -czf ./data.tar.gz data* log* debug*
tar: log*：无法 stat：没有那个文件或目录
tar: 由于前次错误，将以上次的错误状态退出
```

清单 5-2
```
$ ls data* log* debug*
ls: 无法访问 log*：没有那个文件或目录
data01  data02  data03  data04  data05  debug01  debug02  debug03
```

了解这点后，就可以用如下命令来完成任务了，注意在 tar 命令后添加到了-v 选项，表示输出成功打包的文件名。用输出重定向符">"将标准输出重定向到了 archived_files 中（标准输出文件描述符 1 省略了），用"2>"将错误输出重定向到了 err_file 中，因此命令没有任何输出，如清单 5-3 所示。

笔 记

笔 记

清单 5-3

```
tar -cvzf ./data.tar.gz data* log* debug*>archived_files 2>err_file
```

 注意

- shell 遇到>或者>>操作符，会判断右边文件是否存在，如果存在，就先删除，并且创建新文件；如果不存在，则直接创建。
- 对于>操作符无论左边命令执行是否成功，右边文件都会变为空。

范例 2：要以长格式列出当前工作目录下所有的名字以 log 开头以及以 xfer 开头的文件，并将标准输出和错误输出均追加保存到当前目录的 list.txt 文件中。

对于范例 2，有两种完成方法。

方法一如清单 5-4 所示，表示将标准输出和标准错误同时追加重定向到当前工作目录下的 list.txt 文件中。

清单 5-4

```
$ ls -l log* xfer* &>>./list.txt
```

 注意

- 自动化流程或后台作业常常将标准输出和标准错误都重定向到一个文件中，以便可以在以后查看。
- 可以使用 &> 或 &>> 将标准输出和标准错误重定向到同一个位置。

方法二如清单 5-5 所示，表示将错误输出重定向到标准输出中，然后将标准输出重定向到当前工作目录下的 list.txt 文件中。

清单 5-5

```
$ ls -l log* xfer* >>stdout 2>&1
```

注意

- 方法二其实是对文件描述符 n 进行重定向，然后使用 m>&n 或 m>>&n 将文件描述符 m 重定向到同一个位置，&n 代表是已经存在的文件描述符，&1 代表标准输出，&2 代表错误输出。
- 对输出进行重定向的次序很重要。例如，ls -l 2>&1 >output.txt 与 ls -l >output.txt 2>&1 是不一样的，在后一个命令中，标准输出在错误输出之后进行重定向，所以标准错误输出仍然发送到终端中。

范例 3：将当前工作目录下所有名字以.bak 结尾的文件复制到/tmp 目录中，同时将错误输出完全忽略（既不输出到终端上，也不重定向到文件中）。

对于范例 3，也有两种完成方法。

方法一如清单 5-6 所示，&-表示关闭重定向到输出流，将标准错误输出重定向到&-，那么标准错误输出就被关闭了，自然就不会有错误输出了。

清单 5-6

```
$ cp ./*.bak /tmp 2>&-
```

方法二如清单 5-7 所示，表示将标准错误输出重定向到/dev/null 文件中，/dev/null 是 Linux 中的一个非常特殊的设备文件，写入内容将被直接抛弃这里。将标准错误输出重定向到该文件，就是将错误输出都抛弃了，自然也就不会有错误输出了。

 笔 记

清单 5-7

```
$ cp ./*.bak /tmp 2>/dev/null
```

 注意

- /dev/null：在 Linux 中，/dev/null 称为空设备，是一个特殊的设备文件，所有写入它的内容都会永远丢失，而尝试从它那里读取内容什么也读不到（读取它会立即得到一个 EOF，即文件结束符）。
- 在程序员或者系统管理员行话中，/dev/null 称为位垃圾桶（bit bucket）或者黑洞（black hole）。空设备通常被用于丢弃不需要的输出流，或作为用于输入流的空文件，这些操作通常由重定向完成。

2. 使用输入重定向

输入重定向指的是不通过标准输入流（stdin）获取命令输入，而是通过让 shell 读取指定的文件内容作为命令的输入。

注意

在任务中不会用到输入重定向，但这不等于输入重定向这部分内容就不需要掌握了。输入/输出重定向乃是一体，掌握了输出，不了解输入，那就是一知半解。

输入重定向的语法可以用表 5-3 概括。

表 5-3 输入重定向语法

操 作 符	说 明
<文件名	表示不是从标准输入流而是从指定的文件接收输入
<< delimiter	here-document 标识，表示将开始标记 delimiter 和结束标记 delimiter 之间的内容作为输入

下面通过 3 个例子来逐条说明"输入重定向"的具体用法，为完成任务打好基础。

范例 1：将如清单 5-8 所示的一条文本信息发送给当前登录系统的所有用户。

清单 5-8

```
大家好，我是本主机的管理员小 Y，本主机由于硬件和系统升级，将在如下时间关机维护，请大家
留意，并安排好工作任务，给您带来不便，敬请谅解！
09 月 01 日 01:00AM-05:00AM
09 月 03 日 01:00AM-05:00AM
09 月 10 日 01:00AM-05:00AM
10 月 10 日 01:00AM-05:00AM
10 月 12 日 01:00AM-05:00AM
```

可以使用 wall 这个命令来完成任务，在命令行中直接输入"wall"后回车，将要发送的信息输入后，按<Ctrl+D>快捷键结束发送信息，如清单 5-9 所示。

清单 5-9

```
$ wall
大家好，我是本主机的管理员小 Y，本主机由于硬件和系统升级，将在如下时间关机维护，请大家
```

```
留意，并安排好工作任务，给您带来不便，敬请谅解！
09 月 01 日 01:00AM-05:00AM
09 月 03 日 01:00AM-05:00AM
09 月 10 日 01:00AM-05:00AM
10 月 10 日 01:00AM-05:00AM
10 月 12 日 01:00AM-05:00AM
<ctrl>+d
```

如果要经常发送这条信息，那么每次都要输入这么多文字就十分麻烦。可以将文本信息保存在一个文件中，如 maint.msg 中，但注意到 wall 只能从标准输入（也即键盘）读取消息或者接受字符串参数作为消息，此时，就可以使用输入重定向，让 wall 从文件中接受输入，如清单 5-10 所示。

清单 5-10

```
$ wall< ./maint.msg
```

 命令 wall

用法：wall [文本消息]

功能：wall 命令是英文 write all 的缩写，用于向系统当前所有打开的终端上输出信息。通过 wall 命令可将信息发送给每位同意接收公众信息的终端机用户，若不给予其信息内容，则 wall 命令会从标准输入设备读取数据，然后再把所得到的数据传送给所有终端机用户。

范例 2：将当前工作目录中的名为 notice.msg 的文本文件中的所有英文小写字符字样全部转换为大写字符。

可以使用 tr 命令来完成任务。tr 命令只能从标准输入（也即键盘）读取消息参数，此时，就可以使用输入重定向，让 tr 从文件中接受输入，如清单 5-11 所示。其中'a-z'代表小写英文字符集合，'A-Z'代表大写英文字符集合，也即命令是将标准输入流中的所有小写英文字符都替换成相应的大写字符。

清单 5-11

```
$ tr 'a-z' 'A-Z'< ./notice.msg
```

 注意

在本任务的知识点 2 中将详细介绍 tr 命令。

下面两个例子是用来展示说明一种特殊输入重定向，叫作 here-document，它的基本形式如清单 5-12 所示，其作用就是将两个 delimiter 之间的文本内容传递给命令作为输入。

清单 5-12

```
cmd << delimiter
Here document Content
delimiter
```

范例 3：需要将如清单 5-13 所示的一段文本添加到当前工作目录中名为 README 的文本文件的最后。

清单 5-13

> 本软件是自由软件；您可以根据 Free Software Foundation 所公布的 GNU 宽通用公共许可证
> （该许可证的 2.1 版本或其后任何版本（由您选择））的条款 将它再分发和/或对它进行修改。分
> 发该库，希望它将会有用，但不附任何保证；甚至不带有对适销性或针对某一特定目的的适用性的
> 默示保证。有关详细信息，请参见 GNU 宽通用公共许可证。

可以使用 cat 命令加上 here-document 来完成这个任务，首先输入"cat<<EOF>>./README"。其中，<<EOF 代表"here-document"起始；>>../README 表示将 cat 的输出重定向追加到当前工作目录中 README 文件中。按回车键后，会出现">"提示符，表示可以输入 here-document 的内容了，接着输入上面的文本，按回车键换行，最后再次输入"EOF"结束 here-document。那么，刚刚输入的文本就会被作为 cat 命令的标准输入，如清单 5-14 所示。

清单 5-14

```
cat<<EOF>>./README
>本软件是自由软件；
>您可以根据 Free Software Foundation 所公布的 GNU 宽通用公共许可证（该许可证的 2.1
版本或其后任何版本（由您选择））的条款将它再分发和/或对它进行修改。
>分发该库，希望它将会有用，但不附任何保证；甚至不带有对适销性或针对某一特定目的的适用性
的默示保证。
>有关详细信息，请参见 GNU 宽通用公共许可证。
>EOF
```

 注意

> 例 3 中的 EOF 只是一个约定俗成比较常用的 here-document 的 delimiter 标识而已，可以替换成任意的合法字符，选择一个名字比较奇怪的 delimiter 标识能够有效地避免文本内容与 delimiter 标识重名而导致的 here-document 提前结束。

 小心

- 作为起始的 delimiter 前后的空格会被忽略。
- 作为结尾的 delimiter 一定要顶格写，前面不能有任何字符。

此时，用户可能会疑惑，here-document 具体有什么用途呢？事实上，here-document 在 shell 脚本编程中更加常用，范例 4 就是它的一个典型应用。

范例 4：在 bash 脚本 trojan.sh 中生成一个"Hello, world!"C 语言源代码，然后编译并执行。

脚本的第 5～13 行利用 here-document 夹带了一个 hello.c 程序的原始码，执行脚本时会产生 hello.c，接着调用 gcc 编译 hello.c，若编译无误，就"执行"程序文件 hello，如清单 5-15 所示。

工具文件
trojan.sh

清单 5-15

```
1 #!/bin/bash
2 # 文件名: trojan.sh
3 echo "创建 hello.c..."
4 echo
5 cat <<'EOF' > hello.c
6 #include <stdio.h>
7
```

清单 5-15
文件

笔 记

```
8 int main()
9 {
10    printf("Hello world!\n");
11    return 0;
12 }
13 EOF
14
15 echo "编译 hello.c..."
16 echo
17 # 编译刚刚创建 hello.c
18 gcc -o hello hello.c
19
20 #如果编译成功，就执行
21 if [ $? -eq 0 ];then
22    echo "excute hello..."
23    echo
24    chmod u+x hello
25    ./hello
26 else
27    echo '编译出错:hello.c'
```

 注意

- 在任务 2 的知识点 1 中提到过 bash 不仅是一个命令解释器，同时也是一种功能相当强大的编程语言。bash 脚本就是用 bash 语句编写的可在 bash 中运行的程序。
- 范例 4 就是脚本携带攻击程序的原型，在脚本中嵌入程序语言的源码，这是黑客攻击最常用的方法。

5.2.2　子任务 2 建立命令管道

微课 5-2
使用管道

接下来解决"分析和提取文本内容"这个问题。要解决这个问题，要用到的工具之一就是 Linux 中的"管道（pipe）"。

本质上来说，管道就是一种特殊的重定向，也就是对一个命令的输出进行管道连接（即重定向），用作下一个命令的输入。在 Linux 环境中，命令协作最常用的方式就是构造命令管道。管道的最常见构造方式就是利用管道操作符"|"，按图 5-5 所示的方式进行构造。

命令1 | 命令2 | …… | 命令n

图 5-5　命令管道构造方式

命令 1 的标准输出（stdout），作为命令 2 的标准输入（stdin）， 然后命令 2 的标准输出作为命令 3 的标准输入，依此类推，命令 n 的标准输出则直接显示在终端上。事实上，在两个命令之间使用"|"管道操作符，就是将第一个命令的标准输出重定向到第二个命令的标准输入，如图 5-6 所示。这样一来，就可以通过不断添加命令，用简单命令构造长管道来完成相对复杂的任务。

Linux 中管道的一个最大优点就是管道不会涉及中间文件。第一个命令的 stdout 不会写入到一个文件，然后由第二个命令读取。

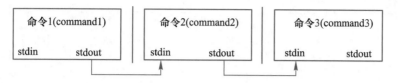

图 5-6 命令管道原理

 注意

- 管道命令只处理前一个命令标准输出,不处理错误输出,如果必须要在管道中处理错误输出,那么需要使用重定向操作 2>&1 将错误输出重定向到标准输出中。
- 并非所有命令都能用于构造命令管道,例如不能构建如下的命令管道:

```
echo "1.txt"|ls
```

- 能够用来构造管道的命令都有一个相同的特征,就是可以读取标准输入,对读取内容执行操作,然后将结果写入到标准输出。这样的命令往往被形象地称为文本过滤器(filters)。

接下来逐一完成本任务,同时在实施的过程中尝试使用一些非常有用的文本(流)处理工具。

微课 5-3
精益求精的命令,
团结协作的管道

1. 在管道中使用简单过滤器

子任务 1:统计 Apache Http Server 日志中所有来访客户端的数目。可以用如清单 5-16 所示的一个命令管道来完成这个任务。

清单 5-16

```
cat/var/log/httpd/access_log | cut -d ' ' -f 1|sort|uniq|wc -l
```

下面逐个来分析这个管道中的命令:

● cat 命令。该命令用于将日志文件输出到标准输出中,作为管道中下一个命令的输入。

● cut 命令。"cut –d ' ' -f 1"命令用于将日志的第一个字段(用空格符分隔)剪切下来并输出到标准输出上,也即将访问的客户端 IP 截取并显示到终端上(输出样例如清单 5-17 所示)。其中,选项-d 用于指定字段分隔符,这里指定的是' '(空格符);选项-f 用于指定剪切哪个字段,这里后面跟了数字 1,表示剪切第一个字段。

清单 5-17

```
# cat /var/log/httpd/access_log | cut -d ' ' -f 1
192.168.116.132
192.168.116.132
192.168.116.132
192.168.224.4
172.18.19.4
192.168.116.132
192.168.116.102
……此处省略若干行
```

● sort 和 uniq 命令。因为这两个命令合起来完成一个功能,就是用于删除 cut 输出的内容中的重复行(任务要统计有多少客户端访问过的 Web 服务器,当然要去除重复出现的客户端 IP 地址),首先 sort 用于将 cut 命令的输出进行排序,如清单 5-18 所示。

笔 记

清单 5-18

```
# cat /var/log/httpd/access_log | cut -d ' ' -f 1|sort
::1
::1
172.18.1.4
172.18.1.4
172.18.1.4
172.18.1.4
172.18.1.4
......此处省略若干行
```

接着 uniq 命令用于去除 sort 命令输出中的连续重复行，如清单 5-19 所示。

清单 5-19

```
# cat /var/log/httpd/access_log | cut -d ' ' -f 1|sort|uniq
::1
172.18.1.4
172.18.19.4
172.19.19.102
172.30.46.8
......此处省略若干行
```

● wc 命令（输出如清单 5-20 所示）。该命令用于统计 uniq 输出中的文本行数（也即有多少不同的客户端 IP 地址），其中-l 选项表示统计行数。

清单 5-20

```
# cat /var/log/httpd/access_log | cut -d ' ' -f 1|sort|uniq|wc -l
106
```

 注意

在本任务的知识点 2 中将详细介绍 cut、uniq、sort 和 wc 命令。

笔记

子任务2：查看日志中出现次数排名前5的客户的IP，并将IP保存到名为clients.txt 的文件中。可以用如清单 5-21 所示的一个命令管道来完成这个任务。该命令管道中的前两个命令与任务 1 相同，这里就不解释了，下面从命令三和四开始说明。

清单 5-21

```
#cat access_log |cut -d ' ' -f 1 | sort |uniq -c | sort -nr>./clients.txt
```

● 命令三、四是 sort 和 uniq，这两个命令的作用与任务 1 中类同，用于删除 cut 输出的内容中的重复行，只不过 uniq 使用了-c 选项，其作用是统计重复行出现的次数（也即该 IP 来访次数），显示在对应行的开头（分解输出如清单 5-22 所示）。

清单 5-22

```
#cat access_log |cut -d ' ' -f 1 | sort |uniq -c
 2 ::1
 4 172.18.1.4
 2 172.18.19.4
11 172.19.19.102
 6 172.30.46.8
......此处省略若干行
```

● 接下来的第五个命令 sort -nr 就顺理成章了。其中，-n 表示按数值大小排序；-r 表示反转排序方式，也即从默认的升序，反转为降序，那么就将 uniq -c 的输出按照第一个字段的数值大小降序排列，如清单 5-23 所示。

清单 5-23

```
#cat access_log |cut -d ' ' -f 1 | sort |uniq -c | sort -nr | head -5
1280 192.168.116.1
1181 192.168.116.132
1041 192.168.116.102
......此处省略若干行
```

● 最后用标准输出重定向将内容保存到当前工作目录的 clients.txt 中，如清单
5-24 所示。

清单 5-24

```
#cat access_log|cut -d''-f1|sort|uniq -c|sort -nr|head -5>./clients.txt
```

2. 在管道中使用 grep

子任务 3：查看某指定文件 core.data 在指定日期（2018-07-25）的被访问次数。
可以用如清单 5-25 所示一个命令管道来完成这个任务。

清单 5-25

```
$ cat access_log | grep '25/Jul/2018' | grep '/data/core.data' | wc -l
```

这个命令是管道中的第一个 cat 命令，这里就不做解释了，从命令二开始说明。

● 第二个命令是 grep。这个命令是 Linux 中一个功能非常强大文本搜索工具，
也即能使用正则表达式（regular expression）匹配搜索文本，并把匹配的行打印出
来。由于将在下文中对 grep 进行入门介绍，此处对 grep 命令仅作简单解释：grep
后面跟了一个字符串 25/Jul/2018，表示在 cat 的输出中查找包含了 25/Jul/2018 字
样的行，也即过滤并输出在该日期发生的所有访问日志条目行（分解输出如清单
5-26 所示）。

清单 5-26

```
$ cat access_log | grep '25/Jul/2018'
192.168.116.132 - - [25/Jul/2018]:14:53:13 +0800] "GET / HTTP/1.1" 403 4897
"-" "Mozilla/5.0 (X11; Linux x86_64; rv:24.0) Gecko/20100101 Firefox/24.0"
192.168.116.132 - - [25/Jul/2018]:14:53:13 +0800] "GET /noindex/css/bootstrap.
min.css HTTP/1.1" 304 - "http://192.168.116.132/" "Mozilla/5.0 (X11; Linux
x86_64; rv:24.0) Gecko/20100101 Firefox/24.0"
192.168.116.132 - - [25/Jul/2018:14:53:13 +0800] "GET /noindex/css/open-
sans.css HTTP/1.1" 304 - "http://192.168.1.21/" "Mozilla/5.0 (X11; Linux
x86_64; rv:24.0) Gecko/20100101 Firefox/24.0"
192.168.116.132 - - [25/Jul/2018]:14:53:13 +0800] "GET /images/poweredby.png
HTTP/1.1" 304 - " http://192.168.1.21/" "Mozilla/5.0 (X11; Linux x86_64;
rv:24.0) Gecko/20100101 Firefox/24.0"
......此处省略若干行
```

● 第二个 grep 则是在第一个 grep 的输出中查找包含/data/core.data 字样的行，
也即过滤并输出该日期中访问 Web 服务器上文件'/data/core.data'的日志条目行（分解输
出如清单 5-27 所示）。

清单 5-27

```
$ cat access_log | grep '25/Jul/2018' | grep '/data/core.data'
192.168.116.160 - - [25/Jul/2018]:19:44:21 +0800] " GET /data/core.data /
HTTP/1.1" 403 4897 "-" "Mozilla/5.0 (X11; Linux x86_64; rv:24.0) Gecko/
20100101 Firefox/24.0"
192.168.116.160 - - [25/Jul/2018]:08:13:11 +0800] "GET /data/core.data HTTP/
```

笔 记

```
1.1" 304 - "http://192.168.116.132/" "Mozilla/5.0 (X11; Linux x86_64; rv:
24.0) Gecko/20100101 Firefox/24.0"
192.168.116.141 - - [25/Jul/2018]:18:55:12 +0800] "GET /data/core.data HTTP/
1.1" 304 - "http://192.168.1.21/" "Mozilla/5.0 (X11; Linux x86_64; rv:24.0)
Gecko/20100101 Firefox/24.0"
192.168.116.132 - - [25/Jul/2018]:17:55:45 +0800] "GET /data/core.data HTTP/
1.1" 304 - "http://192.168.1.21/" "Mozilla/5.0 (X11; Linux x86_64; rv:24.0)
Gecko/20100101 Firefox/24.0"
......此处省略若干行
```

● 最后用 wc-l 命令来统计过滤后的输出总共的行数，也即/data/core.data 文件
在 2018 年 7 月 25 日的被访问次数，如清单 5-28 所示。

清单 5-28

```
$ cat access_log | grep '25/Jul/2018' | grep '/data/core.data'|wc -l
1441
```

注意

● 在本任务的知识点 3 中将介绍 grep 和正则表达式。
● 在处理如子任务 1～3 这样的问题时，图形界面下的工具是不太适用的，这就是为什么大多数的系统/网络管理员偏好使用文本接口的原因。事实上，使用管道的能力越高，就越能够感受到 "UNIX 哲学" 的魅力所在。
● 同时也应该注意到，需要对要处理的文本和文本流处理命令较为熟悉，才能够自如地构建合适的命令管道。

做到这里，想必每个人都感觉很晕，虽然完成了任务，但仔细想想，对重定向也好，管道也好，似乎都是一知半解，完全没有掌控在手的感觉。这很正常，管道和重定向是 UNIX 哲学的精髓所在，想要用好用精，纸上谈兵是远远不行的，也不是一朝一夕能够实现的。因此，建议先看一看必要知识部分的内容，动手做一做其中的范例，如果还想进一步深入了解管道、重定向尤其是各种文本过滤器的用法，可以去研读一下相关参考资料和书籍。

5.3 必要知识

5.3.1 知识点 1 VFS 和标准 I/O

前面在任务 4 管好文件的子任务 1 中提到过 Linux 中 "一切皆文件"，这不只是一种说法，"一切皆文件" 是 UNIX（也是 Linux）的基本哲学之一。

确切来说，Linux 提供了一种特别的机制，称为虚拟文件系统（VFS），如图 5-7所示，使得在不同的文件系统（file system）中，普通文件、目录、各种输入输出设备、符号链接、管道、套接字的底层读写（I/O）细节被掩盖了，最终都被抽象成为了所谓的 "字符流"（character stream）或者 "字节流"（byte stream），也就是一些字符或者字节序列，能以同一种方式进行读写（I/O）操作。

拓展阅读 5-1
从 文 件 I/O 看
Linux 的虚拟文件系统

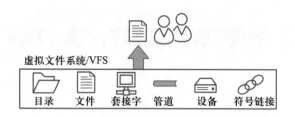

图 5-7 一切皆文件

简单来说，当打开文件时，VFS 会知道该文件对应的文件系统格式；当 VFS 把控制权传给实际的文件系统时，实际的文件系统再做出具体区分，对不同的文件类型执行不同的操作，如图 5-8 所示。这也就是"一切皆是文件"的根本所在。

图 5-8 VFS 封装了底层的读写细节

因此，对于一般的用户来说，在 Linux 的不同文件系统如 ext4 或者 xfs 下，读写一个普通文件和读写一个设备没有任何区别，都是去操作一个字符流或者字节流。

输入输出设备当然也不例外，当执行一个命令时，shell 将自动为其打开并绑定 3 种标准输入输出流：

- 标准输出流（stdout），显示来自命令的输出，文件描述符是 1。
- 标准错误输出流（stderr），显示来自命令的错误输出，文件描述符是 2。
- 标准输入流（stdin），向命令提供输入，文件描述符是 0。

5.3.2 知识点 2 常用的简单过滤器命令

本节将重点讲解几个在前面任务中用到的命令，这些命令都是过滤器（filters）命令。这几个命令之所以称为"简单"，是相对于知识点 3 要介绍的 grep 这个功能强大、用法复杂的过滤器命令来说的。

1. cut 命令

首先介绍 cut 命令的语法格式，然后用 3 个范例来展示和说明。

 命令 cut

用法：cut [选项] [文件]
功能：cut 命令，顾名思义，可以从文件的每一行剪切字节、字符和字段并将这些字节、字符和字段写至标准输出。如果不指定 [文件] 参数，cut 命令将读取标准输入。必须指定 -b、-c 或 -f 选项之一（也即剪切方式必须是按字节、按字符或者按字段剪切之一）。cut 命令的常用选项及其说明如表 5-4 所示。

笔 记

表 5-4 cut 命令的常用选项及其说明

选 项	说 明
-b	以字节为单位进行分割。这些字节位置将忽略多字节字符边界，除非也指定了-n 标志
-c	以字符为单位进行分割
-d "分隔符"	自定义分隔符，默认为制表符，注意分隔符号需要用双引号（" "）或者单引号（' '）括起
-f 数字	与-d 一起使用，指定剪切哪个字段

工具文本
users.txt

清单 5-29
文件

下面的 3 个范例都是用清单 5-29 所示的文本文件 users.txt 作为操作对象。

清单 5-29

```
$cat ./users.txt
postfix:x:89:89:::/var/spool/postfix:/sbin/nologin
tcpdump:x:72:72:::/:/sbin/nologin
stu:x:1000:1000:stu:/home/stu:/bin/bash
jack:x1001:1001:jack/home/jack:bin/bash
```

范例 1：以字节为分隔单位，如清单 5-30 所示。

清单 5-30

```
#剪切第 6 字节
$ cut -b 6 ./users.txt
i
m
:
x
#剪切第 2 到 6 字节和第 12 字节
$ cut -b 2-6,12 ./users.txt
ostfi9
cpdum2
tu:x:1
ack:x1
#剪切开头的 6 个字节
$ cut -b -6 ./users.txt
postfi
tcpdum
stu:x:
jack:x
#剪切从第 6 字节开始到结尾
$ cut -b 6- ./users.txt
ix:x:89:89:::/var/spool/postfix:/sbin/nologin
mp:x:72:72:::/:/sbin/nologin
:1000:1000:stu:/home/stu:/bin/bash
x1001:1001:jack/home/jack:bin/bash
```

范例 2：自定义分隔符，剪切字段，如清单 5-31 所示。

清单 5-31

```
#以冒号(:)为分隔符，剪切字段 1
$cut -d: -f1 ./users.txt
postfix
tcpdump
stu
```

笔 记

....

....

....

....

....

....

....

....

```
jack
#以冒号(:)为分隔符，剪切第 2 到 4 字段
$cut -d: -f2-4 ./users.txt
x:89:89
x:72:72
x:1000:1000
x1001:1001:jack/home/jack
```

范例 3：以字符为分隔单位，在上面的例子中字符都是单字节字符，所以字符和字节都是等价的，而本例中的操作文本是中文，是多字节字符，如清单 5-32 所示。

清单 5-32

```
$cat ./license.txt
本软件是自由软件；您可以根据 Free Software Foundation 所公布的 GNU
宽通用公共许可证（该许可证的 2.1 版本或其后任何版本（由您选择））的条款
将它再分发和/或对它进行修改。
#以字节为单位，剪切第 2 到 4 字节，但中文并非单字节字符，因此如果剪切不合理，会出现乱码
$ cut -b 2-4 ./license.txt
���
���
���
#以字符为单位，剪切第 2 到 4 字符
$ cut -c 2-4 ./license.txt
软件是
通用公
它再分
```

2. sort 命令

下面首先介绍 sort 命令的语法格式，然后用 6 个范例来展示和说明。

 命令 sort

用法：sort [选项] [文件]

功能：sort 命令，顾名思义，其功能是将文件的内容按照指定规则进行排序。

sort 命令的常用选项及其说明如表 5-5 所示。

 笔 记

表 5-5 sort 命令的选项及其说明

选　　项	说　　明
-b	忽略每行前面开始出现的空格字符
-n	依照数值的大小排序
-r	以相反的顺序来排序
-t	指定排序时所用的字段分隔字符
-k<n>	按指定字段 n 排序

下面的 6 个范例都是用清单 5-30 中的 users.txt 作为操作对象。

范例 1：默认排序，默认排序是按 ASCII 码升序排序，如清单 5-33 所示。

清单 5-33

```
$ sort ./users.txt
jack:x:1001:1001:jack:/home/jack:bin/bash
postfix:x:89:89::/var/spool/postfix:/sbin/nologin
```

```
stu:x:1000:1000:stu:/home/stu:/bin/bash
tcpdump:x:72:72:::/:/sbin/nologin
```

范例 2：在原基础上反向排序。加上-r 选项，就可以实现在原来的基础上反向排序。例如，范例 1 中是升序，加上-r 就变成降序，如清单 5-34 所示。

清单 5-34

```
$ sort -r ./users.txt
tcpdump:x:72:72:::/:/sbin/nologin
stu:x:1000:1000:stu:/home/stu:/bin/bash
postfix:x:89:89::/var/spool/postfix:/sbin/nologin
jack:x:1001:1001:jack:/home/jack:/bin/bash
```

范例 3：指定字段排序，可以用-t 来指定分隔符，用-k 来指定字段，如清单 5-35 所示。

清单 5-35

```
#指定冒号(:)分隔符，按字段 6 排序
$ sort -t: -k6 ./users.txt
jack:x:1001:1001:jack:/home/jack:/bin/bash
stu:x:1000:1000:stu:/home/stu:/bin/bash
tcpdump:x:72:72:::/:/sbin/nologin
postfix:x:89:89::/var/spool/postfix:/sbin/nologin
```

范例 4：按数字大小，而非 ASCII 码进行排序，如清单 5-36 所示。

清单 5-36

```
#指定冒号(:)分隔符，按字段 3 的数字大小排序
$ sort -t: -k3 ./users.txt
stu:x:1000:1000:stu:/home/stu:/bin/bash
jack:x:1001:1001:jack:/home/jack:/bin/bash
tcpdump:x:72:72:::/:/sbin/nologin
postfix:x:89:89::/var/spool/postfix:/sbin/nologin
$ sort -n -t: -k3 ./users.txt
tcpdump:x:72:72:::/:/sbin/nologin
postfix:x:89:89::/var/spool/postfix:/sbin/nologin
stu:x:1000:1000:stu:/home/stu:/bin/bash
jack:x:1001:1001:jack:/home/jack:/bin/bash
```

范例 5：按字段中的指定字符排序，如清单 5-37 所示。

清单 5-37

```
#指定冒号(:)分隔符，按字段 1 中的第 2 个字符段排序
$ sort -t: -k1.2 ./users.txt
jack:x:1001:1001:jack:/home/jack:/bin/bash
tcpdump:x:72:72:::/:/sbin/nologin
postfix:x:89:89::/var/spool/postfix:/sbin/nologin
stu:x:1000:1000:stu:/home/stu:/bin/bash
```

范例 6：用多重排序实现分组，如清单 5-38 所示。

清单 5-38

```
#指定冒号(:)分隔符，先按字段 6 排序，再按字段 1 中的第 2 个字符段排序
$ sort -t: -k6 -k1.2 ./users.txt
jack:x:1001:1001:jack:/home/jack:/bin/bash
stu:x:1000:1000:stu:/home/stu:/bin/bash
tcpdump:x:72:72:::/:/sbin/nologin
postfix:x:89:89::/var/spool/postfix:/sbin/nologin
```

3．uniq 命令

下面将首先介绍 uniq 命令的语法格式，然后用 4 个范例来展示和说明。

命令 uniq

用法：uniq [选项] [文件]

功能：uniq 命令是英文单词 unique 的缩写，其功能是检查及去除文件中连续重复出现的行。

uniq 命令的常用选项及其说明如表 5-6 所示。

表 5-6　uniq 命令的选项及其说明

选　项	说　　　明
-c	去除连续重复行，并在每行的第一个字段显示重复次数
-d	显示重复出现的行
-u	显示只出现一次的行

下面的 3 个范例都是用清单 5-39 所示的文本文件 uuid.txt 作为操作对象。

清单 5-39

```
7775b85b-cf65-8445-753a-dbd3ad4877ec
7775b85b-cf65-8445-753a-dbd3ad4877ec
c449f91c-7236-4650-aaa5-2dccf027b288
801a1967-5754-499e-a24c-3e483a3c055c
d1094133-9bc8-4168-88a5-b351c486623d
d1094133-9bc8-4168-88a5-b351c486623d
d1094133-9bc8-4168-88a5-b351c486623d
7775b85b-cf65-8445-753a-dbd3ad4877ec
c449f91c-7236-4650-aaa5-2dccf027b288
d1094133-9bc8-4168-88a5-b351c486623d
```

工具文件
uuid.txt

- - - - - - - - - -
清单 5-39
文件

范例 1：默认去除重复行，只能去除连续重复行，如清单 5-40 所示。

清单 5-40

```
#只能去除连续重复行，而不能去除全局重复行
$ uniq ./uuid.txt
7775b85b-cf65-8445-753a-dbd3ad4877ec
c449f91c-7236-4650-aaa5-2dccf027b288
801a1967-5754-499e-a24c-3e483a3c055c
d1094133-9bc8-4168-88a5-b351c486623d
7775b85b-cf65-8445-753a-dbd3ad4877ec
c449f91c-7236-4650-aaa5-2dccf027b288
d1094133-9bc8-4168-88a5-b351c486623d
```

✐ 笔 记

范例 2：默认去除全局重复行，并显示重复的次数，要和 sort 组成命令管道来实现，如清单 5-41 所示。

清单 5-41

```
#要去除全局重复行，需要先排序，用-c 选项将重复次数作为第 1 字段
$ sort uuid.txt|uniq -c
1 493e8ab4-5be4-4298-b6f3-8cff1f282273
3 7775b85b-cf65-8445-753a-dbd3ad4877ec
1 801a1967-5754-499e-a24c-3e483a3c055c
2 c449f91c-7236-4650-aaa5-2dccf027b288
4 d1094133-9bc8-4168-88a5-b351c486623d
```

范例 3：显示文本中没有重复出现的行，要和 sort 组成命令管道来实现才行，如清单 5-42 所示。

清单 5-42

```
$ sort uuid.txt|uniq -u
493e8ab4-5be4-4298-b6f3-8cff1f282273
801a1967-5754-499e-a24c-3e483a3c055c
```

范例 4：显示文本中重复出现过的行，要和 sort 组成命令管道来实现才行，如清单 5-43 所示。

清单 5-43

```
$ sort uuid.txt|uniq -d
7775b85b-cf65-8445-753a-dbd3ad4877ec
c449f91c-7236-4650-aaa5-2dccf027b288
d1094133-9bc8-4168-88a5-b351c486623d
```

4. tr 命令

下面将首先介绍 tr 命令的语法格式，然后用 5 个范例来展示和说明。

 命令 tr

用法：tr [选项] 字符集 1 [字符集 2]

功能：tr 命令是英文 translate 的缩写，该命令可以对来自标准输入的字符进行替换、压缩和删除。tr 只能接收来自标准的输入流，不能接收文件参数。

● 字符集 1 是指定要替换或删除的原字符集。当执行替换操作时，必须使用参数"字符集 2"指定转换的目标字符集，但执行删除操作时，不需要参数"字符集 2"。
● 字符集 2 则是指定要转换成的目标字符集。

tr 命令的常用选项及其说明如表 5-7 所示。

表 5-7 tr 命令的常用选项及其说明

选项	说 明
-c	取反操作，取字符集 1 中指定字符的补集
-d	删除字符集 1 中指定的字符，使用该选项后，就不能输入字符集 2 参数了
-s	将字符集 1 中指定的连续重复的字符用单个字符替代

下面的 3 个范例都是用清单 5-29 所示的文本文件 users.txt 作为操作对象。

范例 1：将文本中的 b 替换为 p，将 p 替换为 b，如清单 5-44 所示。

清单 5-44

```
$ cat users.txt |tr 'bp' 'pb'
bostfix:x:89:89::/var/sbool/bostfix:/spin/nologin
tcbdumb:x:72:72::/:/spin/nologin
stu:x:1000:1000:stu:/home/stu:/pin/pash
jack:x:1001:1001:jack:/home/jack:pin/pash
```

范例 2：将文本中所有包括在 bptuv 中的字符删除，如清单 5-45 所示。

清单 5-45

```
注意：是删除 b、p、t、u、v 这几个字符，而不是删除 bptuv 字符串
$ cat users.txt |tr -d 'bptuv'
osfix:x:89:89::/ar/sool/osfix:/sin/nologin
cdm:x:72:72::/:/sin/nologin
s:x:1000:1000:s:/home/s:/in/ash
jack:x:1001:1001:jack:/home/jack:in/ash
```

范例 3：删除文本中所有的换行符（\n），如清单 5-46 所示。

清单 5-46

```
$ cat users.txt |tr -d '\n'
postfix:x:89:89::/var/spool/postfix:/sbin/nologintcpdump:x:72:72::/:/sb
in/nologinstu:x:1000:1000:stu:/home/stu:/bin/bashjack:x:1001:1001:jack:
/home/jack:bin/bash
```

范例 4： 将文本中除了数字和换行符（\n）外的字符都替换成"*"号，如清单
5-47 所示。

清单 5-47

```
$ cat users.txt |tr -c '0-9,\n' '*'
***********89*89****************************
**********72*72*****************
******1000*1000*********************
*******1001*1001**********************
```

范例 5： 压缩文本中连续重复的数字 0，如清单 5-48 所示。

清单 5-48

```
$ # cat users.txt |tr -s '0'
postfix:x:89:89::/var/spool/postfix:/sbin/nologin
tcpdump:x:72:72::/:/sbin/nologin
stu:x:10:10:stu:/home/stu:/bin/bash
jack:x:101:101:jack:/home/jack:/bin/bash
```

5. wc 命令

下面将首先介绍 wc 命令的语法格式，然后用 1 个范例来展示和说明。

 命令 wc

用法：wc [选项] [文件]

功能：wc 命令是英文 word count 的缩写，其功能是统计文件的字节数、字符数、单词
数或行数，若不指定文件名称或是所指定文件名为"-"，则 wc 命令会从标准输入设备
读取数据。

wc 命令的常用选项及其说明如表 5-8 所示。

表 5-8　wc 命令的常用选项及其说明

选　　项	说　　明
-c	统计文件的字节数
-w	统计文件中的单词数，注意单词（word）在这里指的与英语中的单词概念完全不同，指的是一个由空格、\<Tab\>键或换行字符分隔的字符串
-l	统计文件的行数
-L	文本中最长行的长度

范例： 分别列出文件的行数、单词数、字节数和最长行的长度，如清单 5-49 所示。

清单 5-49

```
$ wc /etc/passwd
44   87   2287 /etc/passwd
#显示行数
$ wc -l /etc/passwd
44
#显示单词数，注意单词的定义
$ wc -w /etc/passwd
87
#显示字节数
$ wc -c /etc/passwd
2287
```

```
#显示最长行中的字节数
$ wc -L /etc/passwd
99
```

6. tee 命令

下面将首先介绍 tee 命令的语法格式，然后用 1 个范例来展示和说明。

 命令 tee

用法：tee [选项] [文件]

功能：tee 命令用于将数据重定向到文件，另一方面还可以提供一份重定向数据的副本作为后续命令的标准输入。简单来说，就是把数据重定向到给定文件和屏幕上。

tee 命令的常用选项及其说明如表 5-9 所示。

表 5-9　tee 命令的常用选项及其说明

选　项	说　明
-a	向文件中重定向时使用追加模式

范例：将系统中所有用户的用户名列出并按升序排序，将结果保存到文件 allusers.txt 中，同时将结果显示在屏幕上进行查看，如清单 5-50 所示。

清单 5-50

```
$ cut -d: -f1 /etc/passwd|sort|tee allusers.txt
```

7. cat 命令

cat 命令已经在任务 2 的子任务 1 中介绍过，这里不再赘述。

8. less 命令

下面首先介绍 less 命令的语法格式，然后用两个范例来进行展示和说明。

 命令 less

笔 记

用法：less[选项] [文件]

功能：less 命令的功能是分页显示文件内容。这个命令的名字是个文字玩笑，事实上 less 命令是 more 命令的高级版本，功能更加强大（其名字就来源于此，因为有一句英文俗语"less is more"）。在 less 中可以进行关键字的查找。

less 命令的常用选项及其说明如表 5-10 所示。

表 5-10　less 命令的常用选项及其说明

选　项	说　明
-m	显示文件滚动的百分比
-N	显示行号
-s	将连续空行缩减至一行显示
-S	截断过长的行而不换行显示

在 less 中，可以使用如表 5-11 所示命令来控制文本的查看。

表 5-11　使用 less 命令控制文本

导 航 命 令	
回车键, e	向下移动一行
y,k	向上移动一行

续表

导 航 命 令	
空格键，f	向下滚动一屏
b	向上滚动一屏
d	向下滚动半屏
u	向上滚动半屏
g	跳到第一行
G	跳到最后一行
p n%	跳到 n%。例如 50%，表示从整个文档的 50%处开始显示
搜 索 命 令	
/pattern	从光标处向下搜索与 pattern 匹配的字符串，例如/ftpuser，表示从光标处向下文件中搜索单词 ftpuser
?pattern	从光标处向上搜索与 pattern 匹配的字符串
n	跳到下一个匹配的文本
N	跳到上一个匹配的文本
其 他 命 令	
R,r	刷新屏幕
q	退出
:e [文件]	打开一个新文件
:n	如打开多个文件，则跳转到打开的下一个文件
:p	如打开多个文件，则跳转到打开的上一个文件
:d	如打开多个文件，则关闭当前查看的文件
!command	调用 shell 命令，例如使用"！ls"，表示列出当前目录下的所有文件

范例 1：显示文件百分比，显示行号来查看/etc/passwd 文件，如清单 5-51 所示，其显示如清单 5-52 所示。

清单 5-51

```
$ less -Nm /etc/passwd
```

笔 记

清单 5-52

```
1 root:x:0:0:root:/root:/bin/bash
2 bin:x:1:1:bin:/bin:/sbin/nologin
3 daemon:x:2:2:daemon:/sbin:/sbin/nologin
4 adm:x:3:4:adm:/var/adm:/sbin/nologin
5 lp:x:4:7:lp:/var/spool/lpd:/sbin/nologin
6 sync:x:5:0:sync:/sbin:/bin/sync
7 shutdown:x:6:0:shutdown:/sbin:/sbin/shutdown
8 halt:x:7:0:halt:/sbin:/sbin/halt
9 mail:x:8:12:mail:/var/spool/mail:/sbin/nologin
10 operator:x:11:0:operator:/root:/sbin/nologin
11%
```

范例 2：分页显示 ls 输出，如清单 5-53 所示。

清单 5-53

```
$ ls -l /etc/|less
```

9. head 和 tail 命令

下面首先介绍 head 和 tail 这一对命令的语法格式，然后用两个范例来进行展示和说明。

笔 记

 命令 head

用法：head[选项] [文件]

功能：head 命令顾名思义，其功能是将文件开头（默认 10 行）输出至标准输出中。如果指定了多于一个文件，在每一段输出前会给出文件名作为文件头。如果不指定文件，或者文件为 "-"，则从标准输入读取数据。

head 命令的常用选项及其说明如表 5-12 所示。

表 5-12 head 命令的常用选项及其说明

选 项	说 明
-n<行数>	显示文件的前 n 行，n 为非零整数，如不指定，则默认显示文件的前 10 行，选项 n 可以省略直接跟数字
-c<字节数>	统计文件的前 n 字节
-q	不显示文件名
-v	总是显示文件名

 命令 tail

用法：tail [选项] [文件]

功能：tail 命令顾名思义，其功能是将文件结尾（默认 10 行）输出至标准输出中。如果指定了多于一个文件，在每一段输出前会给出文件名作为文件头。如果不指定文件，或者文件为 "-"，则从标准输入读取数据，注意 tail 可以用来实施监控文件变化。

tail 命令的常用选项及其说明如表 5-13 所示。

表 5-13 tail 命令的常用选项及其说明

选 项	说 明
-n<行数>	显示文件的最后 n 行，n 为非零整数，如不指定，则默认显示文件的前 10 行，选项 n 可以省略直接跟数字
-c<字节数>	统计文件的最后 n 字节
-q	不显示文件名
-v	总是显示文件名
-f	实时输出文件变化后追加的数据
--retry	如文件不存在，则一直尝试打开文件直到成功为止，往往与-f参数连用
-F	等同于 -f --retry

范例 1：分别显示文件的前 5 行和后 5 行，如清单 5-54 所示。

清单 5-54

```
$ head -5 /etc/passwd
root:x:0:0:root:/root:/bin/bash
bin:x:1:1:bin:/bin:/sbin/nologin
daemon:x:2:2:daemon:/sbin:/sbin/nologin
adm:x:3:4:adm:/var/adm:/sbin/nologin
lp:x:4:7:lp:/var/spool/lpd:/sbin/nologin
$ tail -5 /etc/passwd
alice:x:1002:1002::/home/alice:/bin/bash
mysql:x:27:27:MariaDB Server:/var/lib/mysql:/sbin/nologin
stu01:x:1003:1005::/home/stu01:/bin/bash
user05:x:988:982::/home/user05:/bin/bash
user01:x:1004:1008::/home/user01:/bin/bash
```

范例 **2**：实时监控 apache http server 日志的变化，如清单 5-55 所示。

清单 5-55

```
# tail -f /var/log/httpd/access.log
```

5.3.3　知识点 3 正则表达式处理器 grep

grep 命令是 Linux 中的一款功能强大、完备，也是最常用的文本处理工具。grep 是英文 global search regular expression and print out the line 的缩写，字面的意思就是 "全局搜索正则表达式并打印行"。

grep 的主要功能是进行字符串数据的比较匹配，然后将匹配用户需求的字符串打印出来，但须注意，grep 在数据中查找一个字符串时，是以 "整行" 为单位进行数据筛选的。它在一个或多个输入中匹配 "模式（pattern）"，搜索的结果被送到屏幕，不影响原文件内容。

 命令 grep

用法：grep [选项][正则表达式][输入文件]
功能：grep 在一个或多个文件中匹配指定的字符串模式，模式一般就是一个正则表达式（regular expression），匹配的行被输出到标准输出，不影响原文件内容。
grep 命令的选项及其说明如表 5-14 所示。

表 5-14　grep 命令的选项及其说明

选　项	说　明
-E	grep -E 等同于 egrep 命令，利用此命令可以使用扩展的正则表达式对文本进行搜索
-F	grep -F 等同于 fgrep 命令，利用固定的字符串来对文本进行搜索，但不支持正则表达式的引用
-i	表示以忽略大小写显示
-n	输出行号
-o	表示只显示被匹配到模式的本身，而非整行
-v	表示显示反显，匹配的不显示，没匹配到的显示之
-w	表示按照单词进行匹配
-A n	显示匹配到的后 n 行
-B n	显示匹配到的前 n 行
-C n	显示匹配到的前后各 n 行
--color=auto	高亮，匹配的关键字突出颜色显示

● 如果没有输入文件，则 awk 从标准输入读取内容。

事实上，grep 命令本身的语法相当简单，要用好 grep，难点并不在于命令本身，而在于要了解并写好正则表达式。那么，什么是正则表达式呢？作为 Linux 系统管理员或者网络管理员，经常会有查找符合某些规则的字符串的需要，正则表达式就是用于描述这些规则的工具。换句话说，正则表达式就是记录文本规则的代码。

 注意

● 这时很可能会联想起在任务 4 中所使用的文件通配符（wildcard），也就是*、?和[]。切记，虽然通配符也是用来进行文本匹配的，但正则表达式与通配符是完全两种不同的东西。

拓展阅读 5-2
文本分析器 awk

拓展阅读 5-3
字符流编辑器 sed

笔 记

笔 记

● 正则表达式比起通配符，能更精确地描述文本模式，当然，代价就是更复杂。比如，可以写一个正则表达式，用来匹配任意一个国内的手机号码：所有以 1 开头，后面跟着 12 位数字的字符串（像 13800000000 或 18812345678）。

学习正则表达式的最好方法是从例子开始，因此下面将由易到难，分类给出一些正则表达式的例子，通过例子对 grep 命令和正则表达式作一个初步的了解。

注意

● 正则表达式分为两类：基本正则表达式（BRE）和扩展正则表达式（ERE）。两者的功能大部分相同，只是在一些元字符和部分小功能方面有所区别。
● 简单来说，在 ERE 中字符?、+、{、}、|、(、)是元字符，BRE 并不支持这些元字符。
● 总的来说，扩展正则表达式要更加易写易读一些，功能也更加多一些，因此推荐使用扩展的正则表达式。
● 如果没有特别指出，本节使用的正则表达式都是扩展正则表达式。

1. 入门

假设要输出在系统日志文件/var/log/messages 中包括 st 这个字符串的行。可以按清单 5-56 所示去做：

清单 5-56

```
$ egrep "st" /var/log/messages
```

这几乎是最简单的正则表达式了，它可以精确地匹配这样的字符串：由两个字符组成，前一个字符是 s，后一个是 t，messages 中很多行里都包含 st 这个字符串，比如 system、start、localhost 等。如果用 st 来查找，则这里边的 st 也会被找出来。如果要精确地查找 st 这个单词，则应以清单 5-57 所示去做。

清单 5-57

```
$ egrep "\bst\b " /var/log/messages
```

其中，\b 属于正则表达式中一种叫作元字符（meta-character）的特殊符号。\b 代表着单词的开头或结尾，也就是单词的分界处。

注意

● \b 并不匹配空格、标点符号、换行、制表符等分隔字符中的任何一个。事实上，\b 并不匹配具体的字符，它只匹配一个位置，后面许多元字符也是这样的。
● 上述的所谓"单词"，和英语中"单词"的概念完全不同，和 wc 命令中的"单词"是一个概念，指的是一个由空格、<Tab>键或换行等字符分隔的字符串。

假如要找的是以 st 开头、以 t 结尾的一个单词，可以用如清单 5-58 所示命令。

清单 5-58

```
$ egrep "\bst.*t\b " /var/log/messages
```

这里，又出现了两个新的元字符，其中"."匹配除了换行符以外的任意字符。"*"同样是元字符，不过它代表的不是字符，也不是位置，而是数量——它指定*前边的内容可以连续重复出现任意次以使整个表达式得到匹配。因此，".*"连在一起就意味着任意数量的不包含换行的字符。那么，\bst.*t\b 的意思就很明显了：以 st 开头，后跟任意数量不包括换行符的字符以 t 结尾的单词。换行符就是'\n',ASCII 编码为 10（十六进制 0x0A）的字符。

小心

> 正则表达式中的 "." 和 "∗" 切勿与通配符中的 "." 和 "∗" 混淆。

至此已经介绍了几个很有用的元字符，如 "\b" "." "∗" 等，正则表达式里还有许多其他的元字符和特殊构造（constructs）。下面就分门别类地对可用于正则表达式的元字符和构造进行说明。

2. 字符类

通过使用正则表达式中的一些元字符，可以很容易地匹配符合特定规则的字符，如在上面的 "入门" 中使用的点号 "."。常用的匹配字符所用的元字符如表 5-15 所示。

表 5-15　常用字符类

字 符 类	说 明
.	与除 \n 之外的任何单个字符匹配。若要匹配字符（.）本身，则必须在该字符前面加上转义符 (\.)
[[:alnum:]]	与任意字母或数字或下画线字符匹配
[[:space:]]	与任何空白字符匹配，包括空格、制表符、换页符等
[[:lower:]]	所有小写字母[a-z]
[[:upper:]]	所有大写字母[A-Z]
[[:punct:]]	所有标点符号
[[:alpha:]]	表示所有字母(包含大小写) [a-zA-Z]
[字符集合]	匹配字符集合中的任意单个字符。例如，[a,A,c,C]表示匹配 a、A、c 或者 C 四个字符中的任意一个
[^字符集合]	求反：匹配不在字符集合中的任意单个字符。例如，[^a,c,e,g]表示匹配不属于 a、c、e 或者 g 四个字符中的任意一个的其他字符
[字符 1-字符 n]	字符范围：与从字符序列中从字符 1 到字符 n 的范围中的任何单个字符匹配。例如，[c-j]表示匹配 c～j 之间的所有小写英文字符中的任意一个；[2-8]表示匹配 2～8 之间的任意一个数字；[a-zA-Z]表示匹配所有的英文字符

3. 锚点

只描述字符是不够用的，常常还需要指定这些字符在什么位置出现，这时就需要用到锚点（anchor）。前面在入门的时候接触到的\b 就是一个锚点，正则表达式中的锚点并非用于匹配具体的字符或者字符串中，而是匹配一个位置。常用锚点如表 5-16 所示。

表 5-16　常 用 锚 点

锚 点	说 明
^	匹配行首。例如，^[a,r,p]表示匹配以位于行首的 a、r 或者 p 三个字符中的任意一个；^\s 表示匹配位于行首的任意一个空白字符
$	匹配行尾。例如，[0-9]$表示匹配位于行尾的任意一个数字；[^[:alpha:]]表示匹配位于行尾的非英语字母字符
\b	匹配单词分界处。例如，[0-9]$表示匹配位于行尾的任意一个数字；[^[:alpha:]]表示匹配位于行尾的非英语字母字符

4. 限定符

除了规定字符类别，字符出现的位置，有时还需要指定字符出现过多少次，这时就需要用到限定符了。在入门中已经接触到了如 1\d{12}这样匹配重复的方式了，其中{12}被称为限定符。限定符用来指定正则表达式的一个给定组件必须要出现多少次才能满足匹配。常用的限定符如表 5-17 所示。

表 5-17 常用限定符

限 定 符	描 述
*	匹配上一个元素零次或多次。例如，.*表示匹配一个任意长度的字符串或者空字符串；[0-9]* 匹配一个由任意长度数字构成的字符串或者空字符串
+	匹配上一个元素一次或多次。例如，\bb[a-z]+\b 表示匹配一个 b 开头后面跟着至少一个小写英文字符的单词
?	匹配上一个元素零次或一次。例如，rai?n 表示匹配 ran 或者 rain
{n}	匹配上一个元素恰好 n 次。例如，[0-9]{13}表示匹配一个长度为 13 的数字串
{n,}	匹配上一个元素至少 n 次。例如，[A-Za-z]{5,}表示匹配一个长度至少为 5 的英文字符串
{n,m}	匹配上一个元素至少 n 次，但不多于 m 次。例如，"[0-9]{3,5}"表示匹一个长度在 3 到 5 之间的数字串

5. 分组构造

前面已经提到用限定符来指定单个字符的出现次数，但如果想要指定一个字符串的出现次数，这时就可以将这个字符串放入小括号内，来构建一个"分组构造"（grouping constructs），简称分组。分组可以作为一个整体和限定符联合使用来指定其出现次数。分组构造如表 5-18 所示。

表 5-18 分 组 构 造

分 组 构 造	描 述
(分组)	匹配（分组）整体，而不是其中单个元素。例如，(ab)表示 ab 整体作为匹配字符；(ab)*表示 ab 整体作为匹配字符，且匹配任意次；(ab){1,}表示 ab 整体作为匹配字符，且匹配至少一次

6. 替换构造

正则表达式里的替换构造（alternation constructs）指的是有几种规则，如果满足其中任意一种规则都应该当成匹配，类似于"或"的意思，具体方法是用"|"把不同的规则分隔开。替换构造如表 5-19 所示。

表 5-19 替 换 构 造

替 换 构 造	描 述
		匹配以竖线"|"字符分隔的任何一个元素。例如，f|tax 表示匹配 fax 或者 tax；system(ctl|d) 表示匹配 systemctl 或者 systemd；systemctl|d 表示匹配 systemctl 或者 d

 注意

"|"匹配的是其整个左边或者右边，如果要加以限定区域，需要结合分组来使用。

7. 字符转义

如果需要匹配 1～6 中提到的元字符本身，比如匹配字符点号"."或者星号"*"，就会出现问题：因为这些字符在正则表达式（或者扩展正则表达式）中有特殊的意思，这时就需要用到字符转义来让这些特殊字符回归本义。字符转义的符号是反斜杠"\"，如表 5-20 所示。在正则表达式（或者扩展正则表达式）中，如果要匹配元字符的本义，应在元字符前加上反斜杠"\"；如要匹配星号，应该使用"*"。

表 5-20 字 符 转 义

字 符 转 义	描 述
\	在元字符前加上反斜杠"\"让其回归本义或者在普通字符前加上"\"让其成为特殊字符。例如，www\.nbcc\.cn 表示匹配 www.nbcc.cn；\bax\b 表示匹配 ax 单词

 注意

字符转义还有另外一层意思，可以将普通字符变为元字符，如 b 加上"\"后就变成了一个锚点，表示单词的分界处。

8. 范例说明

下面提供 11 个范例，以便更好地了解扩展正则表达式以及 egrep 命令的用法。

范例 1： 显示/proc/meminfo 文件中以大写 S 或小写 s 开头的行，如清单 5-59 所示。

清单 5-59
```
egrep "^[sS]" /proc/meminfo
egrep -I "^s" /proc/meminfo
```

范例 2： 显示/etc/passwd 文件中默认 shell 为非/sbin/nologin 的用户，如清单 5-60 所示。

清单 5-60
```
egrep -v "/sbin/nologin$"/etc/passwd | cut -d: -f1
```

范例 3： 显示/etc/passwd 文件中用户名以英文小写字符 a～d 开头的用户，如清单 5-61 所示。

清单 5-61
```
cut -d":" -f1 /etc/passwd|egrep "^[a-d]"
```

范例 4： 显示~/.bashrc 中以#开头，且后面跟一个或者多个空白符，而后又跟了任意非空白符的行，如清单 5-62 所示。

清单 5-62
```
egrep "# [[:space:]]* [[:space:]] " ./.bashrc
```

范例 5： 显示/etc/passwd 文件中默认 shell 为非/sbin/nologin 的且其 ID 号最大的用户，如清单 5-63 所示。

清单 5-63
```
egrep -v "/sbin/nologin$"/etc/passwd | sort -n -t: -k3|tail -1
```

范例 6： 显示用户 rpc 默认的 shell 程序，如清单 5-64 所示。

清单 5-64
```
cat /etc/passwd |grep -w "^rpc" |cut -d: -f 7
```

范例 7： 找出/etc/passwd 中的两位或三位数，如清单 5-65 所示。

清单 5-65
```
cat /etc/passwd |egrep -wo "[[:digit:]]{2,3}"
```

范例 8： 显示 CentOS 7 的/etc/grub2.cfg 文件中，至少以一个空白字符开头的且后面有非空白字符的行，如清单 5-66 所示。

笔 记

清单 5-66

```
cat /etc/grub2.cfg | grep "^[[:space:]]\+[^[:space:]].*"
```

范例 9：显示 CentOS 7 上所有系统用户的用户名和 UID，如清单 5-67 所示。

清单 5-67

```
cat /etc/passwd |cut -d: -f1,3 |grep -w "[1-9][0-9]\{,2\}$"
```

范例 10：显示 3 个用户 root、stu、nbcc 的 UID 和默认 shell，如清单 5-68 所示。

清单 5-68

```
cat /etc/passwd |egrep -w "^\(root\|stu\|nbcc\)" |cut -d: -f 3,7
```

范例 11：显示 ifconfig 命令结果中的所有 IPv4 地址，如清单 5-69 所示。

清单 5-69

```
ifconfig |grep -owE
"((([0-9]{1,2})|(1[0-9]{2})|(2[0-4][0-9])|(25[0-5]))[.]){3}(([0-9]{1,2})
|(1[0-9]{,2})|(2[0-4][0-9])|(25[0-5])){1}[[:space:]]"
```

上面所介绍的内容仅仅是 grep 命令和正则表达式内容的九牛一毛，仅供参考。如果希望进一步学习正则表达式，推荐参考 O'Relly 的《精通正则表达式》一书和 www.regular-expressions.info 这个专门的正则表达式教学网站。

拓展阅读 5-4
正则表达式 30
分钟入门教程

5.4 任务小结

在经历了自己完成的本任务之后，小 Y 对 Linux 中的重定向和管道应该有了一些初步的了解。现在，小 Y 应该能够：

1. 熟练使用输出/输入重定向命令。
2. 使用输入重定向 here-document。
3. 构建命令管道。
4. 使用文本过滤器命令处理文本。

笔记

同时，小 Y 应该已经了解了如下概念和命令：

1. 虚拟文件系统和标准 I/O。
2. 标准输入、错误输出及标准输出文件。
3. 输入/输出重定向符号的用法。
4. 管道的概念。
5. 常用的简单文本过滤器命令。
6. 正则表达式和 grep 命令。

任务 **6**
管理用户

——得其所则安,失其所则悖。

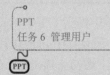 任务场景

PPT
任务 6 管理用户

　　小 Y 所在 P 项目组要给一个临时项目申请一些工作站用户,项目经理已经将资源申请报告转到小 Y 的 AO 账户中,主要是创建一些新用户并设置合适的用户权限模型。由于小 Y 在前面的工作中或多或少已经接触了一些文件用户访问权限相关的内容,因此只要再进一步了解一些操纵系统用户的相关命令和配置文件即可。下面就和小 Y 一起,开始学习 Linux 用户管理的第一课。

核心素养

6.1 任务介绍

小 Y 所面对就是 P 开发小组所提交的 IT 资源申请表（如表 6-1 所示），需求是简单而清晰的，那么要做的事情到底有哪些呢？

表 6-1 IT 资源和服务申请表

类别 □存储资源 □网络带宽 ■计算资源 ■IT 服务 □其他
申请人员/部门：
销售部/A 项目组
实施人员/部门：
IT 支持部/P 项目组
资源详细规格描述：

P 项目小组申请 **3** 个开发服务器上的标准资源用户账号。要求每个用户拥有自己的家目录和私有用户组，项目开发目录在 **/projects/pa** 下，并且有如下权限要求：

用户名	密码	备注
mag01	password	对/projects/pa 有完全权限，对其他所有成员的家目录有读/执行权限
dev01	password	对/projects/pa 有完全权限
dev02	password	对/projects/pa 有完全权限

本部门主管：	已批准
IT 部门主管：	已批准

首先是建立 3 个用户，当然这是不够的，因为表 6-1 中提到了每个用户除了家目录外还需要对项目的开发目录/projects/pa 有完全权限，而且其中 mag01 用户还需要能够读/执行其他用户的家目录，这就需要仔细考虑。在下面初步提出了一个方案，如表 6-2 所示。

表 6-2 初步架构方案

序号	方案步骤
1	建立三个用户
2	建立一个额外的用户组 group_p，让这个用户组包括所有的 3 个用户，并让这个用户组里所有的成员都拥有对/projects/pa 目录的完全权限
3	让 dev01 和 dev02 的默认用户组包括用户 mag01，并让它们的默认用户组对自己的家目录有读/执行权限

那么这个方案是什么意思呢，提出这样一个方案又有何依据呢，下面边做边进行解释。

 注意

- Linux 是真正意义上的多用户操作系统，用户（user）在系统中是分角色的，由于角色不同，权限和所完成的子任务也不同。
- 通俗来说，用户组（group）就是具有相同文件访问权限的用户的集合。
- Linux 中用户和用户组的对应关系可以是一对一、多对一、一对多或多对多，一个用户可以从属于多个用户组，一个用户组也可以包含多个用户。

6.2　任务实施

6.2.1　子任务 1　切换为根用户

微课 6-1
切换用户身份

首先必须切换为 root，才能进行下面的子任务 2。原因很简单，当前登录的用户是一个普通用户，而普通用户是没有创建新用户的权限的，在一般情况下，只有系统管理员，也即 root 用户有权创建新用户。

 注意

微课 6-2
用户和用户组

- Linux 中的用户（user）是分角色的，角色不同，其权限和所能完成的任务也不同。一般来说，Linux 中有如下 3 类用户：
  - ✓ 根用户，也叫作管理员用户。系统中的根用户的名字是固定的，叫作 root，且只有一个。默认情况下，根用户对整个系统中所有的文件都拥有全部的操控权限。
  - ✓ 普通用户。能登录系统，在默认情况下，每个新建的普通用户都从属于一个单独的和用户名同名的用户组，每个用户都有自己的家目录，对自己家目录中的文件有完全的操控权限，对系统有有限的权限。
  - ✓ 系统用户，也叫作虚拟用户。这类用户不具有登录系统的能力，主要是方便系统管理，满足相应的系统进程对文件属主的要求，如 bin、daemon、adm、ftp、mail、nobody 等。例如，浏览器在运行时的身份就是 nobody 用户，匿名访问 ftp 时，使用的就是 ftp 用户。
- 系统中应以普通用户身份登录，在有需要时才切换为 root 或者用 sudo 进行操作，以规避风险。

这时的解决办法有两个，一是通过 su 命令切换为 root 用户执行任务，待任务完成后再退出 root；二是通过 sudo 命令将 root 新建用户权限让渡给指定普通用户，再执行任务。本任务中将使用第一种方法来完成这个新建用户任务，如清单 6-1 所示。

笔 记

清单 6-1

```
$ adduser          #当前登录用户是 stu
bash: /usr/sbin/adduser: 权限不够
$ su -l root
密码:              #在此处输入 root 的密码，注意密码是不会回显的
#
```

 小心

- su 命令的确方便，但使用 su 的前提是需要知道 root 用户的密码，在多人参与的系统管理中，这是一个极大的不安全因素，因为没法保证所有的管理员都能按正常操作规程来管理系统，其中任何一人的疏漏，都可能导致不可挽回的后果，同时也不利于操作的追溯。因此，su 只适用于一两个人参与管理的小型系统。其他情况下，一般会使用/etc/suders 文件将 root 的部分权限权限让渡给指定的普通用户，然后以普通用户身份用 sudo 命令来进行操作。
- 关于 su 和 sudo 命令将分别在本任务的知识点 1 和 4 中详述。

6.2.2 子任务 2 创建、修改及查看用户和用户组

接下来就来添加配置用户和用户组,可以通过多种方式来完成这子任务。其一,可以通过用户添加、修改、删除等用户控制实用命令来完成;其二,还可以直接修改与用户和用户组相应的配置文件来达到目的。

微课 6-3
创建、修改和删除
用户

 注意

- 无论用命令、图形界面程序或者其他第三方程序对用户和用户组进行添加、修改或删除,其最终结果还是体现在系统用户和用户组存储文件的改变上。
- 关于用户和用户组存储文件将在本任务的知识点 3 中详述。

首先要考虑的就是如何在 Linux 系统中新增一个用户。考虑到登录系统时需要输入的信息仅包括用户名及密码,所以建立一个可用的用户最少只需要这两样数据就可以了。指定用户名可以使用 useradd 命令,密码设置使用 passwd 命令。首先,就用 useradd 命令添加第一个用户 mag01,如清单 6-2 所示。

清单 6-2

```
#指定要创建的用户名
# useradd mag01
```

 注意

- 在清单中,仅仅指定了要创建的用户的用户名,除了用户名外的用户其他关键属性,将由系统预设的配置文件指定,主要包括以下几个。
  - ✓ 用户的唯一标识符 UID:默认是上一个被创建的用户 UID 加一,如果是第一个被创建的用户,默认为 1000。
  - ✓ 用户的家目录:默认为/home/mag0。
  - ✓ 用户从属的组:系统自动创建一个与用户同名用户组 mag01 作为 mag01 用户的初始用户组。
  - ✓ 用户的默认 shell:默认为 bash。
- useradd 和 usermod 命令以及指定这些用户默认属性的配置文件将在本任务的知识点 1 中详述。

笔 记

接下来用 passwd 命令设定用户 mag01 的登录密码,如清单 6-3 所示。

清单 6-3

```
#设定用户密码
# passwd mag01
更改用户 mag01 的密码。
新的 密码:
重新输入新的 密码:
passwd:所有的身份验证令牌已经成功更新。
```

 注意

- 只有 root 用户才有权限用 passwd 命令设置系统中其他用户密码,普通用户只能用 passwd 设置本用户密码。

- root 用户修改密码时，如不符合系统密码设置规则（过弱），则给出警告信息，但密码设置仍然生效。
- 普通用户修改密码时，如使用弱密码，则给出告警信息，且修改无效。
- 关于 passwd 命令将在本任务的知识点 1 中详述。

至此，第一个用户 mag01 就建好了，再依样建立好其余两个用户 dev01 和 dev02。

接下来就可以添加额外的用户组 group_p 了。比添加用户更简单，添加用户组只需要指定用户组的名称即可，如清单 6-4 所示。

微课 6-4
创建、修改和删除
用户组

清单 6-4

```
#完全参考系统默认值,建立一个名为group_p的用户组。
# groupadd group_p
```

至此，新用户组 group_p 就建好了，可以继续完成下一步，也就是将用户组 group_p、用户 mag01、dev01 和 dev02 以及它们各自的私有用户组之间的关系理顺。

前面已经提到了用户和用户组的对应关系可以是一对一、多对一、一对多或多对多，那么用户组 group_p、用户 mag01、dev01 和 dev02 以及它们各自的默认用户组之间到底是怎样一个关系呢？为直观起见，这里用图 6-1 表示它们之间的关系。

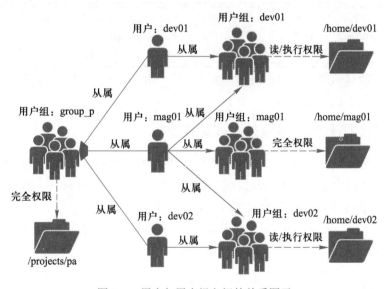

图 6-1　用户与用户组之间的关系图示

如图中所示，首先要将 3 个用户加入到 group_p 用户组中去，然后将 mag01 加入到 dev01 组和 dev02 组中去。下面用 usermod 命令来修改用户的从属组，如清单 6-5 所示。

清单 6-5

```
#将mag01用户的从属组设置为group_p、dev01和dev02组
# usermod -G group_p,dev01,dev02 mag01
#将dev01用户的从属组设置为group_p
# usermod -G group_p dev01
#将dev02用户的从属组设置为group_p
# usermod -G group_p dev02
```

笔 记

微课 6-5
查看用户

至此，3 个用户已经分别加入到相应的用户组中去了，接下来，要查看一下这些建立好的用户，确认是不是符合的要求。可以使用命令 id 来完成，如清单 6-6 所示。

清单 6-6

```
#mag01 的 UID 为 1001，主用户组 GID 为 1001，组名为 mag01，用户从属的组包括 mag01（GID
为 1001）、group_p（GID 为 1004）、dev01（GID 为 1002）和 dev02（GID 为 1003）
# id mag01
uid=1001(mag01) gid=1001(mag01) 组=1001(mag01),1004(group_p),1002(dev01),
1003(dev02)
# dev01 的 UID 为 1002，主用户组 GID 为 1002，组名为 dev01，用户从属的组包括 dev01 和
group_p
# id dev01
uid=1002(Dev01) gid=1002(dev01) 组=1002(dev01),1004(group_p)
# dev02 的 UID 为 1003，默认用户组 GID 为 1003，组名为 dev02，用户从属的组包括 dev02
和 group_p
# id dev02
uid=1003(Dev02) gid=1003(dev02) 组=1003(dev02),1004(group_p)
```

 注意

- 一个用户可以从属于多个用户组，但在同一时间，用户只能从属于一个主用户组（primary group）或者说有效用户组（effective group）。
- 用户的主用户组会影响到该用户创建文件的默认文件从属组属性。

至此，所有的用户和用户组都建好了，用户和用户组之间的从属关系都已经设置好，子任务 2 就完成了。

6.2.3 子任务 3 设置并验证文件权限

笔记

接下来要完成任务的最后一步，即创建项目目录/projects/pa 并设置这个目录和 dev01、dev02 用户家目录的访问权限。这里所用到的命令包括 ls、mkdir、su、chown 和 chmod 均在前面的子任务中用到过，在这里不再赘述。

首先是创建/projects/pa 目录，设置其访问权限和所归属的用户组，同时设置 dev01 和 dev02 用户家目录的权限，如清单 6-7 所示。

清单 6-7

```
#创建项目目录
# mkdir /projects/pa
#更改目录归属的用户组为 group_p
# chown :group_p /projects/pa
#更改目录的访问权限为 770
# chmod 770 /projects/pa
#更改 dev01 和 dev02 家目录的访问权限为 750
# chmod 750 ~dev01 ~dev02
```

随后，来验证各个用户是对于目录访问权限，如清单 6-8 所示。

清单 6-8

```
#切换到 mag01 用户，验证/projects/pa 目录对于 mag01 用户的访问权限，也可用相同方法验
证其他目录的访问权限
# su - mag01
#能切换到该目录中，证明目录对于 mag01 可执行
```

```
$ cd /projects/pa
#能在项目工作目录创建新文件，证明目录对于 mag01 可写
$ touch /projects/pa/newfile
#能列出项目工作目录内容，证明目录对于 mag01 可读
$ ls -l
总用量 0
-rw-rw-r--. 1 mag01 mag01 0 10 月 14 19:41 newfile
```

6.3 必要知识

6.3.1 知识点 1 操纵用户

在本节中，将重点讲解操纵用户相关的若干命令，包括 su、useradd、usermod、userdel 和 passwd 命令。

1. su 命令

下面首先介绍 su 命令的语法格式，然后用两个范例来进行展示和说明。

 命令 su

用法：su [选项]用户名

功能：用于将当前用户切换到指定用户或者以指定用户身份执行命令。

su 命令的常用选项及其说明如表 6-3 所示。

表 6-3 su 命令的常用选项及其说明

选 项	说 明
-, -l	在切换用户的同时切换到相应用户的登录环境，包括家目录、环境变量等，这也是标准的切换方法
-c 命令	临时切换为相应用户，并向当前 shell 传递指定的命令

范例 1：从普通用户 stu01 切换为 root 用户身份，同时带环境切换；然后从 root 切换为 stu02 用户，不带环境切换，如清单 6-9 所示。

清单 6-9

```
#用 env 命令结合 grep 查看当前环境中的 PATH 变量值
$ env|grep "PATH"
PATH=/usr/local/bin:/bin:/usr/bin:/usr/local/sbin:/usr/sbin:/home/stu01
/.local/bin:/home/stu01/bin
#带环境切换为 root
$ su - root
密码：
#再次用 env 命令结合 grep 查看当前环境中的 PATH 变量值，发生了变化
# env|grep " PATH"
PATH=/usr/local/sbin:/usr/local/bin:/sbin:/bin:/usr/sbin:/usr/bin:/root
/bin
#从 root 切换为普通用户无须输入密码
# su stu02
#不带环境切换后，用 env 命令结合 grep 查看当前环境中的 PATH 变量值，未发生变化
$ env|grep "PATH"
```

笔 记

```
PATH=/usr/local/sbin:/usr/local/bin:/sbin:/bin:/usr/sbin:/usr/bin:/root
/bin
```

注意

....

....

- -l 选项可以简写为-，即 "su -l root" 等价于 "su - root"。
- 如果 su 不带[用户名]参数，默认为切换到 root 用户，也即 "su - " 等价于 "su - root"。
- 如果 root 向普通用户切换不需要密码，而普通用户切换到其他任何用户都需要密码验证。

命令 env

....

....

用法：env
功能：用于显示当前用户的环境变量，或者用来在指定环境变量下执行其他命令。

....

范例 2：在 user01 用户身份下，用 su 命令带环境临时切换为 stu 用户身份执行命令，如清单 6-10 所示。

....

清单 6-10

....

```
$ whoami
user01
#以 stu 用户身份执行 touch newfile 命令，由于带环境切换，因此该 newfile 事实上创建在
#stu 家目录中
#需要输入 stu 用户密码
$ su - stu -c 'touch newfile'
密码：
#以 stu 用户身份去查看刚刚创建的 newfile
$ su - stu -c 'ls -l ~stu/newfile'
密码：
-rw-rw-r--. 1 stu stu 0 2月  9 21:17 /home/stu/newfile
```

注意

su -c 只能用于传递单个命令，且该命令需要用一对单引号"括起。

2. useradd 命令

下面首先介绍 useradd 命令添加用户的基本流程和 useradd 命令的语法格式，然后用 4 个范例来进行展示和说明。

命令 useradd

用法：useradd [选项][命令]
功能：用于创建的新的用户账号。在使用 useradd 命令添加用户时,若不加任何参数选项,后面直接跟所添加的用户名，那么 useradd 命令将分如下 3 步来添加用户：

- 首先，命令读取/etc/login.defs（用户定义文件）和/etc/default/useradd（用户默认配置文件）文件中的参数和规则作为添加用户的参数和规则。
- 其次，将新建用户（组）相关信息写入到数据存储文件中，数据存储文件总共有 4 个，包括/etc/passwd（用户文件）、etc/group（组文件）以及对应的两个影子文件 /etc/shadow（用户影子文件）和/etc/shadow（组影子文件）。

- 最后，根据/etc/default/useradd 文件信息建立用户家目录，并将/etc/skel 框架目录中
的所有文件复制到新用户家目录中。

useradd 命令的常用选项及其说明如表 6-4 所示。

表 6-4 useradd 命令的常用选项及其说明

选　项	说　明
-c<备注>	指定用户的备注信息。备注参数是一个没有嵌入冒号（:）字符且不能以字符"#、!"结束的字符串
-d<目录>	指定用户的家目录
-e<有效期限>	指定用户账户将被禁用的日期，日期以 YYYY-MM-DD 格式指定
-f<缓冲天数>	密码过期后，到彻底禁用之前的天数。0 为立刻失效，-1 为永远不会失效
-g<用户组>	指定标识用户的主组（primary group），用户组参数必须包含有效的组名并且不能是空值
-G<用户组列表>	指定用户所属的组。用户组列表参数是使用逗号分隔的有效用户组组名
-M	不创建用户的家目录，创建系统用户时一般不需要建立用户家目录
-m	创建用户家目录
-N	不创建以用户名称为名的用户组
-r	创建系统用户账号，系统用户往往被进程使用，一般来说 UID 小于/etc/login.defs 中规定的 UID_MIN（在 CentOS 7 中默认是 1000）
-s<shell>	指定用户登录后所使用的 shell
-u<uid>	指定用户 id，该值必须唯一，不可相同，数值不可为负
-D	只带-D 选项使用时，useradd 将显示当前的默认值。-D 和其他选项配合使用时，useradd 修改创建用户时的一些默认属性

useradd 与-D 选项配合使用的常用选项及其说明如表 6-5 所示。

表 6-5 useradd 与-D 选项配合使用的常用选项及其说明

选　项	说　明
-b<目录>	新用户主目录的路径前缀。如果创建新账户时，没有使用-d 选项指定家目录，将会在该指定的目录中创建和用户同名的家目录名。默认是/home
-e<有效期限>	新用户账户过期日期，日期以 YYYY-MM-DD 格式指定。默认不过期
-f<缓冲天数>	密码过期到被禁用之前的天数。默认禁用该功能
-g<用户组>	当使用了-N 选项或者/etc/login.defs 中的变量 USERGROUPS_ENAB 设置为 no 时，为新用户指定默认主组的组名，给出的组必须存在。默认是 users 用户组（gid 为 100）
-s<shell>	新建用户的登录的默认 shell，默认是 bash

范例 1：添加普通用户 user03，指定 UID 为 1009，用户备注是"张三"，家目录设置在/opt/user03，是 group01、root 用户组成员，shell 是 tcsh，如清单 6-11 所示。
清单 6-11

```
# useradd -u 1009 -c 张三 -d /opt/user03 -G group01,root -s /bin/tcsh user03
```

范例 2：添加普通用户 user04，并且设置这个用户在 2018 年 11 月 04 日之前是

有效的，一旦过了这个日期，便停止其登录，如清单 6-12 所示。

清单 6-12

```
#添加用户 user04，并设置其账户有效期为 2009 年 10 月 04 日
# useradd -e 10/04/2010 user04
#设置用户 user04 密码
# passwd user04
更改用户 user04 的密码。
新的 密码：
重新输入新的 密码：
passwd： 所有的身份验证令牌已经成功更新。
#当您看到这段文字的时，2018 年 10 月 04 号肯定已经过去，所以 user04 用户已经过期了。
```

范例 3：添加系统用户 sysuser01，没有家目录，不能登录 shell，如清单 6-13 所示。

清单 6-13

```
# useradd -M -r -s /bin/nologin -c "系统用户 01" sysuser01
```

范例 4：显示 useradd 命令创建用户时的默认配置，接着将创建用户的默认 shell 设置为 tcsh，如清单 6-14 所示。

清单 6-14

```
#查看用户创建默认配置，也即/etc/default/useradd 文件的内容
# useradd -D
GROUP=100                   #不自动创建用户组时，为用户指定的主组，默认 GID 是 100
HOME=/home                  #默认创建用户的家目录位置，默认是/home
INACTIVE=-1                 #新用户账户过期日期，默认-1 表示不禁用
EXPIRE=                     #密码过期到彻底禁用之前的天数，空值表示未开启该功能
SHELL=/bin/bash             #创建用户登录使用的 shell，默认是 bash
SKEL=/etc/skel              #创建用户家目录时的框架目录，默认是/etc/skel
CREATE_MAIL_SPOOL=yes       #是否创建用户的邮箱文件，默认创建
# 将其中的 shell 选项值修改为/bin/tcsh
# useradd -Ds /bin/tcsh
```

笔记

注意

● useradd -D 显示的事实上就是/etc/default/useradd（用户默认配置文件）的内容。既可以用 useradd -D 修改该配置文件，也可以用 vi 直接编辑修该文件。

● 关于/etc/login.defs（用户定义文件）和/etc/skel 框架目录将在本知识点的第 7 部分"相关配置文件和目录"中详述。

● /etc/passwd（用户文件）、etc/group（组文件）、/etc/shadow（用户密码文件）、/etc/gshadow（组密码文件）文件和/etc/skel 目录将在本任务的知识点 3 中详述。

3. usermod 命令

下面首先介绍 usermod 命令的语法格式，然后用两个范例来进行展示和说明。

命令 usermod

用法：usermod [选项][用户名]

功能：用于修改已有的用户账号信息。usermod 命令的作用是修改用户，而 useradd 的作用是添加用户，本质上都是对用户进行操作，因此 usermod 的大部分选项都和 useradd 类同。

usermod 命令拥有 useradd 命令介绍中的所有选项，除此之外，usermod 命令还有如表 6-6 所示的常用选项。

表 6-6 usermod 命令的常用选项及其说明

选 项	说 明
-l<用户名>	修改用户账号名称，要注意的是，命令并不会同时修改用户的家目录名和邮箱目录名
-L	锁定用户的密码，这会在/etc/shadow 文件中用户加密的密码之前放置一个 "!"，可以快速禁用密码
-U	解锁用户的密码，这将移除加密的密码之前的 "!"
-m	和-d 选项连用将用户家目录移动到新位置，如果用户家目录不存在，则创建

范例 1：修改普通用户 user03 ，将用户注释信息修改为 "tempuser"，UID 为 999，从属用户组 root、sa、tech，其 shell 类型为/sbin/nologin，移动家目录到/project/pa，用户账号过期时间为 2020 年 07 月 12 日，如清单 6-15 所示。

清单 6-15

```
#
# usermod -u 999 -c tempuser -md /project/pa -G root,sa,tech -s /sbin/nologin
-e 2020-07-12 user03
```

范例 2：修改普通用户 user02，将用户名改为 tmpuser02，并且锁定用户密码，如清单 6-16 所示。

清单 6-16

```
#
# usermod -L -l sysuser02 tmpuser02
```

 注意

在用户已经登录的情况下，是无法修改用户的 UID 和账号名称的。

4. userdel 命令

下面首先介绍 userdel 命令的语法格式，然后用两个范例来进行展示和说明。

 命令 userdel

用法：userdel [选项][用户名]
功能：用于删除已有的用户账号以及相关目录。
userdel 命令的常用选项及其说明如表 6-7 所示。

表 6-7 userdel 命令的常用选项及其说明

选 项	说 明
-f	此选项强制删除用户账户，包括仍然在登录状态用户；同时删除用户的家目录和邮箱，即使其他用户也使用同一个主目录或邮箱不属于指定的用户。如果/etc/login.defs 中的 USERGROUPS_ENAB 定义为 yes，并且如果有一个和用户同名的组，也会删除此组，即使它仍然是别的用户的主组。注意：强制删除用户有相当风险，可能会破坏系统的稳定性
-r	用户主目录中的文件将随用户家目录和用户邮箱一起删除

笔 记

范例 1：删除用户 user03，但保留其家目录和邮箱，如清单 6-17 所示。

清单 6-17

```
#删除用户user03，但不删除其家目录、邮箱文件
# userdel user03
#查看用户家目录，存在
# ls -ld /home/user03
drwxr-xr-x 14 501 501 4096 8 月 29 16:33 /home/user03
#查看用户邮箱文件，存在
# ls -l /var/spool/mail/user03
-rw-rw---- 14 501 501 0 8 月 29 16:33 /var/spool/mail/user03
```

范例 2：删除用 user04，同时删除其家目录和邮箱，如清单 6-18 所示。

清单 6-18

```
#删除用户user04，并将其家目录及邮箱文件一并删除
# userdel -r user04
#查看用户家目录，不存在
# ls -ld /home/ user04
ls: /home/user04：没有那个文件或目录
#查看用户邮箱文件，不存在
# ls -l /var/spool/mail/user04
ls: /var/spool/mail/user04：没有那个文件或目录
```

小心

- 不要轻易删除用户，建议使用锁定用户账号的方法来屏蔽用户。
- 如果要删除用户，不要轻易用-r 参数，应先删除用户，确认后再手动删除用户家目录和邮箱文件。
- 尽量不要使用-f 强制删除用户。

5. id 命令

下面首先介绍 id 命令的语法格式，然后用 1 个范例来进行展示和说明。

 命令 id

用法：id [选项][用户名]
功能：显示当前或者指定用户的信息。
id 命令的常用选项及其说明如表 6-8 所示。

表 6-8 id 命令的常用选项及其说明

选 项	说 明
-g	仅显示用户主用户组的 GID
-G	仅显示用户所属用户组的 GID
-u	仅显示用户 UID

范例：显示当前本用户和 user01 用户的信息，如清单 6-19 所示。

清单 6-19

```
#显示本用户信息，无须加任何选项和参数
$ id
uid=1000(stu) gid=1000(stu) 组=1000(stu),0(root) 环境
=unconfined_u:unconfined_r:unconfined_t:s0-s0:c0.c1023
#显示指定用户 user01 信息
```

笔 记

```
$ id user01
uid=1004(user01) gid=1008(user01) 组=1008(user01)
```

id 在显示本用户信息时，默认会显示 4 个字段的内容，在显示指定用户信息时则只显示 3 个字段，具体字段说明如表 6-9 所示。

表 6-9　id 命令输出字段说明

字 段 序 号	说　　　明
1	用户名和其 UID
2	用户的主用户组名和其 GID
3	用户从属的用户组列表
4	用户的安全上下文（security context），仅查看本用户且主机 SELinux 未关闭时会显示此字段

6. passwd 命令

下面首先介绍 passwd 命令的语法格式，然后用 4 个范例进行展示和说明。

 命令 passwd

用法：passwd [选项][用户名]

功能：修改用户密码及密码过期时间等信息。root 用户可以修改任何用户的密码，普通用户只能修改自身的密码。root 用户修改密码时，如不符合系统密码设置规则（密码过弱），则给出警告信息，但密码设置仍然生效。普通用户修改密码时，如果使用弱密码，则给出告警信息，且修改无效。

passwd 命令的常用选项及其说明如表 6-10 所示。

表 6-10　passwd 命令的常用选项及其说明

选　　　项	说　　　明
-k	为密码过期用户延期
-l	锁定用户，使其不能登录（仅 root 用户）
--stdin	从标准输入读取密码字符串
-u	解锁用户（仅 root 用户）
-d	删除用户密码，并设置为空（仅 root 用户）
-e	使用户密码立即过期,将在用户下次登录时强制修改密码（仅 root 用户）
-n	设置用户修改密码的最短间隔天数（仅 root 用户）
-x	设置用户修改密码最长间隔天数（仅 root 用户）
-w	设置用户密码过期前收到警告信息的天数（仅 root 用户）
-i	密码过期多少天后禁用账户（仅 root 用户）
-S	显示用户密码设置状态信息（仅 root 用户）

笔记

范例 1：更改系统用户的密码。如采用简单密码时，passwd 命令会给出警告，如是 root 身份，那么仍会采用该简单密码，如清单 6-20 所示。如是普通用户，那么就会设置失败，如清单 6-21 所示。

清单 6-20

```
#以 root 用户身份修改 stu 用户的密码
# passwd stu
更改用户 stu 的密码。
新的 密码:
无效的密码: 密码少于 8 个字符          #输入弱密码后，会给出提示
```

```
重新输入新的密码:                              #如果忽略该提示,重复输入密码后仍可以设置该
密码
passwd: 所有的身份验证令牌已经成功更新。
```

清单 6-21

```
#stu 修改自身密码
$ passwd
更改用户 stu 的密码。
为 stu 更改 STRESS 密码。
(当前)UNIX 密码:                   #首先要确认原密码
新的 密码:                          #输入弱密码后,会给出提示,该提示不能忽略
无效的密码: 密码少于 8 个字符
新的 密码:
```

范例 2:删除用户 user01 的密码,如清单 6-22 所示。

清单 6-22

```
# passwd -d user01
清除用户的密码 user01。
passwd: 操作成功
# passwd -S user01
user01 NP 2019-02-14 0 99999 7 -1 (密码为空。)
```

范例 3:让用户 user01 密码立即过期,如清单 6-23 所示。user01 在下次登录时,就会被提示要修改密码。

清单 6-23

```
# passwd -d user01
使用户 user01 密码过期。
passwd: 操作成功
# passwd -S user01
user01 NP 1970-01-01 0 99999 7 -1 (密码已设置,使用 SHA512 算法。)
```

范例 4:设置 user01 修改密码的最长间隔天数,如清单 6-24 所示。stu 用户必须在 90 天内更改密码,否则其密码将过期。

笔记

清单 6-24

```
# passwd -x 90 stu
调整用户密码老化数据 stu。
passwd: 操作成功
# passwd -S stu
stu PS 2019-02-14 0 90 7 -1 (密码已设置,使用 SHA512 算法。)
```

7. 相关配置文件和目录

首先配置/etc/default/useradd 文件,该文件是在使用 useradd 添加用户时需要调用的一个默认的配置文件。可以使用 "useradd -D" 命令来修改文件里面的内容,在介绍 useradd 命令时已经进行了详细叙述,在此不再赘述。

其次是配置/etc/login.defs 文件,该文件定义了创建用户时的一些默认值,比如是否创建用户家目录、UID 和 GID 的范围、用户的期限、密码的最大过期天数、密码的最小长度等。该文件可以通过 root 来修改。下面就用系统里的/etc/login.defs 文件来进行一个简单说明,如清单 6-25 所示。

清单 6-25

```
MAIL_DIR     /var/spool/mail   #创建用户时,在目录/var/spool/mail 中创建一个用户
                               mail 文件
```

```
PASS_MAX_DAYS      99999          #密码的最长使用天数
PASS_MIN_DAYS      0              #密码的最短使用天数
PASS_MIN_LEN       5              #密码最短长度
PASS_WARN_AGE      7              #密码过期警告天数

UID_MIN            1000           #创建普通用户最小 UID
UID_MAX            60000          #创建普通用户最大 UID
SYS_UID_MIN        201            #创建系统用户最小 UID
SYS_UID_MAX        999            #创建系统用户最大 UID

GID_MIN            1000           #创建普通用户时，自动创建的主组的最小 GID
GID_MAX            60000          #创建普通用户时，自动创建的主组的最大 GID
SYS_GID_MIN        201            #创建系统用户时，自动创建的主组的最小 GID
SYS_GID_MAX        999            #创建系统用户时，自动创建的主组的最大 GID

CREATE_HOME yes                   #是否创用户家目录

UMASK              077            #创建用户的默认 umask 值（见任务 4 的知识点 6）

USERGROUPS_ENAB yes               #是否允许 userdel 删除用户同时删除其主组，如组中没有其他
                                   用户存在

ENCRYPT_METHOD SHA512             #指定用户密码加密算法
```

笔 记

最后是配置/etc/skel目录，该目录一般是存放新建用户家目录默认文件的框架目录，这个目录是由 root 控制，当用 useradd 命令添加用户时，这个目录下的文件自动复制到新添加的用户的家目录下。默认情况下，/etc/skel目录下的文件有若干隐藏文件，这些文件都是 shell 或者应用程序的配置文件。一个典型的/etc/skel 目录内容如清单 6-26 所示。可通过修改、添加、删除/etc/skel 目录下的文件，来为用户提供一个统一、标准的、默认初始用户环境。

清单 6-26

```
# ls -al /etc/skel/
总用量 24
drwxr-xr-x.   3 root root   78 4月  11 2018 .
drwxr-xr-x. 146 root root 8192 2月  12 19:24 ..
-rw-r--r--.   1 root root   18 4月  11 2018 .bash_logout
-rw-r--r--.   1 root root  193 4月  11 2018 .bash_profile
-rw-r--r--.   1 root root  231 4月  11 2018 .bashrc
drwxr-xr-x.   4 root root   39 11月 21 23:14 .mozilla
```

6.3.2 知识点 2 操纵用户组

1. groupadd 命令

下面首先介绍 groupadd 命令的语法格式，然后用 1 个范例来进行展示和说明。

 命令 groupadd

用法：groupadd [选项][用户组名]
功能：用于新建用户组。
groupadd 命令的常用选项及其说明如表 6-11 所示。

拓展阅读 6-1
用户主组

表 6-11　groupadd 命令的常用选项及其说明

选　项	说　明
-g\<gid>	后面接一个数字，用来给用户组指定一个 GID，该值必须唯一，数值不可为负
-r	建立一个系统用户组

范例：分别添加一个默认普通用户组 group01、默认的系统用户组 sys_group01 和指定 GID 为 3000 的普通用户组 group02，如清单 6-27 所示。

清单 6-27

```
#添加一个默认的普通用户组
# groupadd group01
#添加一个默认的系统用户组，GID 默认小于 1000
# groupadd -r sys_group01
#添加一个 GID 为 3000 的普通用户组
# groupadd -g 3000 group02
```

2. groupdel 命令

下面首先介绍 groupdel 命令的语法格式，然后用 1 个范例来进行展示和说明。

 命令 groupdel

用法：groupdel [选项][用户名]
功能：用于删除已有的用户组，不能删除现有用户的主组（primary group）。

范例：创建两个新的用户组 group1 和 group2，并创建一个新用户 tmpuser，将 group1 作为主组，同时从属于 group2，尝试分别删除 group1 和 group2，如清单 6-28 所示。

清单 6-28

```
# groupadd group1
# groupadd group2
# useradd -g group1 -G group2 tmpuser
# id tmpuser
uid=1005(tmpuser) gid=1009(group1) 组=1009(group1),1010(group2)
#无法删除 group1，因为它是用户 tmpuser 的主组
# groupdel group1
groupdel: 不能移除用户"tmpuser"的主组
#可以删除 group2，它不是任何用户的主组
# groupdel group2
#id tmpuser
uid=1005(tmpuser) gid=1009(group1) 组=1009(group1)
#删除 tmpuser 用户后，方可删除 group1 用户组
# userdel tmpuser
# groupdel group1
```

 小心

在删除用户组的时候需要万分小心，因为这有可能涉及到其他和这个用户组相关的用户，影响到用户的访问权限。

6.3.3　知识点 3 用户和用户组存储文件

在介绍 useradd 命令时已经提到过，添加用户（组）时，命令会将用户（组）数据存储到特定的系统文件中，相关的文件一共有 4 个，包括：

- /etc/passwd 是包含用户的基本信息的文件。
- /etc/shadow 是包含已加密的密码的影子用户文件。
- /etc/group 是包含组的基本信息的文件。
- /etc/gshadow 是包含已加密的组密码的影子组文件。

微课 6-6
用户管理配置
文件

 小心

- 所有这些用户和用户组存储文件都是文本文件，因此，从理论上来说，可以通过直接编辑这 4 个文件来添加或者修改用户（组）。
- 一般不建议通过直接编辑用户（组）存储文件来添加或者修改用户（组），因为不当的编辑可能会造成系统用户管理的混乱。

1. /etc/passwd 文件

/etc/passwd 是系统记录用户的一个文本文件，内容包括系统中用户的一些有用的信息，如用户名、用户 ID、用户主组 ID、家目录、用户 shell 等。

清单 6-29 所示是一个样例 passwd 文件，其中每一行都表示的是系统中一个用户的信息。每行都有 7 个字段，每个字段用冒号（:）分割，在表 6-12 中对这 7 个字段给出了详细说明。

清单 6-29

```
root:x:0:0:root:/root:/bin/bash
bin:x:1:1:bin:/bin:/sbin/nologin
……此处省略若干行
stu:x:1000:1000:Student:/home/stu:/bin/bash
```

表 6-12　/etc/passwd 文件字段说明

字　段	说　明
1	用户名
2	用户密码。该项没有太大作用，一般都显示为"x"字符，用户的实际密码是加密存储在/etc/shadow 文件中的
3	用户 ID，也称为 UID。UID 是用户的标识，因此，每个用户的 UID 一般来说是唯一的。 ● root 的 UID 为固定值 0，系统会把若干靠前（在/etc/login.defs 文件中指定）UID 预留出来，给系统用户使用，普通用户使用其后的 UID ● CentOS 7 中 201～999 的 UID 默认是保留给系统用户使用的
4	用户主用户组的 GID。用户主用户组只有一个，因此这里的 GID 也只有一个，关于 GID 的具体说明见表 6-13
5	用户相关的说明信息，这是可选项，可以不设置
6	用户的家目录所在位置
7	用户登录时所用 shell

2. /etc/group 文件

/etc/group 文件是用户组记录文件，内容包括用户组名、用户组密码、用户组 GID 和用户组所包含的用户。

清单 6-30 所示是一个样例 passwd 文件，其中每一行都表示的是系统中一个用户的信息。每行都有 4 个字段，每个字段用冒号（:）分割，在表 6-13 中对这 4 个字段给出了详细说明。

清单 6-30

```
root:x:0:stu
bin:x:1:
......此处省略若干行
stu01:x:1005:
```

表 6-13　/etc/group 文件字段说明

字　段	说　明
1	用户组名
2	用户组密码。该项没有太大意义，一般都显示为"x"字符，用户组的实际密码是加密存储在 /etc/gshadow 文件中的
3	用户组 ID，也称 GID。和 UID 类似，GID 是确认用户组的标识，因此，每个用户组的 GID 一般来说是唯一的。 ● root 用户组的 GID 为固定值 0，同时系统会把若干靠前（在/etc/login.defs 文件中指定）GID 预留出来，给系统用户使用，普通用户则使用其后的 GID ● 在默认情况下，CentOS 7 中 201～999 的 GID 是保留给系统用户组使用的
4	从属与该用户组的用户列表。每个用户之间用逗号（,）分割。特别要注意的是，本字段为空并不一定表示用户组中没有用户，因为将该用户组作为主组的用户不会出现在该列表中

3. /etc/shadow 文件

/etc/shadow 文件是/etc/passwd 的影子文件，这两个文件是互补的。shadow 内容包括用户及被加密的密码、账户、密码的有效期限等较为敏感的用户信息。这个文件访问权限规定非常严格，如果以普通用户身份查看这个文件时，应该什么也查看不到，提示是权限不够，如清单 6-31 所示。

清单 6-31

```
$ls -l /etc/shadow
---------- 1 root root 1.5K 10 月 16 09:49 /etc/shadow
$ cat /etc/shadow
/etc/shadow: 权限不够
```

清单 6-32 所示是一个样例 shadow 文件，其中每一行都表示系统中一个用户，每一行有 9 个字段，每个字段用冒号（:）分割，在表 6-14 中对这 9 个字段给出了详细说明。

清单 6-32

```
root: $1$VE.Mq2Xf$2c9Qi7EQ9JP8GKF8gH7PB1::0:99999:7:::
bin:*:17632:0:99999:7:::
......此处省略若干行
stu:$6$ace7LJG0$H8IW.ADQvWzcsqT5AuCxaRQpoQMkW/:17941:0:99999:7::18262:
```

表 6-14　/etc/shadow 文件字段说明

字　段	说　明
1	用户名
2	被加密的密码 ● 如果密码包括了一些非法字符，如! 或者*，则表示用户无法使用密码登录（但可以使用其他方法登录） ● 特别地，以叹号开头的密码字段表示用户密码被锁定，该行的剩余字符表示锁定之前的密码

续表

字 段	说 明
3	最近一次更改密码的时间，在本例中表示从 1970 年 1 月 1 日开始的天数 ● 0 有特殊意思，表示用户应该在下次登录系统时更改密码 ● 上面的例子中的 stu 用户，更改密码的时间距 1970 年 1 月 1 日的天数为 17941 天
4	密码的最短使用天数，也即用户一次更改密码之后，要等多少天才再次被允许更改密码。空字段或 0 表示没有最小密码年龄
5	密码的最长使用天数。即用户一次更改密码之后，最长不修改密码的天数 ● 空字段表示没有密码的最长使用天数，字段 6 密码警告天数和字段 7 密码过期缓冲天数也会失效 ● 如果密码的最长使用天数小于密码的最短使用天数，用户将不能更改密码 ● 在本例中都是 99999 天；这个值如果在添加用户时没有指定，则通过/etc/login.defs 来获取默认值
6	密码过期警告天数，也即密码过期之前，提前警告用户的天数（请参考字段 5：密码的最长使用天数） ● 空字段或者 0 表示没有过期警告天数 ● 如果是系统默认值，则在添加用户时由/etc/login.defs 文件定义中获取，默认是 7，表示在用户口令将过期的前 7 天警告用户更改期口令
7	密码过期缓冲天数 ● 密码过期（请参考字段 5：密码的最长使用天数）后，仍然接受此密码的天数（在此期间，用户在登录时会被提醒修改密码） ● 密码到期并且过了这个宽限期之后，使用用户的当前的密码将会不能登录，用户需要联系系统管理员 ● 空字段表示表示禁用这个功能
8	用户账户过期日期。账户过期的日期，本例中表示从 1970 年 1 月 1 日开始的天数 ● 账户过期不同于密码过期。账户过期时，用户将不被允许登录；密码过期时，用户将不被允许使用其密码登录 ● 空字段表示账户永不过期 ● 应该避免使用 0，因为它既能理解成永不过期也能理解成在 1970 年 1 月 1 日过期 ● 在本例中，可以看到 root 用户此字段是空的，用户永久可用；而 stu 用户此字段是 18262，表示在距 1970 年 1 月 1 日后 18262 天后过期，也即 2020 年 1 月 1 日
9	保留字段，此字段保留作将来使用

4. /etc/gshadow 文件

/etc/gshadow 文件是/etc/group 的影子文件，这两个文件是互补的。gshadow 内容包括用户组被加密的密码、用户组管理者等信息。与/etc/shadow 类同，这个文件访问权限规定非常严格，如果以普通用户身份查看这个文件时，应该什么也查看不到，提示是权限不够，如清单 6-33 所示。

清单 6-33

```
$ls -l /etc/gshadow
---------- 1 root root 1.5K 10 月 16 09:49 /etc/gshadow
$ cat /etc/gshadow
/etc/gshadow: 权限不够
```

/etc/gshadow 格式如下，每个用户组独占一行。举例如清单 6-34 所示，其中每一行都表示系统中一个用户组，每一行有 4 个字段，每个字段用冒号（:）分割，在

表 6-15 中对这 4 个字段给出了详细说明。

清单 6-34

```
root:::stu
bin:::
……此处省略若干行
stu01:!::
```

表 6-15 /etc/gshadow 文件字段说明

字　段	说　明
1	用户组名
2	用户组密码。此密码用于不是此组成员的用户获取此组的权限。此字段可以为空，此时，只有组成员可以获取组权限
3	用户组管理员，是一个逗号分隔的用户名列表 ● 管理员可以更改组密码和成员 ● 管理员也有成员一样的权限
4	用户组成员，是一个逗号分隔的用户名列表 ● 成员可以免密码访问组 ● 该列表和/etc/group 中对应用户组的用户名列表必须相同

注意

- 对于初学者来说，很少会遇到要设置用户组密码或者用户组管理员的情况。只有系统中有很多用户和组，同时需要一些关系结构比较复杂的权限模型时，设置用户组密码或者设置组管理员才是有必要的。
- 鉴于篇幅原因，本书中不展开讨论切换用户组、设置组密码和组管理员相关内容。读者可以用 man 命令查看 gpasswd、newgrp 等命令进一步了解这方面的内容。

6.3.4 知识点 4 让渡用户权限

微课 6-7
让渡根用户权限

在本节中，将重点讲解让渡用户身份相关一个命令 sudo，以及与其紧密相关的配置文件/etc/sudoers。

在子任务 1 中提到过，在多人共管主机的情况下，将系统的 root 密码共享的风险很大。sudo 命令给用户提供了一个不需要 root 密码也能执行 root 权限命令的途径：sudo 命令允许指定用户能够在许可范围内以其他用户身份执行指定的命令，所以，通过 sudo 命令根用户可以分配给普通用户一些合理的权限，让他们执行一些只有 root 或其他特许用户才能完成的子任务。

但在进行合理配置前，系统默认仅有 root 可以执行 sudo 命令，普通用户是无法使用 sudo 命令的，事实上，在让渡用户权限操作中，sudo 命令的使用并非重点，重点在于配置/etc/sudoers 文件，这也是下面首先要介绍的内容。

1. /etc/sudoers 文件

下面需要通过修改/etc/sudoers 文件来让别的用户也能够执行 sudo 命令。/etc/sudoers 文件是一个文本文件，可以直接通过 visudo 命令来打开并编辑这个文件。

小心

- /etc/sudoers 文件是文本文件，但由于其内容敏感，所以该文件是只读的。从理论上来说，root 用户可以用文本编辑器直接编辑该文件，但必须保证 sudoers 格式正确，否则 sudo 命令将无法运行。
- visudo 命令会锁住 sudoers 文件，保存修改到临时文件，然后检查文件格式，确保正确后才会覆盖 sudoers 文件。因此，强烈建议使用 visudo 命令而非其他文本编辑器来修改 suders 文件。
- visudo 命令调用系统默认文本编辑器修改/etc/sudoers 文件，在大部分 Linux 发行版本中，默认的编辑器都是 vi。

/etc/sudoers 文件在没有改动的情况下文件大约有 100 多行，其中应该有如清单 6-35 所示的两行，这两行正是 sudoers 文件的核心配置行。

清单 6-35

```
……
root    ALL=(ALL:ALL) ALL
……
%wheel ALL=(ALL)  ALL
……
```

可以将此核心配置行的格式归纳如图 6-2 所示，其中共有 5 个字段，字段的具体说明如表 6-16 所示。

1	2	3	4	5
被授权用户/组	主机 =	(授权用户：组)	是否需要输入密码	命令/别名

图 6-2 sudoers 文件配置行格式图示

表 6-16 /etc/sudoers 文件配置行字段说明

字 段	说　明
1	授权给那些用户或者用户组 ● 不以%号开头的表示"被授权的用户"，如清单中的 root ● 以%号开头的表示"被授权的用户组"，如清单中的%wheel
2	允许登录的主机 ● ALL 表示所有主机，如清单 6-36 中所示 ● 如果该字段不为 ALL，则表示授权用户只能在某些指定的机器上登录本服务器来执行 sudo 命令。这个主机可以是主机名，如 mycomputer.nbcc.cn，或者是一个 IP 地址
3	授予哪些用户或者用户组的权限 ● 冒号前表示用户，冒号后表示用户组 ● 如省略即表示 root:root，也即授予 root 用户和 root 用户组身份执行指定命令的权限 ● ALL 或者 ALL:ALL，即表示授予以任意用户和任意用户组身份执行指定命令的权限，如清单 6-36 所示
4	在执行指定命令时，是否要输入当前用户密码 ● 如省略，即表示要求输入密码，如清单所示 ● 如为"NOPASSWD:"，则表示不需要输入密码
5	授权给用户的命令 ● ALL 表示授权可执行所有命令，如清单 6-36 所示 ● 用逗号分开一系列命令或者命令别名。注意，列表中的命令均使用绝对路径，这是为了避免目录下有同名命令被执行，从而造成安全隐患

范例 1：让普通用户 stu 能够通过 sudo 以 root 身份执行关机命令 shutdown。首先通过 visudo 打开/etc/sudoers 文件，添加相应配置行，如清单 6-36 所示，接着用 stu 用户来验证，如清单 6-37 所示。

清单 6-36

```
#表示 stu 用户可以在任何地方登录，以 root 用户身份执行 shutdown 命令
stuALL=(root)    /sbin/shudown
```

清单 6-37

```
$whoami
stu
#用 stu 以 root 身份执行 shutdown 命令
$ sudo shutdown -h 5
#首次执行会输出如下提示信息
我们信任您已经从系统管理员那里了解了日常注意事项。
总结起来无外乎这三点：

    #1) 尊重别人的隐私。
    #2) 输入前要先考虑(后果和风险)。
    #3) 权力越大，责任越大。

[sudo] stu 的密码：                    #输入 stu 密码，执行关机命令
Shutdown scheduled for 三 2019-02-13 23:53:00 CST, use 'shutdown -c' to cancel.
```

范例 2：让 group_p 用户组能够以 root 用户身份免密码执行基本的软件管理命令（/bin/rpm, /usr/bin/up2date, /usr/bin/yum）。首先通过 visudo 打开/etc/sudoers 文件，添加相应配置行，如清单 6-38 所示；接着用从属于 group_p 用户组的 user01 用户来验证，如清单 6-39 所示。

清单 6-38

```
#构建一个命令列表别名，这个列表里包括了 3 个指定的命令
Cmnd_Alias SOFTWARE = /bin/rpm, /usr/bin/up2date, /usr/bin/yum
#表示 group_p 组中用户可在任何地方登录，以 root 用户身份免密执行 SOFTWARE 命令列表中的
命令
%group_p        ALL=(root)    NOPASSWD: SOFTWARE
```

清单 6-39

```
$id
uid=1003(user01) gid=1003(user01) 组=1003(user01),1009(group_p) 环境
=unconfined_u:unconfined_r:unconfined_t:s0-s0:c0.c1023
#用 user01 以 root 身份执行 rpm 命令，查询名字为 firefox 的软件包是否安装
$ sudo rpm -q firefox
#首次执行会输出如下提示信息
我们信任您已经从系统管理员那里了解了日常注意事项。
总结起来无外乎这三点：

    #1) 尊重别人的隐私。
    #2) 输入前要先考虑(后果和风险)。
    #3) 权力越大，责任越大。
#执行命令输出结果，firefox 的软件包已安装
firefox-52.7.0-1.el7.centos.x86_64
```

注意

- /etc/sudoers 配置中还提供了一些有用的附加功能，例如：
  - ✓ sudo 命令日志，可以记录用户使用 sudo 命令做了些什么。
  - ✓ sudo 配置文件目录/etc/sudoers.d，可以有效管理 sudoers 配置。
  - ✓ sudo 时间戳文件，用于保障 sudo 命令安全性。
- 鉴于篇幅原因，这些功能不能在此一一说明，读者可以用 man 5 sudoers 命令来进一步了解这些内容。

笔记

2. sudo 命令

下面首先介绍 sudo 命令的语法格式，然后用两个范例来进行展示和说明。

 命令 sudo

用法：sudo [选项][命令]

功能：用于将当前用户切换到指定用户或者以指定用户身份执行命令。

sudo 命令的部分常用选项及其说明如表 6-17 所示。

表 6-17 sudo 命令的部分常用选项及其说明

选 项	说 明
-l	显示出用户（执行 sudo 的使用者）被赋予的权限
-u<用户名/UID>	以指定用户身份执行命令，后跟用户名或者用户 UID，如不指定，默认以 root 身份执行命令
-k	sudo 命令使用时间戳文件来保证安全性。当用户执行 sudo 命令并且输入密码后，用户获得了一张默认存活期为 5 分钟的"入场券"（默认值可以在 suders 文件中设定），在 5 分钟内执行该命令无须再次输入用户密码。超时以后，用户必须重新输入密码。本选项用于清除时间戳上的时间，使得用户在下一次执行 sudo 时要再输入密码

范例 1：查看 stu 用户所获得的 sudo 权限，如清单 6-40 所示。

清单 6-40

```
$ sudo -l
[sudo] stu 的密码：
匹配 %2$s 上 %1$s 的默认条目：
#以下显示的时 stu 执行 sudo 的一些环境参数
!visiblepw, always_set_home, match_group_by_gid, env_reset,
env_keep="COLORS DISPLAY HOSTNAME HISTSIZE KDEDIR LS_COLORS",
env_keep+="MAIL PS1 PS2
QTDIR USERNAME LANG LC_ADDRESS LC_CTYPE", env_keep+="LC_COLLATE
LC_IDENTIFICATION LC_MEASUREMENT LC_MESSAGES", env_keep+="LC_MONETARY
LC_NAME
LC_NUMERIC LC_PAPER LC_TELEPHONE", env_keep+="LC_TIME LC_ALL LANGUAGE
LINGUAS _XKB_CHARSET XAUTHORITY",
secure_path=/sbin\:/bin\:/usr/sbin\:/usr/bin
#以下显示的时 stu 可以用 sudo 执行的命令
用户 stu 可以在 localhost 上运行以下命令：
 (root) /sbin/shutdown
```

范例 2：让普通用户 stu 能够通过 sudo 以 user01 身份免密码执行 touch 命令。

首先通过 visudo 打开/etc/sudoers 文件，添加相应配置行，如清单 6-41 所示，接着用 stu 用户来验证，如清单 6-42 所示。

清单 6-41

```
#表示 stu 用户可以在任何地方登录，以 user01 用户身份执行 vim 命令
stu ALL=(user01)      NOPASSWD:/usr/bin/vim
```

清单 6-42

```
$whoami
stu
$ touch ~user01/file01
touch: 无法创建"/home/user01/file01"：权限不够
#用 stu 以 user01 身份在 user01 家目录中 touch 名为 file01 的文件
$ sudo -u user01 touch ~user01/file01
#成功执行
```

6.4 任务小结

在经历了 Linux 用户管理的第一课之后，小 Y 对用户管理应该有了一个大致的了解。现在，小 Y 应该能够：

1. 切换用户身份。
2. 添加、删除和修改用户。
3. 添加、删除和修改用户组。
4. 通过用户和用户组存储文件查看用户和用户组。
5. 让渡用户指定权限给指定用户。

同时，小 Y 应该已经了解以下相关知识和概念：

1. 用户和用户组之间的关系。
2. 用户和用户组的相关操作命令的用法。
3. 用户和用户组存储文件。
4. 用户权限让渡命令和相关配置文件。

任务 **7**
管理硬盘

——井井兮其有理也。

任务场景

　　P 小组的项目版本要进行更迭，需要部署一些测试，但是项目测试服务器主机上的存储空间已经没有了，需要安装新的硬盘。这次组长交代给小 Y 的任务是要为 P 小组的项目测试服务器主机上安装的两块硬盘，按项目组的要求分好区，格式化好，并挂到指定的目录上。

　　除了在安装系统的时候，恶补了一些关于硬盘、分区和文件系统的知识，小 Y 对于硬盘管理的实操经验实在不多，这让他非常担忧，因为操纵主机的硬盘是一件风险相对比较高的事情，搞不好可能会影响整个项目的进度。因此，小 Y 准备向老 L 求助，让老师傅作顾问，在自己拿不准的情况下给点建议，以免闯祸。

　　接下来，就和小 Y 一起，在老 L 的帮助下来完成这个硬盘安装的任务，同时一起来学习和掌握 RHEL/CentOS 中存储管理的相关概念、原理和命令。

PPT
任务 7 管理硬盘

核心素养

7.1 任务介绍

本任务内容及要求如表 7-1 所示。

表 7-1 IT 资源和服务申请表

资源类别 ■存储资源 □网络带宽 □计算资源 □ IT 支持服务 □其他
申请人员/部门:
技术部/N 项目组
实施人员/部门:
IT 支持部/P 项目组
详细规格描述:
A. 为现有内部测试服务器添加一个 1T 的 NVMe[①]固态硬盘，要求：
1. 划分为两个分区；
2. 分区 1 要求划分为交换空间，大小为 4GB；
3. 分区 2 要求采用文件系统，大小为余下所有空间，挂载在/project/bin 下。
B. 为现有内部测试服务器添加一个 4TB 的机械硬盘，要求：
1. 划分为 3 个分区；
2. 分区 1 要求采用 XFS 文件系统，大小为 2TB，挂载在/project/data 下；
3. 分区 2 要求采用 NTFS 文件系统，大小为 1GB，挂载在/project/win 下；
4. 分区 3 要求采用 XFS 文件系统，大小为所有余下的空间，挂载在/project /backup 目录下。
本部门主管： 已批准
IT 部门主管： 已批准

任务清晰明确，一目了然，但万事开头难，首先要了解一些什么，又该从哪里着手做起呢？没关系，先跟着往下做。

7.2 任务实施

7.2.1 子任务 1 创建分区和文件系统

1. 列出硬盘

微课 7-1
列出硬盘

在分区前，需要确认一下新硬盘是否都已正确安装到了主机中，且系统也正常识别、驱动了这些硬盘。可以用 lsblk 命令来进行查看，如清单 7-1 所示。

清单 7-1

```
# lsblk
```

---

① NVMe（Non-Volatile Memory Express，非易失性存储器标准）是使用 PCI-E 通道的 SSD 的一种规范。该标准能有效降低控制器和软件接口部分的延迟，最主要是能让 SSD 走 PCI-E 通道直连 CPU，有效降低数据延迟，大幅提高固态硬盘的 IOPS 性能，还拥有低功耗、驱动适应性广等优点。

```
NAME       MAJ:MIN  RM   SIZE    RO   TYPE   MOUNTPOINT
sda        8:0      0    64G     0    disk
├─sda1     8:1      0    4G      0    part   [SWAP]
└─sda2     8:2      0    60G     0    part   /
sdb        8:16     0    4T      0    disk
sr0        11:0     1    1024M   0    rom
nvme0n1    259:0    0    1T      0    disk
```

lsblk 命令会显示系统里（除了内存虚拟磁盘外的）所有可用块设备的信息，而硬盘和分区正是块设备之一。在输出中除了可以看到两块新硬盘 sdb 和 nvme0n1 外，还可以看到主机中原有硬盘 sda 以及其下的两个分区 sda1、sda2，和主机中的光驱 sr0。在确认硬盘已经被正常驱动后，就可以进行分区了。

2. 为硬盘分区

fdisk 是一个交互式的分区工具，可以按其提示，逐步划分分区。

 小心

> 开始分区之前，需要记住如下一些重要的准则，如果没有遵循，则可能造成严重的后果：
> ✓ 开始之前备份重要的数据。
> ✓ 不要修改在使用的分区。
> ✓ 充分了解所使用的分区工具。
> ✓ 如果犯错，马上停止操作，寻求帮助。

微课 7-2
分区和格式化
硬盘

在命令行中输入"fdisk /dev/ nvme0n1"，即进入 fdisk 对 nvme0n1 进行分区的界面。fdisk 会输出两段提示：

● 第一段说明 fdisk 在写入（保存）前的所有的操作都没有真正实施，所以可以放心分区，小心写入。

● 第二段说明设备中没有分区表，现在创建了 MS-DOS 类型的分区表，最后一行是 fdisk 的命令提示行。

在"："后就可以输入 fdisk 命令进行分区操作了。如果不了解 fdisk 命令，可以输入"m"命令并回车查看帮助，如清单 7-2 所示。

笔 记

清单 7-2

```
欢迎使用 fdisk (util-linux 2.23.2)。

更改将停留在内存中，直到您决定将更改写入磁盘。
使用写入命令前请三思。                       #提示操作并非实时，写入才算数

Device does not contain a recognized partition table #没有发现分区表，也即没分过区
使用磁盘标识符 0xd753dafd 创建新的 DOS 磁盘标签。   #磁盘标识符在 Linux 中无甚意义
                                          #DOS 磁盘标签，表示使用 MS-DOS
                                          #分区类型

命令(输入 m 获取帮助): m                      #列出 fdisk 子命令帮助
命令操作
   a   toggle a bootable flag
   b   edit bsd disklabel
……此处省略若干行
   w   write table to disk and exit
   x   extra functionality (experts only)

命令(输入 m 获取帮助):
```

笔 记

注意

关于 fdisk 命令的用法将在本任务的知识点 2 中详述。

接下来就新建第一个分区。按要求，该分区大小为 4GB，操作如清单 7-3 所示。

清单 7-3

```
命令(输入 m 获取帮助)：n                              #输入 n 新建一个分区
Partition type:
  p  primary (0 primary, 0 extended, 4 free)        #p 表示主分区
  e  extended                                       #e 表示扩展分区
Select (default p)：p                                #这里选择主分区
分区号 (1-4，默认 1)：                                #分区号，回车默认
起始 扇区 (2048-2147483647，默认为 2048)：            #起始扇区，回车默认
将使用默认值 2048
Last 扇区, +扇区 or +size{K,M,G} (2048-2147483647，默认为 2147483647)：+4G
分区 1 已设置为 Linux 类型，大小设为 4 GiB    #结束扇区，用+size 的方式指定为 4GB
```

接下来是第二个分区。按要求，该分区大小为 sdb 余下所有空间，因此操作如
清单 7-4 所示。

清单 7-4

```
命令(输入 m 获取帮助)：n
Partition type:
  p  primary (1 primary, 0 extended, 3 free)
  e  extended
Select (default p)：p
分区号 (2-4，默认 2)：
起始 扇区 (8390656-2147483647，默认为 8390656)：
将使用默认值 8390656
Last 扇区, +扇区 or +size{K,M,G} (8390656-2147483647，默认为 2147483647)：
将使用默认值 2147483647            #结束扇区，回车默认，表示使用余下所有扇区
分区 2 已设置为 Linux 类型，大小设为 1020 GiB
```

将第二个分区划分好，但这并不意味着刚刚这两个分区划分已经写入 nvme0n1
的硬盘分区表了，还需要输入写命令 w，将配置写入分区表，如清单 7-5 所示。如
此时用 q 命令退出，那么刚刚这些划分操作就被丢弃了。

清单 7-5

```
命令(输入 m 获取帮助)：w
The partition table has been altered!

Calling ioctl() to re-read partition table.
正在同步磁盘。
```

至此，就将第 nvme0n1 分好区了，可以来查看一下 nvme0n1，如清单 7-6 所示。

清单 7-6

```
# fdisk -l /dev/nvme0n1

磁盘 /dev/nvme0n1: 1099.5 GB, 1099511627776 字节, 2147483648 个扇区
Units = 扇区 of 1 * 512 = 512 bytes
扇区大小(逻辑/物理): 512 字节 / 512 字节
I/O 大小(最小/最佳): 512 字节 / 512 字节
磁盘标签类型: dos
磁盘标识符: 0x4557eb42
```

```
      设备 Boot      Start        End      Blocks   Id  System
/dev/nvme0n1p1        2048    8390655     4194304   83  Linux
/dev/nvme0n1p2     8390656 2147483647  1069546496   83  Linux
```

注意

- 分区操作并不关心分区到底使用什么文件系统，挂载到哪个目录上，关心的主要参数就是分区大小。
- 列出的分区表的最后一个字段 Id System 表示分区的类型。事实上，它完全不反映分区实际所使用的文件系统和用途，只是一个默认供用户查看的标签，其值默认是 83 和 Linux 而已。在下面的 3 和 4 部分会改动这个标签，让其符合分区实际的文件系统类型。

接下来就要为第二个新硬盘 sdb 进行分区了。同样，使用 fdisk 命令来分区，但回车后，发现 fdisk 给出了一个警告，如清单 7-7 所示。

清单 7-7

```
# fdisk /dev/sdb
欢迎使用 fdisk (util-linux 2.23.2)。

更改将停留在内存中，直到您决定将更改写入磁盘。
使用写入命令前请三思。

Device does not contain a recognized partition table
使用磁盘标识符 0x56ae13e9 创建新的 DOS 磁盘标签。
#警告：这个磁盘的大小是 4.4TB，DOS 类型的分区表无法在 512 字节扇区，
#容量大于 2.2TB 的驱动器上使用
WARNING: The size of this disk is 4.4 TB (4398046511104 bytes).
DOS partition table format can not be used on drives for volumes
larger than (2199023255040 bytes) for 512-byte sectors. Use parted(1) and
GUID
partition table format (GPT).

命令(输入 m 获取帮助)：
```

这是因为 sdb 的容量是 4.4TB，而 fdisk 只能使用 MS-DOS 分区表，只能处理最大 2.2TB 的空间（原因可见本任务的知识点 1），如果非要用 fdisk 来对 sdb 分区，则大约一半的硬盘空间将被浪费，因此，fdisk 建议使用 parted 命令，并采用 GPT 分区表来对 sdb 进行分区。

3. 为大硬盘分区

一般来，系统中都安装了 parted，如果系统中没有这个命令，可以用如清单 7-8 所示的命令进行安装。

清单 7-8

```
# yum -y install parted
```

在命令行中输入"parted /dev/sdb"即进入 parted 对 sdb 设备进行分区的交互界面。提示内容很简单，parted 的版本号 3.1 和设备名/dev/sdb。其后是 parted 的命令提示行，此处即可输入 parted 的命令了。输入 help 命令并回车以查看帮助文档，如清单 7-9 所示。

清单 7-9

```
# parted /dev/sdc
GNU Parted 3.1
使用 /dev/sdc
Welcome to GNU Parted! Type 'help' to view a list of commands.
```

微课 7-3
用 parted 进行
分区

```
(parted) help
align-check TYPE N                           check partition N for
                                             TYPE(min|opt) alignment
help [COMMAND]                               print general help, or
                                             help on COMMAND
mklabel,mktable LABEL-TYPE                    create a new disklabel
                                             (partition table)
mkpart PART-TYPE [FS-TYPE] START END          make a partition
......此处省略若干行
unit UNIT                                     set the default unit to UNIT
version                                       display the version number and
                                             copyright information of GNU Parted
(parted)
```

 注意

关于 parted 命令的用法将在本任务的知识点 3 中详述。

笔记

parted 和 fdisk 一样，有一个与用户交互的界面，可以通过交互的方式来划分分区，但 parted 还可以通过非交互的方式来划分分区。出于效率、灵活和实用角度考虑，更加倾向于使用非交互的方式。

 小心

parted 中所有的操作命令都是实时写入硬盘分区表的，因此 parted 的每一步操作都是不可撤销的，一定要谨慎使用。

硬盘/dev/sdb 中没有分区表，与 fdisk 会自动建立 MS-DOS 分区表不一样，parted 需要手动新建分区表。要为/dev/sdb 建立 GPT 分区表，可使用 parted 的 mklabel 命令来实现这一点，如清单 7-10 所示。

清单 7-10

```
#parted /dev/sdb mklabel gpt
信息: You may need to update /etc/fstab.
```

 注意

- parted 能够使用包括 MS-DOS 和 GPT 在内的多种类型的分区表，因此用户需要在分区前决定硬盘使用哪种分区类型，并建立相应的分区表。
- fdisk 初始默认使用 MS-DOS 分区表。

 小心

mklabel 会改变分区表类型，将导致硬盘上原来的所有数据丢失。该操作无法撤销，一定要谨慎使用。

接下来就可以用 parted 的 mkpart 操作命令划分第一个分区了，如清单 7-11 所示。注意 mkpart 所带的以下几个参数。

- disk_pa：给 GPT 分区起的名字。这个参数对于 GPT 分区来说是必需的。
- 0%和 25%：分区的起始位置和结束位置，表示将前 25%的空间划分给本分区，这里也可以用数字加上单位（KB、MB、GB 等）来表示，但建议用百分比来表示，可以避免出现"分区对齐"的问题。这两个参数是必须有的。

笔 记

清单 7-11

```
#parted /dev/sdb mkpart disk pa xfs 0% 25%
信息: You may need to update /etc/fstab.
```

在完成分区后可以用 parted 的 print 操作命令来查看刚刚划分的分区，如清单 7-12 所示。

清单 7-12

```
# parted /dev/sdb print
Model: ATA VMware Virtual S (scsi)
Disk /dev/sdb: 4398GB
Sector size (logical/physical): 512B/512B
Partition Table: gpt
Disk Flags:

Number  Start    End     Size    File system   Name      标志
 1      1049kB  1100GB  1100GB                 disk_pa
```

最后用 parted 的 mkpart 将 sdb 中余下的两个分区都划分好，并用 print 查看，如清单 7-13 所示。

清单 7-13

```
# parted /dev/sdb mkpart disk_win 25% 50%
信息: You may need to update /etc/fstab.
# parted /dev/sdb mkpart disk_bak 50% 100%
信息: You may need to update /etc/fstab.
# parted /dev/sdb print
Model: ATA VMware Virtual S (scsi)
Disk /dev/sdb: 4398GB
Sector size (logical/physical): 512B/512B
Partition Table: gpt
Disk Flags:

Number  Start    End     Size    File system   Name       标志
 1      1049kB  1100GB  1100GB                 disk_pa
 2      1100GB  2199GB  1100GB                 disk_win
 3      2199GB  4398GB  2199GB                 disk_bak
```

至此，已将两个新添加的硬盘分区都划分好了，接下来就要为划分的分区创建文件系统了，也即所谓的格式化分区。

4. 创建文件系统

在 Linux 中创建文件系统很方便，只需要记住 mkfs 和 mkswap 两个命令即可。

第一个命令 mkswap，顾名思义，就是专门用来创建交换分区文件系统的。

 命令 mkswap

微课 7-4
创建文件系统

用法：mkswap[选项]... 分区名..
功能：创建交换文件系统。

接下来，先格式化/dev/nvme0n1 上的第一个分区 nvme0n1p1。该分区将被用作交换分区，因此要用 mkswap 来建立文件系统，如清单 7-14 所示。

清单 7-14

```
# mkswap /dev/nvme0n1p1
```

笔记

```
正在设置交换空间版本 1，大小 = 4194300 KiB
无标签，UUID=54df96f7-6e9b-4cda-abf0-084e136a10d5
```

第二个命令 mkfs，是 make file system 的缩写，顾名思义，就是创建文件系统。事实上，mkfs 是通过调用其他一系列命令来实现创建不同文件系统的功能的，可以在键入 mkfs 后连按两次<Tab>键来查看 mkfs 能够调用的命令。mkfs 会根据指定的文件系统类型来选择要调用的命令，如清单 7-15 所示。

清单 7-15

```
# mkfs                #在 mkfs 后连按两次 tab 键，可以查看 mkfs 可以调用的命令
mkfs          mkfs.cramfs   mkfs.ext3     mkfs.fat      mkfs.msdos    mkfs.xfs
mkfs.btrfs    mkfs.ext2     mkfs.ext4     mkfs.minix    mkfs.vfat
```

 命令 mkfs

用法：mkfs[选项]... 分区名..

功能：创建文件系统。

mkfs 命令的常用选项及其说明如表 7-2 所示。

表 7-2　mkfs 命令的常用选项及其说明

选　　项	说　　明
-t <文件系统类型>	指定分区文件系统类型，mkfs 默认支持的类型有 Ext2、Ext3、Ext4、MS-DOS、VFAT 等
下面这些选项只有在创建 Ext 系列或 XFS 文件系统时才能使用	
-L	指定文件系统标签
-b	指定文件系统数据 block 的大小
-i	为多少字节容量分配一个 inode

先用 mkfs 来为/dev/ nvme0n1 上的第二个分区 nvme0n1p2 建立文件系统。该分区要求采用 XFS 文件系统，因此用-t xfs 指定要建立的文件系统类型，此外，还用-L disk_prj 为分区指定了一个易读的标签（label），如清单 7-16 所示。

清单 7-16

```
# mkfs -t xfs -L disk_prj /dev/nvme0n1p2        #mkfs 在这里调用了 mkfs.xfs
meta-data=/dev/nvme0n1p2      isize=512    agcount=4, agsize=66846656 blks
         =                    sectsz=512   attr=2, projid32bit=1
         =                    crc=1        finobt=0, sparse=0
data     =                    bsize=4096   blocks=267386624, imaxpct=25
         =                    sunit=0      swidth=0 blks
naming   =version 2           bsize=4096   ascii-ci=0 ftype=1
log      =internal log        bsize=4096   blocks=130559, version=2
         =                    sectsz=512   sunit=0 blks, lazy-count=1
realtime =none                extsz=4096   blocks=0, rtextents=0
```

可以看到，命令输出很多的信息，均为 XFS 文件系统的参数，这些参数并未在命令中指定，而是命令使用默认值来指定。接下来用同样的方式来为/dev/sdb 上的两个要求使用 XFS 的分区建好文件系统，如清单 7-17 所示。

清单 7-17

```
# mkfs -t xfs -L disk_pa /dev/sdb1
# mkfs -t xfs -L disk_bak /dev/sdb3
```

最后，还需要一个特殊的分区：要求使用 NTFS 文件系统/dev/sdb2。NSFS 是 MS Windows NT 系列（包括当前 Windows 10）所采用的主流文件系统，但 CentOS/RHEL 目前官方并不支持 NTFS 文件系统（版权原因）。这个问题很容易解决，只需要安装两个 RHEL 附加软件仓库中的软件包 ntfs-3g 和 ntfsprogs 就可以让系统支持 NTFS 的创建和读写了，如清单 7-18 所示。

清单 7-18

```
#yum install -y epel-release    #安装 RHEL/CentOS 附加软件仓库 EPEL，下面两个
                                  软件含在该仓库中
#yum install -y ntfs-3g         #安装 ntfs-3g 以支持读写 ntfs 文件系统
#yum install -y ntfsprogs       #安装 ntfsprogs 以支持创建 ntfs 文件系统
```

 注意

ntfs-3g 和 ntfsprogs 都是由 Tuxera 公司开发并维护的开源项目，目的是为非 Windows 操作系统，如 Linux、Android、Mac OS X、FreeBSD 等提供读写和管理 NTFS 文件系统的驱动程序和实用工具。

安装完成后，就可以为 sdb2 建立 NTFS 文件系统了，用-t ntfs 指定要建立的文件系统类型，如清单 7-19 所示。

清单 7-19

```
#mkfs -t ntfs /dev/sdb2
Cluster size has been automatically set to 4096 bytes.
Initializing device with zeroes: 100% - Done.
Creating NTFS volume structures.
mkntfs completed successfully. Have a nice day.
```

 小心

用 ntfsprogs 操作 NTFS 分区要小心，因为这毕竟不是微软的官方驱动，可能会对文件系统甚至硬盘造成损害。

最后，用 parted 的 print 命令列出/dev/nvme0n1 和/dev/sdb 这两个硬盘的分区表，再次对照任务要求是完全符合的，如清单 7-20 所示。至此，就完成了任务中的硬盘分区和创建文件系统的任务。

清单 7-20

```
# parted /dev/nvme0n1 print
Model: NVMe Device (nvme)                    nvme0p1
Disk /dev/nvme0n1: 1100GB
Sector size (logical/physical): 512B/512B
Partition Table: msdos
Disk Flags:

Number  Start    End      Size     Type     File system     标志
1       1049kB   4296MB   4295MB   primary  linux-swap(v1)
2       4296MB   1100GB   1095GB   primary  xfs

# parted /dev/sdb print
Model: ATA VMware Virtual S (scsi)           sdb
Disk /dev/sdb: 4398GB
Sector size (logical/physical): 512B/512B
```

笔记

```
Partition Table: gpt
Disk Flags:

Number  Start    End      Size     File system  Name       标志
1       1049kB   1100GB   1100GB   xfs          disk_pa
2       1100GB   2199GB   1100GB   ntfs         disk_win
3       2199GB   4398GB   2199GB   xfs          disk_bak
```

但是此时，分区仍然无法被访问到，这是因为这些分区还没有访问的"入口"，还需要将分区"挂"到系统的文件树上。

7.2.2 子任务 2 挂载和卸载文件系统

1. 手动挂载/卸载文件系统

微课 7-5
手动挂载和卸载
文件系统

在"任务 4 管理文件"中提到过，Linux 中的文件系统都是树结构的，所有的文件系统结合起来就形成一个大的目录树，任何一个文件系统要能够被用户访问，都必须通过"挂"到目录树上的某个目录来实现，这个目录就是访问该文件系统的入口。此操作即为文件系统的"挂载"，此目录即为"挂载点"，解除文件系统与这个目录关联的过程称为"卸载"。

例如，系统目录树的"根"就是根目录"/"，根分区的文件系统在开机的时候就会被自动挂载在根目录上。

 注意

尽管挂载过程会实际挂载的是某个设备（或其他资源）上的文件系统，通常简单地将其称为"挂载某设备"。

接下来就将所有在子任务 1 中创建好的分区，按要求挂载到相应的目录上去。首先要挂载的是/dev/nvme0n1 中的分区。由于/dev/nvme0n1p1 分区用作交互分区，无须挂载（但需要启用，稍后会进行操作），所以只要将/dev/nvme0n1p2 挂载到任务要求的目录上即可。

使用的挂载命令为 mount，选项-t 用于指定挂载的文件系统类型（XFS），两个参数分别制定要挂载的设备（/dev/nvme01p2）和挂载点（/project/bin）。在挂载之后，用 df 命令来查看系统中所有已经挂载的文件系统的情况，发现 nvme01p2 已存在，如清单 7-21 所示。

笔 记

清单 7-21

```
# mkdir -p /project/bin  #创建挂载点目录
# mount -t xfs /dev/nvme0n1p2 /project/bin
# df
文件系统             1K-块          已用      可用        已用%    挂载点
/dev/sda2           62882820      4387056  58495764    7%      /
devtmpfs            999108        0        999108      0%      /dev
tmpfs               1015072       0        1015072     0%      /dev/shm
tmpfs               1015072       10548    1004524     2%      /run
tmpfs               1015072       0        1015072     0%      /sys/fs/cgroup
tmpfs               203016        60       202956      1%      /run/user/1000
/dev/nvme0n1p2      1069024260    32944    1068991316  1%      /project/bin
```

注意

- 事实上，mount 命令会自动检测挂载的文件系统的类型，无须用-t 选项，但为了表示清晰，建议尽量使用-t 选项显式指定文件系统类型。
- 如果挂载点目录已包含文件或子目录，挂载了某个文件系统后，它们不会丢失，但会被暂时屏蔽，只有卸载该文件系统后才可见，因此建议将挂载点设为空目录。
- 不要重复挂载分区。

接下来，就用同样的方法，将/dev/sdb 中的所有分区挂载好，再次用 df 查看挂载情况，如清单 7-22 所示。

清单 7-22

```
# mkdir /project/data                          #创建挂载点目录
# mkdir /project/win
# mkdir /project/backup
# mount -t xfs /dev/sdb1 /project/data         #挂载/dev/sdb1
# mount -t ntfs /dev/sdb2 /project/backup      #挂载/dev/sdb2
# mount -t xfs /dev/sdb3 /project/win          #挂载/dev/sdb3
# df
文件系统            1K-块         已用      可用 已用%    挂载点
/dev/sda2         62882820     4387068  58495752   7%   /
devtmpfs           999108           0    999108    0%   /dev
tmpfs             1015072           0   1015072    0%   /dev/shm
tmpfs             1015072       10552   1004520    2%   /run
tmpfs             1015072           0   1015072    0%   /sys/fs/cgroup
tmpfs              203016          60    202956    1%   /run/user/1000
/dev/nvme0n1p2  1069024260       33008 1068991252  1%   /project/bin
/dev/sdb1       1073216516       32944 1073183572  1%   /project/data
/dev/sdb2       1073741820       98752 1073643068  1%   /project/backup
/dev/sdb3       2146434052       32944 2146401108  1%   /project/win
```

对照任务要求，此时发现将/dev/sdb2 和/dev/sdb3 挂载错了目录，sdb3 应挂载到/project/backup 目录上。sdb2 则应挂载到/project/win 目录上，因此需要重新将它们挂载到正确的地方。首先需要将其先卸载，卸载使用 umount 命令，既可以通过指定设备来卸载，也可以通过指定挂载点来卸载，如清单 7-23 所示。

清单 7-23

```
#umount /dev/sdb2                   #通过指定设备来卸载/dev/sdb2
#umount /project/win               #通过指定挂载点来卸载/dev/sdb3
# mount -t ntfs /dev/sdb2 /project/win    #重新正确挂载
# mount -t xfs /dev/sdb3 /project/backup
```

最后，来处理交换分区/dev/nvme0n1p1。交换分区无须并且不能挂载到目录树中，但交换分区可以启用或者停用。用 swapon/swapoff 命令来启用/停用交换分区。先用 swapon -s 来查看当前启用的交换分区，是/dev/sda1，大小 4GB 左右，然后用 swapon 启用/dev/nvme0n1p1，最后再次查看以确认交换分区已成功启用，如清单 7-24 所示。

清单 7-24

```
# swapon -s
文件名                类型            大小       已用      权限
/dev/sda1            partition      4194300   102400    -1
# swapon /dev/nvme0n1p1
# swapon -s
文件名                类型            大小       已用      权限
/dev/sda1            partition      4194300   102400    -1
/dev/nvme0n1p1       partition      4194300   0         -2
```

笔 记

此时，就像任务中所要求的将所有的文件系统都挂载（启用）好了。但另外一个问题出现了：这样的挂载不是永久的，而是一次性的，如果重启系统，本次所做的操作都将是无用功。因此，需要一个一劳永逸挂载文件系统的办法，这个办法就是让系统在启动的时候将这些分区都自动挂载好。

2. 配置开机自动挂载文件系统

在启动时系统会根据/etc/fstab（file system table）文件的配置来挂载分区的，因此可以通过编辑这个文件的内容来实现分区的自动挂载。用 vim 打开这个 fstab 文件，如清单 7-25 所示。这里先做一个大致的了解，然后再添加配置。

微课 7-6
开机自动挂载
文件系统

清单 7-25

```
#
# /etc/fstab
# Created by anaconda on Wed Nov 21 23:14:08 2018
#
# Accessible filesystems, by reference, are maintained under '/dev/disk'
# See man pages fstab(5), findfs(8), mount(8) and/or blkid(8) for more info
#                        1        2      3        4          5 6
UUID=d1094133-9bc8-4168-88a5-b351c486623d  /     xfs    defaults    0 0
UUID=801a1967-5754-499e-a24c-3e483a3c055c  swap  swap   defaults    0 0
```

当前文件的有效内容只有两行（#开头的是注释），分别代表开机时挂载（启用）的两个分区：/dev/sda1（交换分区）和/dev/sda2（根分区）。每行都有 6 个字段，其具体意义如表 7-3 所示。

表 7-3　/etc/fstab 文件字段说明

字 段	说 明
1	指定要挂载的设备，可以通过以下 4 种方式指定。 ● 设备名：/dev 目录下的设备文件名，如/dev/sda2 ● 设备标签：设备预设的一个易读标签，如 LABEL_disk_prj ● 设备 UUID：设备的全局唯一标识符，由系统通过算法生成，保证了全局的唯一性，也即任意一个设备的 UUID 都不同 ● 分区 UUID 或者分区标签：这种指定方式只有 GPT 分区形式才支持，如 PARTUUID="07220a37-50fb-47fa-803c-9ce648d6aa92"或者 PARTLABEL="primary"
2	指定了挂载设备的目录。对于交换分区，挂载点为 swap
3	指定该设备上的文件系统类型。常用的文件系统类型有 ext4（RHEL/CentOS 6 默认文件系统）、XFS(RHEL/CentOS 7 默认文件系统)、SWAP（交换分区文件系统）ReiserFS、BTRFS、VFAT、ISO9600（光盘文件系统类型）等
4	指定加载该设备的文件系统时需要使用的特定参数选项,多个参数由逗号分隔开来,常用的选项有： ● rw 和 ro 指定文件系统应以只读还是读写模式挂载 ● noauto 指定此文件系统不应在引导时或在 mount -a 自动挂载 ● user 指定允许非根用户挂载和卸载该文件系统 ● exec 和 noexec 指定是否了允许执行文件系统中的文件。用户挂载的系统默认情况下被设置为 noexec，除非在 user 之后指定了 exec
5	指定 dump 命令是否应对该文件系统（只对 Ext2/3/4 生效）中的文件进行备份。0 表示不备份；1 表示每天备份；2 表示不定期备份
6	指定开机时进行文件系统检查的顺序，根分区这个值可以设为 1，其他文件系统可以设为 2，如果值为 0 或没有设置，fsck 程序装跳过此文件系统的检测

了解上述内容之后，可以开始编辑 fstab 文件，来完成任务的要求。与 fstab 文件中原有的两行配置保持一致，在字段 1 中准备用 UUID（而不是设备文件名或者

设备标签）来指定设备，这也是官方推荐的做法。

 注意

拓展阅读 7-1
检查和修复文件
系统

- UUID 的全称是 Universally Unique IDentifier（全局唯一标识符），系统为每个设备都生成一个唯一的 UUID 值，用于可靠标识该设备。
  - ✓ UUID 是唯一的。不同设备的 UUID 不会相同，分区标签则会重名，会造成系统通过 fstab 自动挂载时，无法正确定位分区。
  - ✓ UUID 是不变的。分区的设备文件名则会发生变化，分区的设备文件名依赖于启动时内核加载的顺序，如设备进行了热插拔，分区文件名就可能会发生变化，这也会造成系统通过 fstab 自动挂载时，无法正确识别分区。

系统提供了 blkid 命令来显示所需要的分区 UUID，blkid 可以显示系统中可用块设备的信息（包括其 UUID），如清单 7-26 所示。

清单 7-26

```
# blkid
/dev/nvme0n1: PTTYPE="dos"
/dev/nvme0n1p1: UUID="54df96f7-6e9b-4cda-abf0-084e136a10d5" TYPE="swap"
/dev/nvme0n1p2: LABEL="disk_prj" UUID="0f4e54ac-a7d0-4766-97bc-734b44672309"
TYPE="xfs"
/dev/sda1: UUID="801a1967-5754-499e-a24c-3e483a3c055c" TYPE="swap"
/dev/sda2: UUID="d1094133-9bc8-4168-88a5-b351c486623d" TYPE="xfs"
/dev/sdb1: LABEL="disk_pa" UUID="3494592f-3ad3-473b-b93c-8d494f807900"
TYPE="xfs" PARTLABEL="disk_pa" PARTUUID="3b411aee-c3ba-4535-9a8d-3b10bc516ef3"
/dev/sdb2: UUID="30B763414F88A700" TYPE="ntfs" PTTYPE="dos" PARTLABEL=
"disk_win" PARTUUID="91a46588-8534-4bc9-a87b-eb1daf85d02b"
/dev/sdb3: LABEL="disk_bak" UUID="3093296b-308d-4708-9d73-c2007b83dab7" TYPE=
"xfs" PARTLABEL="disk_bak" PARTUUID="c0b0e220-0187-41e8-b494-587fce632b44"
```

字段二（挂载目录）和字段三（文件系统类型）则按任务要求填入。字段四、五和六都与原有两个分区保持一致，分别使用默认值 default、0 和 0，如清单 7-27 所示。

清单 7-27

 笔记

```
#
# /etc/fstab
# Created by anaconda on Wed Nov 21 23:14:08 2018
#
# Accessible filesystems, by reference, are maintained under '/dev/disk'
# See man pages fstab(5), findfs(8), mount(8) and/or blkid(8) for more info
#
UUID=d1094133-9bc8-4168-88a5-b351c486623d  /        xfs     defaults 0  0
UUID=801a1967-5754-499e-a24c-3e483a3c055c  swap     swap    defaults 0  0
UUID=54df96f7-6e9b-4cda-abf0-084e136a10d5  swap     swap    defaults 0  0
UUID=0f4e54ac-a7d0-4766-97bc-734b44672309 /project/bin xfs   defaults 0  0
UUID=3494592f-3ad3-473b-b93c-8d494f807900 /project/pa  xfs   defaults 0  0
UUID=30B763414F88A700            /project/win ntfs    defaults 0  0
UUID=3093296b-308d-4708-9d73-c2007b83dab7 /project/backup xfs defaults 0  0
```

 注意

- 关于字段五，一些日志文件系统（比如 ReiserFS 和 XFS）的值为 0，因为这些文件系统的驱动程序（而非 fsck 命令）通常会检查挂载的文件系统，执行文件系统一致性检查并修复。
- 关于字段六，如果并不打算用 dump 来开机备份，就设置为 0。

最后，检查一下/etc/fstab 中的配置是否正确。先用 umount-a 命令，依照文件/etc/mtab（具体见本任务的知识点 5），将所有已经挂载但未在使用的设备都卸载，用 df 命令查看，除了根分区都已经被卸载，如清单 7-28 所示。

清单 7-28

```
# umount -a
umount: /run/user/1000：目标忙。
        (有些情况下通过 lsof(8) 或 fuser(1) 可以
         找到有关使用该设备的进程的有用信息)
umount: /：目标忙。
        (有些情况下通过 lsof(8) 或 fuser(1) 可以
         找到有关使用该设备的进程的有用信息)
umount: /sys/fs/cgroup/systemd：目标忙。
        (有些情况下通过 lsof(8) 或 fuser(1) 可以
         找到有关使用该设备的进程的有用信息)
umount: /sys/fs/cgroup：目标忙。
        (有些情况下通过 lsof(8) 或 fuser(1) 可以
         找到有关使用该设备的进程的有用信息)
umount: /run：目标忙。
        (有些情况下通过 lsof(8) 或 fuser(1) 可以
         找到有关使用该设备的进程的有用信息)
umount: /dev：目标忙。
        (有些情况下通过 lsof(8) 或 fuser(1) 可以
         找到有关使用该设备的进程的有用信息)
# df
文件系统          1K-块        已用       可用 已用%    挂载点
/dev/sda2        62882820     4387604    58495216    7% /
devtmpfs         999108       0          999108      0% /dev
tmpfs            1015072      10556      1004516     2% /run
tmpfs            1015072      0          1015072     0% /sys/fs/cgroup
tmpfs            203016       60         202956      1% /run/user/1000
```

然后用 mount -a 命令，依照配置文件/etc/fstab，将所有未挂载的设备都挂载好，用 df 命令查看，已全部挂载好，如清单 7-29 所示。

清单 7-29

```
# mount -a
# df
文件系统          1K-块        已用       可用 已用%    挂载点
/dev/sda2        62882820     4387324    58495496    7% /
devtmpfs         999108       0          999108      0% /dev
tmpfs            1015072      10552      1004520     2% /run
tmpfs            1015072      0          1015072     0% /sys/fs/cgroup
tmpfs            203016       60         202956      1% /run/user/1000
/dev/sdb1        1073216516   32944      1073183572  1% /project/data
/dev/sdb2        1073741820   98752      1073643068  1% /project/win
/dev/sdb3        2146434052   32944      2146401108  1% /project/backup
/dev/nvme0n1p2   1069024260   33008      1068991252  1% /project/bin
```

至此，就完成了所有的子任务，但这仅仅是最简单的步骤。因此还是建议最好能够对照完成任务的步骤，阅读下面的相关必要知识，理解列出的概念，动手完成其中的样例，才能为进一步掌握存储设备管理的高阶知识和技能打下一个坚实基础。

7.3 必要知识

7.3.1 知识点 1 硬盘、分区和文件系统

1. 块设备文件

在 Linux 中一切皆文件，关于这一点在任务 4 和任务 5 中都反复强调过了，包括设备、设备文件都放在/dev 一级子目录中，存储设备当然也不例外。常见存储设备如硬盘、光驱等一般来说都是块设备（block device），以块（block）的方式存储数据，可以随机访问某个数据块。

可以用 find 命令去查找系统中的块设备文件，如清单 7-30 所示。这些块设备文件允许应用程序通过标准输入/输出和系统调用来访问设备中的数据。

清单 7-30

```
# find /dev -type b -ls
 71478    0 brw-rw----   1 root    disk     8,18 11月 24 12:34 /dev/sdb2
 71477    0 brw-rw----   1 root    disk     8, 17 11月 24 12:34 /dev/sdb1
 10606    0 brw-rw----   1 root    cdrom    11,0 11月 24 00:58 /dev/sr0
  9006    0 brw-rw----   1 root    disk     8,2 11月 24 00:58 /dev/sda2
 11400    0 brw-rw----   1 root    disk     8,1 11月 24 00:58 /dev/sda1
 11397    0 brw-rw----   1 root    disk     8,16 11月 24 12:34 /dev/sdb
 11396    0 brw-rw----   1 root    disk     8,0 11月 24 00:58 /dev/sda
  8880    0 brw-rw----   1 root    disk     259,2 11月 24 00:58 /dev/nvme0n1p2
 11380    0 brw-rw----   1 root    disk     259,1 11月 24 00:58 /dev/nvme0n1p1
 11379    0 brw-rw----   1 root    disk     259,0 11月 24 00:58 /dev/nvme0n1
```

其中的一些设备是主设备（如硬盘），另外一些是次设备（如硬盘上的分区），可以通过 lsblk 命令更加直观地查看到哪些是主设备（disk、ROM），哪些是从属于主设备的次设备（part），如清单 7-31 所示。

清单 7-31

```
# lsblk
NAME          MAJ:MIN  RM  SIZE    RO TYPE MOUNTPOINT
sda           8:0      0   64G     0  disk
├─sda1        8:1      0   4G      0  part [SWAP]
└─sda2        8:2      0   60G     0  part /
sdb           8:16     0   4T      0  disk
├─sdb1        8:17     0   465.7G  0  part
└─sdb2        8:18     0   3.6T    0  part
sdc           8:32     0   4T      0  disk
├─sdc1        8:33     0   1024G   0  part /project/data
├─sdc2        8:34     0   1T      0  part /project/win
└─sdc3        8:35     0   2T      0  part /project/backup
sr0           11:0     1   1024M   0  rom
nvme0n1       259:0    0   1T      0  disk
├─nvme0n1p1   259:1    0   4G      0  part [SWAP]
└─nvme0n1p2   259:2    0   1020G   0  part /project/bin
```

在 Linux 中块设备的命名是有一定规则的，其规则如表 7-4 所示。

表 7-4 Linux 中块设备命名规则

块设备种类	主设备文件名	次设备文件名
SCSI/SATA/USB 接口的硬盘/U 盘	sd[小写字母] 其中，小写字母代表设备编号，如 sda、sdb 等	sd[小写字母] [正整数] 其中，正整数代表分区编号，如 sda1、sdc5 等
NVMe 接口的硬盘	nvme[非负整数]n[正整数] 其中，第 1 个数字代表 nvme 控制器编号，第 2 个数字代表 nvme 命名空间编号，如 nvme0n1、nvme1n1 等	nvme[非负整数]n[正整数]p[正整数] 其中，最后 1 个正整数代表分区编号，如 nvme0n1p1、nvme0n2p3
CD-ROM/DVD-ROM 光驱	sr[非负整数] 如 sr0、sr1 等	N/A
磁带机	st[非负整数] 如 st0、st1 等	N/A

 小心

- 在 Linux 中，硬盘名字并非固定，在出现热插拔某些设备、重启等特殊情况下，其序号是会发生改变的，如原本的 sda 可能会变成 sdb。这是由于 Linux 内核对于物理存储设备到设备文件的映射策略造成的，基本取决于 3 个因素：磁盘驱动程序的加载顺序、主机插槽检测到的顺序和硬盘本身插入顺序。这种改变有时候会让管理员犯一些低级错误，如误删数据，误分区等，因此通过设备文件名操作硬盘之前，一定要确认设备名称。
- 在自动化管理的脚本和配置文件中，如/etc/fstab，绝对不要使用设备文件名来指定存储设备，应该使用设备的 UUID。

笔 记

2. 分区和分区格式

在对硬盘进行分区（partition）前，硬盘是无法用来存储数据的。事实上，对硬盘进行分区的作用就是告诉操作系统硬盘可存储数据的区域，也即每个分区的起始柱面和结束柱面。这些分区信息都包括在一个叫作分区表（partition table）的数据结构中，分区表是一块磁盘中最重要的数据。

在任务实施中用到了 MS-DOS 和 GPT 两种分区格式，这也是实际应用中最常见的两种分区格式。它们的不同主要体现在分区表的不同。

 小心

改变硬盘分区格式将导致硬盘中所有数据的丢失。

- MS-DOS 分区是传统的分区方式，目的是为了兼容 PC 上 BIOS+MBR（main boot record，主引导记录）开机引导方式，因此也往往称为 MBR 分区。该种分区的分区表存储在磁盘的第一个扇区（512 字节）上面，其中 446 字节用于存放引导程序 bootloader，2 字节作为 MBR 的区域标志符，仅仅为分区表保留了 64 字节的存储空间，而每条分区记录数据 16 字节，分区表中总计可存储 4 条分区记录数据，这就导致了 MS-DOS 分区有如下缺陷：

➢ 分区数目有限：主分区（primary）+扩展分区（extended）最多只能有 4 个，如果要使用 4 个以上的分区，就需要用到扩展分区，也即在定义为扩展分区的扇区中再添加一个扩展引导记录（ebr），包括一个分区表，用于记录额外分区（逻辑分区）的分区数据条目。

➢ 不能支持大小超过 2.2TB 的硬盘（确切地说，只能使用其中的 2.2TB 空间，余下的就浪费了）。

➢ 可靠性差，分区表一旦损坏，硬盘数据就将丢失。

➢ 不支持 UEFI[①]技术。

● GPT（GUID partition table，全局唯一标识分区表）是一种全新的分区方式，解决了 MS-DOS 分区的很多缺点。其分区表用了硬盘头上的 34 个 LBA（逻辑块，默认大小为 512 字节）来存储分区表，同时用硬盘尾上的 34 个 LBA 做了一个备份，并带有循环冗余校验码（CRC）以保证分区表完整和正确。其优点有：

➢ 支持超过 2TB 的磁盘（64 位寻址空间）。

支持 128 个分区。

➢ 分区数据健壮，不易损坏。

➢ 支持 UEFI 技术。

注意

- 如果硬件和操作系统允许，强烈推荐使用 GPT 分区格式，而非使用传统的 MS-DOS 格式。
- 当前的主流 Linux 发行版本都支持 GPT 分区格式。
- 在实际应用中，往往使用逻辑卷管理器（LVM）来管理物理分区。

拓展阅读 7-2
应用逻辑卷
管理器

3. 文件系统

当分区完成后，还不能使用硬盘来存储数据，还需要将分区进行格式化，也就是在分区上建立文件系统。文件系统就是操作系统用来组织磁盘上所存储的数据的一种机制，也就是让操作系统知道该以何种形式在分区上读取/存放数据。

到目前为止，Linux 核心可以完整支持数十种文件系统类型，如表7-5 所示。在RHEL/CentOS 7 中默认推荐使用的是 XFS 文件系统。

拓展阅读 7-3
初识 RAID

表 7-5　Linux 所支持的常用文件系统

文件系统	特 点
Minix	最初 Linux 所使用的文件系统，是后面 Ext 系列文件系统的鼻祖
Ext	首个扩展文件系统（Extended FS），在 Minix 集成上扩展了若干功能
Ext2	Linux 中标准的文件系统是后续 Ext3 和 Ext4 文件系统的基础
Ext3	Ext2 的升级版，提供了日志功能
Ext4	Ext3 的改进版，提供更佳的性能和可靠性，还有更为丰富的功能
NTFS	Windows NT/XP/7/8 操作系统采用的文件系统

---

① UEFI（Unified Extensible Firmware Interface，统一的可扩展固件接口）是一种详细描述类型接口的标准。这种接口用于操作系统自动从预启动的操作环境，加载到操作系统上，将替代传统的 BIOS。

续表

文 件 系 统	特 点
VFAT	Windows 95/98 操作系统采用的文件系统
MS-DOS	MS-DOS 文件系统
NFS	网络文件系统，主要用于远程文件共享
ISO9660	大部分光盘所采用的文件系统
ReiserFS	基于平衡树结构的文件系统
HPFS	OS/2 操作系统采用的文件系统
NCPFS	Novell 服务器所采用的文件系统
SMBFS	Samba 的共享文件系统
XFS	由 SGI 开发的先进的日志文件系统，支持超大容量文件，也是目前 RHEL/CentOS 7 默认使用的文件系统
JFS	IBM 的 AIX 使用的日志文件系统

7.3.2 知识点 2 用 fdisk 分区

fdisk 是 Linux 下传统的分区工具，工具老旧，bug 不少，但是简单便利是其优点。fdisk 工具不支持容量在 2TB 以上硬盘。

在本节中，将介绍 fdisk 命令的语法和常用交互子命令，并用若干例子展示 fdisk 命令的具体用法。

 命令 fdisk

用法：fdisk [选项]... 硬盘设备名..
功能：查看/修改磁盘分区表工具
fdisk 命令的常用选项及其说明如表 7-6 所示。

表 7-6 fdisk 命令的常用选项及其说明

选 项	说 明
-l	列出指定的设备的分区表状况

fdisk 命令的常用子命令及其说明如表 7-7 所示。

表 7-7 fdisk 命令的常用子命令及其说明

子 命 令	说 明
a	设置启动分区标识
d	删除一个分区
l	列出所有支持的分区类型的 ID 号
m	帮助命令
n	新增一个分区
p	在屏幕上打印出分区
q	退出，不保存刚刚的操作
w	写入磁盘并退出
t	修改系统分区文件系统标识 ID

笔 记

....

....

....

....

....

....

....

....

....

1. **查看分区**

用 fdisk-l 命令可以查看指定硬盘的基本信息和分区表内容，如果不指定硬盘，则显示系统中所有可用硬盘的基本信息和分区表内容。在实例中用 fdisk-l 查看了 /dev/sdb 这个硬盘，如清单 7-32 所示。

清单 7-32

拓展阅读 7-4
cfdisk 命令

命令的输出可以分为如下 3 部分：

第一部分：硬盘容量、扇区数和扇区容量（512 字节，这是磁盘的最小逻辑和物理单元，也是这个磁盘的读写的最小单元）。

第二部分：磁盘标签类型 dos，表示该硬盘使用 MS-DOS 分区表。

第三部分：硬盘分区表（当然前提是硬盘中存在着分区表，如果不存在，也即硬盘没有分过区，这部分将不会输出），其中有 6 个字段，其意义如表 7-8 所示。

表 7-8   fdisk -l 输出分区表字段释义

字　　段	意　　义
Device	设备文件名
Boot	是否为开机引导分区，该标志通常使标准 DOS PC 主引导记录能够引导该分区，而对于 Linux 的引导程序 GRUB 没有意义
Start,End	分区起始和结束柱面，表示分区的大小
Blocks	分区的块大小，一些磁盘现在可使用更大的扇区来格式化
Id system	分区文件系统类型标识，可以使用它向操作系统表明该分区的目标用途，注意这仅仅是个可修改的标识，不一定是分区的真实文件系统类型

2. **新建分区**

下面用一个典型例子来说明 fdisk 新建分区的用法，硬盘大小为 240GB，要建立的分区如表 7-9 所示。

表 7-9   fdisk 硬盘分区需求示例表

msdos 分区	类　　型	大小/GB
分区 1	主分区	80
分区 2	逻辑分区	100
分区 3	逻辑分区	60

注意

虽然当前版本的 fdisk 也能够操纵 GPT 分区,但一般不建议这么做。

具体操作步骤如清单 7-33 所示。

清单 7-33

```
fdisk /dev/sdb
欢迎使用 fdisk (util-linux 2.23.2)。

更改将停留在内存中,直到您决定将更改写入磁盘。
使用写入命令前请三思。

Device does not contain a recognized partition table
使用磁盘标识符 0x39fac408 创建新的 DOS 磁盘标签。
#新建分区1
命令(输入 m 获取帮助): n
Partition type:
   p   primary (0 primary, 0 extended, 4 free)
   e   extended
Select (default p): p        #选择主分区
分区号 (1-4,默认 1):           #分区号默认为1
起始 扇区 (2048-503316479,默认为 2048):
将使用默认值 2048
Last 扇区,+扇区 or+size{K,M,G}(2048-503316479,默认为 503316479):+80G#大小80GB
分区 1 已设置为 Linux 类型,大小设为 80 GB
#新建扩展分区,需要扩展分区,以便在其中划分逻辑分区
命令(输入 m 获取帮助): n
Partition type:
   p   primary (1 primary, 0 extended, 3 free)
   e   extended
Select (default p): e        #选择扩展分区,
分区号 (2-4,默认 2):           #分区号默认为2
起始 扇区 (167774208-503316479,默认为 167774208):
将使用默认值 167774208
Last 扇区, +扇区 or +size{K,M,G} (167774208-503316479,默认为 503316479):
将使用默认值 503316479
分区 2 已设置为 Extended 类型,大小设为 160 GB
#新建分区2
命令(输入 m 获取帮助): n
Partition type:
   p   primary (1 primary, 1 extended, 2 free)
   l   logical (numbered from 5)
Select (default p):l#系统中扩展分区只能有1个,类型只能选主分区或者逻辑分区了,选
                     择逻辑分区
添加逻辑分区 5          #逻辑分区号默认从5开始,因为1-4是保留给主分区和扩展分区使用的
起始 扇区 (167776256-503316479,默认为 167776256):
将使用默认值 167776256
Last 扇区,+扇区 or+size{K,M,G}(167776256-503316479,默认为 503316479):+100G
分区 5 已设置为 Linux 类型,大小设为 100 GB
#新建分区3
命令(输入 m 获取帮助): n
Partition type:
   p   primary (1 primary, 1 extended, 2 free)
   l   logical (numbered from 5)
Select (default p): l
```

```
添加逻辑分区 6
起始 扇区 (377493504-503316479，默认为 377493504)：
将使用默认值 377493504
Last 扇区, +扇区 or +size{K,M,G} (377493504-503316479，默认为 503316479)：
将使用默认值 503316479
分区 6 已设置为 Linux 类型，大小设为 60 GB
#检查分区表，确认是否正确划分
命令(输入 m 获取帮助)：p

磁盘 /dev/sdb：257.7 GB, 257698037760 字节，503316480 个扇区
Units = 扇区 of 1 * 512 = 512 bytes
扇区大小(逻辑/物理)：512 字节 / 512 字节
I/O 大小(最小/最佳)：512 字节 / 512 字节
磁盘标签类型：dos
磁盘标识符：0x39fac408

   设备 Boot      Start          End          Blocks      Id   System
/dev/sdb1      2048           167774207      83886080     83   Linux
/dev/sdb2      167774208      503316479      167771136    5    Extended
/dev/sdb5      167776256      377491455      104857600    83   Linux
/dev/sdb6      377493504      503316479      62911488     83   Linux
#如正确，用 w 将分区表写入硬盘，如有误则删除之，或者用 q 直接退出放弃所有操作
命令(输入 m 获取帮助)：w
The partition table has been altered!

Calling ioctl() to re-read partition table.
正在同步磁盘。
```

3. 删除分区

下面用一个例子来说明 fdisk 删除分区的用法，也即将在 2 中新建的分区 sdb1 删除，如清单 7-34 所示。

清单 7-34

```
# fdisk /dev/sdb
欢迎使用 fdisk (util-linux 2.23.2)。

更改将停留在内存中，直到您决定将更改写入磁盘。
使用写入命令前请三思。
命令(输入 m 获取帮助)：d        #删除分区
分区号 (1,2,5,6，默认 6)：1      #删除分区 1
分区 1 已删除

命令(输入 m 获取帮助)：p
#检查分区表，确认是否正确删除
磁盘 /dev/sdb：257.7 GB, 257698037760 字节，503316480 个扇区
Units = 扇区 of 1 * 512 = 512 bytes
扇区大小(逻辑/物理)：512 字节 / 512 字节
I/O 大小(最小/最佳)：512 字节 / 512 字节
磁盘标签类型：dos
磁盘标识符：0x39fac408

   设备 Boot      Start          End        Blocks     Id   System
/dev/sdb2      167774208      503316479    167771136   5    Extended
/dev/sdb5      167776256      377491455    104857600   83   Linux
/dev/sdb6      377493504      503316479    62911488    83   Linux
#如正确，用 w 将分区表写入硬盘，如有误则删除之，或者用 q 直接退出放弃所有操作
命令(输入 m 获取帮助)：w
```

笔 记

笔记

```
The partition table has been altered!

Calling ioctl() to re-read partition table.
正在同步磁盘。
```

7.3.3 知识点 3 用 parted 分区

parted 的全称是 GNU parted（partition editor 的缩写），是 Linux 下最常用的创建和编辑硬盘分区表的工具，可以进行创建、删除分区、调整分区大小等操作。

 注意

parted 先前是支持对文件系统进行创建、移动、调整大小、复制等操作的，但在 3.0 版后这些功能被移除了。

在本节中，将介绍 parted 命令的常用交互子命令，并用若干例子展示 parted 命令的具体用法。

命令 parted

用法：parted [选项] [设备 [命令][选项]...]
功能：创建和操纵硬盘分区表的工具，支持包括 MS-DOS 和 GPT 在内的多种分区类型。
parted 命令的常用选项及其说明如表 7-10 所示。

表 7-10 parted 命令的常用选项及其说明

选　项	说　明
-l	列出系统所有设备上的分区信息
-s	从不提示用户

fdisk 命令的常用子命令及其说明如表 7-11 所示。

表 7-11 fdisk 命令的常用子命令及其说明

子　命　令	说　明
help [子命令]	打印（指定子命令）的帮助文档
align-check 类型 分区编号	检查指定分区是否满足分区对齐要求
mklabel 标签类型	创建新的磁盘标签(分区表)，标签可以是 bsd、loop、gpt、mac、msdos、pc98 和 sun 中的一种
mkpart [分区类型][文件系统类型][分区名]起始点 终止点	创建一个新分区。将在 2 中详细介绍
name 分区编号 名称	重命名指定分区。只有 gpt、mac、pc98 类型的分区可用
print [分区编号]	打印分区表，或者指定分区信息。将在 1 中详细介绍
rescue 起始点 终止点	挽救临近"起始点"至"终止点"区域的丢失分区。将在 3 中详细介绍
resize 分区编号 起始点 终止点	改变指定分区的大小
rm 分区编号	删除指定分区。将在 4 中详细介绍
set 分区编号 标志 状态	改变指定分区的标志
select 设备	选择要操作的存储设备
unit 单位	设置显示的容量单位。将在 1 中详细介绍
quit	退出

1. 查看分区

parted 的子命令 print 可以输出指定硬盘的分区情况，相较于 fdisk -l，parted 显示信息更加详细，包含分区类型、分区编号、分区大小，文件系统类型等。在范例中分部指定输出了/dev/nvme0n1 和/dev/sdb 的分区信息，如清单 7-35 所示。

清单 7-35

```
# parted /dev/nvme0n1 print
Model: NVMe Device (nvme)
Disk /dev/nvme0n1: 1100GB
Sector size (logical/physical): 512B/512B
Partition Table: msdos
Disk Flags:
Number  Start    End      Size    Type     File system       标志
 1      1049kB   4296MB   4295MB  primary  linux-swap(v1)
 2      4296MB   1100GB   1095GB  primary  xfs (parted)

# parted /dev/sdc print
Model: ATA Seagate S (scsi)
Disk /dev/sdc: 4398GB
Sector size (logical/physical): 512B/512B
Partition Table: gpt
Disk Flags:

Number  Start    End      Size    File system  Name       标志
 1      1049kB   1100GB   1100GB  xfs          disk_pa
 2      1100GB   2199GB   1100GB  ntfs         disk_win
 3      2199GB   4398GB   2199GB  xfs          disk_bak
```

拓展阅读 7-5
gdisk 命令

硬盘信息输出共有 5 行，其意义如表 7-12 所示。

表 7-12 parted print 输出字段说明

字　　段	说　　明
Model: NVMe Device (nvme)	硬盘的名称（厂商）
Disk /dev/nvme0n1: 1100GB	硬盘的总容量
Sector size (logical/physical): 512B/512B	硬盘的每个逻辑/物理扇区大小
Partition Table: msdos	分区类型，可能的分区类型有 bsd、loop、gpt、mac、msdos、pc98 或者 sun
Disk Flags:	硬盘标志位，表示了硬盘的一些状态

分区信息输出共有 7 个字段，其意义如表 7-13 所示。

表 7-13 parted print 输出字段释说明

字　　段	说　　明
Number	分区编号，即分区设备名中的数字
Start，End	分区起始位置，分区结束位置
Size	分区大小
Type/Name	如果是 MS-DOS 分区，则是分区类型，可能是 primary（主分区）、extended（扩展分区）或者 logical（逻辑分区）之一；如果是 GPT 分区，则是分区名字
File system	文件系统类型，可能是 Ext2、Ext3、Ext4、FAT16、FAT32、HFS、HFS+、HFSX、Linux-swap、NTFS、ReiserFS、UFS、BTRFS 等之一
标志	分区标志，标识了分区的一些状态

2. 新建分区

下面用一个典型例子来说明 parted 新建分区的用法，硬盘大小为 4TB，要建立的分区如表 7-14 所示。

表 7-14　parted 硬盘分区需求范例表

GPT 分区	大　　小
分区 1	500GB
分区 2	3.5TB

因为可以使用命令模式，因此操作步骤非常简单，如清单 7-36 所示。

清单 7-36

```
# parted /dev/sdb mklabel gpt                #为硬盘设置 gpt 标签，建立 gpt 分区表
# parted /dev/sdb mkpart disk_01 0% 500GB    #建立第一个分区
# parted /dev/sdb mkpart disk_02 500GB 100%  #建立第二个分区
```

用 mkpart 建立 GPT 分区时，只有 3 个参数是必须要有的，如表 7-15 所示。

表 7-15　parted 新建分区必要参数

分　区　名	用户为分区指定的名字
分区起始位置/分区结束位置	带大小单位的数字，如 1KB、1MB、1GB；或者百分比，如 5%表示硬盘容量的 5%

注意

在 parted 新建分区时，没有必要指定分区文件系统类型，因为 3.0 版以后，parted 已经没有为分区创建文件系统的功能了。

3. 删除分区

下面用一个例子来说明 parted 删除分区的用法，也即将 2 中新建的分区 2 删除，如清单 7-37 所示。

清单 7-37

```
# parted /dev/sdb rm 2    #删除分区/dev/sdb2
```

小心

● 在用 gpart 的 rm 子命令删除 MS-DOS 分区中的逻辑分区时要特别小心，因为删除序号在前的分区会导致序号在后的所有分区序号的变化，也即分区的设备名会发生改变。例如，硬盘上有 3 个逻辑分区 sdb5、sdb6 和 sdb7，用 rm 命令删除 sdb5 后，sdb6 和 sdb7 的名字就自动变为 sdb5 和 sdb6。

● 千万不要因此犯低级错误，误操作数据或者分区。

7.3.4　知识点 4　用 df 和 du 查看文件系统

作为系统管理员，常常需要关心主机中硬盘存储空间的使用比例，如硬盘存储空间耗尽，可想而知系统一定不能正常工作。在 Linux 中最常用的监视硬盘或者说文件系统空间的两个命令就是 df 和 du。在本节中将介绍这两个命令的语法，并用

若干例子展示其具体用法。

1. **查看文件系统占用空间**

df 是 disk free 的缩写，意即硬盘空余空间。df 命令可以获取硬盘被占用了多少空间、目前还剩下多少空间等信息，也可以显示所有文件系统的索引节点和数据块的使用情况。

 命令 df

用法：df[选项][设备文件名]
功能：显示指定设备上所有使用中文件系统磁盘空间的使用情况，如不指定设备，这显示系统中所有的文件系统。
df 命令的常用选项及其说明如表 7-16 所示。

表 7-16 df 命令的常用选项及其说明

选 项	说 明
-a	显示所有挂载的文件系统的块（1K）使用情况（包括不占用硬盘空间的虚拟文件系统，如/proc 文件系统）
-k	以 KB 为单位显示
-m	以 MB 为单位显示
-h	以易读方式显示大小（如 1KB、234MB、2GB）
-i	显示索引节点（inode）实用情况，而不是块
-t<文件系统类型>	显示各指定类型的文件系统的磁盘空间使用情况
-x	列出不是某一指定类型文件系统的磁盘空间使用情况（与 t 选项相反）
-T	显示文件系统类型

范例 1：用 df 列出系统中文件数据块（block）的使用情况，如清单 7-38 所示。

清单 7-38

```
# df
文件系统              1K-块          已用       可用           已用%    挂载点
/dev/sda2            62882820      4387324   58495496      7%      /
devtmpfs             999108        0         999108        0%      /dev
tmpfs                1015072       10552     1004520       2%      /run
tmpfs                1015072       0         1015072       0%      /sys/fs/cgroup
tmpfs                203016        60        202956        1%      /run/user/1000
/dev/sdb1            1073216516    32944     1073183572    1%      /project/data
/dev/sdb2            1073741820    98752     1073643068    1%      /project/win
/dev/sdb3            2146434052    32944     2146401108    1%      /project/backup
/dev/nvme0n1p2       1069024260    33008     1068991252    1%      /project/bin
```

输出共有 6 个字段。
第一字段：文件系统对应的设备文件的名。
第二字段：分区包含的数据块（1KB）的数目。
第三字段：已用的数据块数目。
第四字段：可用的数据块数目。
第五字段：文件系统块已被使用的比例。
第六字段：文件系统的挂载点。
范例 2：用 df 列出系统中文件索引节点（inode）的使用情况，如清单 7-39 所示。

笔 记

笔 记

清单 7-39

```
#df -i
文件系统            Inode         已用(I)   可用(I)  已用(I)%   挂载点
/dev/sda2         31456768      128660   31328108    1%   /
devtmpfs          249777        449      249328      1%   /dev
tmpfs             253768        1        253767      1%   /dev/shm
tmpfs             253768        1020     252748      1%   /run
tmpfs             253768        16       253752      1%   /sys/fs/cgroup
/dev/nvme0n1p2    534773248     6        534773242   1%   /project/bin
/dev/sdc1         536870400     3        536870397   1%   /project/data
/dev/sdc3         214748224     3        214748221   1%   /project/backup
/dev/sdc2         1073675836    19       1073675817  1%   /project/win
tmpfs             253768        6        253762      1%   /run/user/42
tmpfs             253768        18       253750      1%   /run/user/1000
```

注意

在 Ext 系列文件系统和 XFS 文件系统中：

- 文件的数据是存储在块（block）中的，块是文件读写的最小单位，块的大小常常是 1K、2K 或者 4K（512 字节×2^n）。
- 文件的属性（类型、访问权限、时间戳等）和块指针（指向存储文件数据的块）存储在文件的索引节点（inode）中，每个文件都有一个唯一的索引节点。
- 系统访问文件时需要依据该文件索引节点中的数据块指针来定位文件数据块。
- 一个文件系统可分为两部分，一是数据块（data block），用来放置文件内容、数据的地方；二是索引节点表（inode table），用来放文件的索引节点。这两部分的大小在建立文件系统时就已经确定好了，是不能更改的。
- 数据块或者索引节点的任何一部分消耗殆尽，都会导致系统磁盘空间不足，即使磁盘空间在物理上并未全部耗尽。

范例 3：用 df 的-hT 选项以易读方式列出系统使用中**所有**的文件系统块（block）的使用情况以及文件系统类型，如清单 7-40 所示。

清单 7-40

```
# df -ahT
文件系统          类型          容量      已用    可用    已用%  挂载点
rootfs           -            -        -      -      -    /
sysfs            sysfs        0        0      0      -    /sys
proc             proc         0        0      0      -    /proc
devtmpfs         devtmpfs     976M     0      976M   0%   /dev
securityfs       securityfs   0        0      0      -    /sys/kernel/security
devpts           devpts       0        0      0      -    /dev/pts
tmpfs            tmpfs        992M     0      992M   0%   /dev/shm
......此处省略若干行
/dev/nvme0n1p2   xfs          1020G    33M    1020G  1%   /project/bin
/dev/sdc1        xfs          1.0T     33M    1.0T   1%   /project/data
/dev/sdc3        xfs          2.0T     33M    2.0T   1%   /project/backup
/dev/sdc2        fuseblk      1.0T     97M    1.0T   1%   /project/win
```

注意

- 在使用了-a 选项后，会多出不少文件系统，如 proc、tmpfs、sysfs、devpts 等，这些并不是真正的文件系统，都是 Linux 内核映射到用户空间的虚拟文件系统，它们不和具体的物理设备关联。
- 这些文件系统通常由系统内核或者应用程序动态管理，以达到反映系统运行状况、进行进程间通信、获取临时文件空间等目的，是文件系统中不可或缺的部分。

2. 统计目录所占用空间

du 是 disk usage 的缩写，含义为显示磁盘空间的使用情况，统计目录（或文件）所占磁盘空间的大小。该命令的功能是逐级进入指定目录的每一个子目录并显示该目录占用文件系统数据块（1024B）的情况。若没有给出指定目录，则对当前目录进行统计。

 命令 du

用法：du [选项][文件]

功能：显示指定的文件已使用的硬盘空间大小的总和。这里"已使用的硬盘空间"的意思为指定的文件下的整个文件层次结构所使用的空间大小（使用的硬盘块的数目，块的大小一般是 1KB）。在没有指定文件的情况下，du 报告当前工作目录所使用的硬盘空间。

du 命令的常用选项及其说明如表 7-17 所示。

表 7-17　du 命令的常用选项及其说明

选　　项	说　　　　明
-s	仅显示总计占用的空间
-a	递归地显示指定目录中各文件及子目录中各文件占用的空间
-b	以字节为单位显示占用空间
-h	以易读方式显示占用空间（如 1KB、234MB、2GB）
-k	以 1KB 为单位
-m	以 1MB 为单位
-l	计算所有的文件占用空间，对硬链接文件，则计算多次
-x	跳过在不同文件系统上的目录，不予统计

范例 1：使用 du 命令显示当前目录和下面的一级子目录所占用的硬盘空间大小（单位是块），最下面的 1288 为目录所占用的硬盘空间大小，如清单 7-41 所示。

清单 7-41

```
# du
608     ./test6
308     ./test4
4       ./scf/lib
4       ./scf/service/deploy/product
4       ./scf/service/deploy/info
12      ./scf/service/deploy
16      ./scf/service
4       ./scf/doc
4       ./scf/bin
32      ./scf
8       ./test3
1288    .
```

范例 2：使用 du 命令以易读模式递归显示/usr/share 目录下的所有目录和文件所占用的硬盘空间大小，最下面的 1.3G 为/usr/share 目录所占用的硬盘空间大小，如清单 7-42 所示。

清单 7-42

```
# du -ah /usr/share
20K/usr/share/doc/libgcc-4.8.5/COPYING
28K/usr/share/doc/libgcc-4.8.5/COPYING.LIB
4.0K/usr/share/doc/libgcc-4.8.5/COPYING.RUNTIME
```

笔 记

笔 记

```
36K/usr/share/doc/libgcc-4.8.5/COPYING3
8.0K/usr/share/doc/libgcc-4.8.5/COPYING3.LIB
96K/usr/share/doc/libgcc-4.8.5
……此处省略若干行
4.0K/usr/share/nano/tcl.nanorc
4.0K/usr/share/nano/tex.nanorc
4.0K/usr/share/nano/xml.nanorc
268K/usr/share/nano
1.3G/usr/share
```

7.3.5 知识点 5 用 mount / umount 挂载/卸载文件系统

在 Linux 中，不同分区上的文件系统可通过目录树的挂载点连接，之后再卸载，mount/umount 就是 Linux 用于挂载/卸载文件系统的一对命令。在本节中将介绍这两个命令的语法，并用若干例子展示其具体用法。

 命令 mount

用法：mount [选项] 设备 挂载目录

功能：挂载文件系统。不加选项参数执行 mount 命令会显示目前挂载的文件系统信息。mount 命令的常用选项及其说明如表 7–18 所示。

表 7–18 mount 命令的常用选项及其说明

选　项	说　　明
-t<文件系统类型>	指定挂载/列出分区的文件系统类型。常见的 Linux 默认支持的文件系统类型有 Ext2、Ext3、Ext4、VFAT、ReiserFS、XFS、ISO9660（光盘文件系统类型）、NFS、CIFS、SMBFS（后 3 种为网络文件系统类型）等
-L	利用设备标签（label）来指定要挂载的设备
-l	列出设备标签
-a	依照配置文件 /etc/fstab，将所有尚未挂载的设备都挂载上来
-o	指定挂载时的动作参数

mount-o 选项参数及其说明如表 7–19 所示。

表 7–19 mount 挂载选项参数及其说明

参　数	说　　明
ro, rw	挂载文件系统成为只读（ro）或可擦写（rw）
async, sync	此文件系统是否使用同步写入（sync）或异步（async）的缓存机制，默认为 async
auto, noauto	允许此分区被 mount -a 自动挂载（auto）
dev, nodev	是否允许此分区上可创建设备文件
suid, nosuid	是否允许此分区含有 suid/sgid 的文件格式
exec, noexec	是否允许此分区拥有可运行二进制可执行文件
user, nouser	是否允许普通用户挂载此分区
defaults	默认值为 rw、suid、dev、exec、auto、nouser 和 async
remount	重新挂载

命令 umount

用法：umount [选项] 设备|挂载目录

功能：卸载已经挂载文件系统。

umount 命令的常用选项及其说明如表 7-20 所示。

表 7-20 umount 命令的常用选项及其说明

选　项	说　明
-a	尝试卸载所有在 /etc/mtab 文件中列出的文件系统，但不会卸载 proc 文件系统
-r	如果卸载失败，试图以只读方式进行重新挂载
-t<文件系统类型>	只卸载指定类型的文件系统
-f	强制卸载

1. 列出挂载分区

不带选项和参数执行 mount 命令，可以查看当前系统的所有挂载分区情况（包括系统内核映射到用户空间中的虚拟文件系统），输出有分区的设备名、挂载点、分区类型和挂载参数 4 项内容，如清单 7-43 所示。

清单 7-43

```
# mount
sysfs on /sys type sysfs (rw,nosuid,nodev,noexec,relatime,seclabel)
proc on /proc type proc (rw,nosuid,nodev,noexec,relatime)
devtmpfs on /dev type devtmpfs (rw,nosuid,seclabel,size=999108k,nr_inodes=249777,
mode=755)
securityfs on /sys/kernel/security type securityfs (rw,nosuid,nodev,noexec,
relatime)
tmpfs on /dev/shm type tmpfs (rw,nosuid,nodev,seclabel)
......此处省略若干行
/dev/nvme0n1p2 on /project/bin type xfs(rw,relatime,seclabel,attr2,inode64,
noquota)
/dev/sdc1 on /project/data type xfs(rw,relatime,seclabel,attr2,inode64,
noquota)
/dev/sdc3 on /project/backup type xfs(rw,relatime,seclabel,attr2,inode64,
noquota)
/dev/sdc2 on /project/win type fuseblk (rw,relatime,user_id=0,group_id=0,
allow_other,blksize=4096)
sunrpc on /var/lib/nfs/rpc_pipefs type rpc_pipefs (rw,relatime)
......此处省略若干行
```

 注意

- 在 mount 的显示中，NTFS 类型被识别为 fuseblk（filesystem in userspace blk），表示使用 FUSE（用户空间实现，核心不能识别）文件系统的块设备。
- 这不影响该 NTFS 分区的使用。

如果带上 -t 选项，则可以指定要列出的挂载分区的类型。清单 7-44 列出了所有的 XFS 类型分区。

清单 7-44

```
# mount -t xfs
/dev/sda2 on / type xfs (rw,relatime,seclabel,attr2,inode64,noquota)
```

笔 记

```
/dev/nvme0n1p2 on /project/bin type xfs (rw,relatime,seclabel,attr2,inode64,noquota)
/dev/sdc1 on /project/data type xfs (rw,relatime,seclabel,attr2,inode64,noquota)
/dev/sdc3 on /project/backup type xfs (rw,relatime,seclabel,attr2,inode64,noquota)
```

2. 指定参数挂载

mount 命令可以用-o 选项指定挂载参数，实现不同的挂载模式；如不用-o 选项指定挂载参数，使用的就是默认挂载参数。下面用 3 个范例来展示和说明。

范例 1：指定以只读模式（ro）下挂载设备/dev/nvme0n1p2，如果设备已挂载，则重挂（remount），可以使用逗号分隔多个选项，比如 remount 和 ro，如清单 7-45 所示。

清单 7-45

```
# mount -o remount,ro /dev/nvme0n1p2 /project/bin
```

范例 2：挂载设备/dev/sdd2，普通用户可挂载卸载，但不能创建可执行文件，如清单 7-46 所示。

清单 7-46

```
# mount -t ntfs -o user noexec /dev/sdd2 /mnt/usb
```

范例 3：挂载设备/dev/sdc1，同步存储，不记录访问时间，如清单 7-47 所示。

清单 7-47

```
# mount -o sync noatime /dev/sdc1 /project/data
```

3. 挂载回环设备

回环设备（loop device）是虚拟的块设备，主要目的是让用户可以像访问一般块设备那样访问一个文件。回环设备的路径一般是/dev/loop0、dev/loop 等，其具体个数跟内核的配置有关，RHEL/CentOS 7 中默认最多可有 8 个回环设备。下面就用两个范例来展示和说明。

范例 1：将一个 ISO 光盘镜像文件作为系统一个回环设备进行挂载，如清单 7-48 所示。

清单 7-48

```
#利用 mkisofs 构建一个用于测试的 iso 文件
# mkdir test
# touch test/sample.txt
# mkisofs -o ./test.iso ./test
I: -input-charset not specified, using utf-8 (detected in locale settings)
Total translation table size: 0
Total rockridge attributes bytes: 0
Total directory bytes: 0
Path table size(bytes): 10
#mount ISO 到目录 /mnt
# mount ./test.iso /mnt
mount: /dev/loop0 写保护，将以只读方式挂载
#mount 成功，能看到里面的文件
# ls /mnt
sample.txt
#通过 losetup 命令可以看到占用了 loop0 设备
# losetup -a
/dev/loop0: [2050]:34929622 (/root/test.iso)
#通过 mount 命令可以看到 iso 文件已经挂载，文件系统类型为 iso9660
mount|grep mnt
/root/test.iso on /mnt type iso9660 (ro,relatime)
```

范例 **2**：用回环设备将一个文件模拟成为一个硬盘，如同虚拟机中的虚拟硬盘一样。例如现在需要用到一个 VFAT 的文件系统，但硬盘中没有空余空间了，此时就可以用回环设备来解决这个问题，如清单 7-49 所示。

清单 7-49

```
#用 dd 命令创建一个 256M 的 .img 镜像文件
# dd if=/dev/zero bs=1M count=256 of=./win_disk.img

#在 img 文件中创建 vfat 文件系统
# mkfs -t vfat ./win_disk.img
mkfs.fat 3.0.20 (12 Jun 2013)

#mount 虚拟硬盘
#mount ./win_disk.img /mnt/

#通过 losetup 命令可以看到占用了 loop1 设备
$ losetup -a
/dev/loop0: []: (/home/dev/test.iso)
/dev/loop1: []: (/home/dev/vdisk.img)

#通过 mount 命令可以看到 img 文件已经挂载，文件系统类型为 vfat
# mount|grep mnt
/root/test.iso on /mnt type iso9660 (ro,relatime)
/root/win_disk.img on /mnt type vfat
(rw,relatime,fmask=0022,dmask=0022,codepage=437,iocharset=ascii,
shortname=mixed,errors=remount-ro)
```

4. 绑定挂载

绑定挂载（bind mount）功能非常强大，可以将任何一个挂载点、普通目录或者文件挂载到其他地方。下面用 3 个范例来展示和说明绑定挂载的基本应用。

范例 **1**：最基本的应用，将源目录绑定挂载到目标目录后，可以通过目标目录来访问源目录，如清单 7-50 所示。

清单 7-50

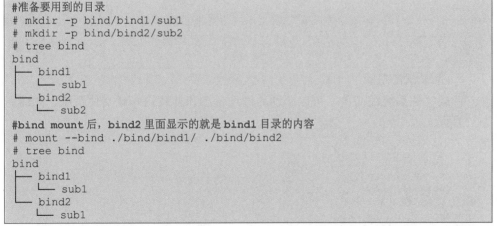

```
#准备要用到的目录
# mkdir -p bind/bind1/sub1
# mkdir -p bind/bind2/sub2
# tree bind
bind
├── bind1
│   └── sub1
└── bind2
    └── sub2
#bind mount 后，bind2 里面显示的就是 bind1 目录的内容
# mount --bind ./bind/bind1/ ./bind/bind2
# tree bind
bind
├── bind1
│   └── sub1
└── bind2
    └── sub1
```

范例 **2**：展示的是只读绑定挂载，将源目录通过只读方式绑定挂载到目标目录上，源目录能够读写，目标目录为只读，如清单 7-51 所示。

清单 7-51

```
#通过 readonly 的方式 bind mount
# mount -o bind,ro ./bind/bind1/ ./bind/bind2
```

笔记

```
# tree bind
bind
├── bind1
│   └── sub1
└── bind2
    └── sub1
#bind2 目录为只读，无法 touch 里面的文件
# touch ./bind/bind2/sub1/aaa
touch: cannot touch './bind/bind2/sub1/aaa': Read-only file system
#bind1 还是能读写
# touch ./bind/bind1/sub1/aaa
#我们可以在 bind1 和 bind2 目录下看到刚创建的文件
# tree bind
bind
├── bind1
│   └── sub1
│       └── aaa
└── bind2
    └── sub1
        └── aaa
```

范例 3：展示 bind mount 单个文件，如清单 7-52 所示。

清单 7-52

```
#创建两个用于测试的文件
# echo aaaaaa > bind/aa
# echo bbbbbb > bind/bb
# cat bind/aa
aaaaaa
# cat bind/bb
bbbbbb
#bind mount 后，bb 里面看到的是 aa 的内容
# mount --bind ./bind/aa bind/bb
# cat bind/bb
aaaaaa
#即使删除 aa 文件，还是能够通过 bb 看到 aa 里面的内容
# rm bind/aa
# cat bind/bb
aaaaaa
#umount bb 文件后，bb 的内容出现了，不过 aa 的内容再也找不到了
# umount bind/bb
# cat bind/bb
bbbbbb
```

5. 卸载文件系统

卸载文件系统很简单，可以分别通过设备名和挂载点卸载文件系统，如清单 7-53 所示。

清单 7-53

```
#通过设备名卸载
# umount -v /dev/sda1
/dev/sda1 umounted
#通过挂载点卸载
# umount -v /mnt/mymount/
/tmp/diskboot.img umounted
```

但在卸载文件系统时，有时会失败，且 umount 会输出错误提示，这表示要卸载文件系统中的文件仍被使用，因此无法卸载该文件系统，如清单 7-54 所示。

清单 7-54

```
# umount /dev/nvme0n1p2
```

```
umount: /project/bin：目标忙。
          (有些情况下通过 lsof(8) 或 fuser(1) 可以
          找到有关使用该设备的进程的有用信息)
```

按 umount 的提示可以使用 lsof 或 fuser 命令确定哪些文件是打开的，或者哪个用户、哪个进程打开了文件，如清单 7-55 所示。

清单 7-55

```
#用 lsof 命令查看是哪个用户和进程打开/dev/nvme0n1p2 的挂载点/project/bin 目录
# lsof /project/bin
lsof: WARNING: can't stat() fuse.gvfsd-fuse file system /run/user/1000/gvfs
      Output information may be incomplete.
COMMAND  PID  USER   FD   TYPE DEVICE   SIZE/OFF NODE   NAME
bash     4308 root   cwd  DIR  259,2    41       64     /project/bin
#用 fuser 命令也可以查看是哪些进程在使用该分区上的文件
# fuser /project/bin
/project/bin:         4308c
#用 fuser 命令也可快速地将这些进程结束
#fuser -k /project/bin
```

 小心

- 在实际生产环境中，谨慎使用 fuser -k 命令，因为可能有其他用户在使用这个文件系统，贸然关闭所有使用该文件系统的进程可能导致其他用户丢失数据。
- 如果非要使用 fuser -k，建议加上-i 选项，这样在结束每个进程之前都会询问。

也可以通过 umount 的-a 选项一次性将未在使用中的所有文件系统都卸载，前面已经在任务 2 中进行过一次（如清单 7-28 所示）。

其原理很简单，即通过系统中的一个配置文件/etc/mtab（如清单 7-56 所示）来实现。

清单 7-56

```
rootfs / rootfs rw 0 0
sysfs /sys sysfs rw,seclabel,nosuid,nodev,noexec,relatime 0 0
proc /proc proc rw,nosuid,nodev,noexec,relatime 0 0
devtmpfs /dev devtmpfs rw,seclabel,nosuid,size=999108k,nr_inodes=249777,
mode=755 0 0
......此处省略若干行
/dev/sdc1 /project/data xfs rw,seclabel,relatime,attr2,inode64,noquota 0 0
/dev/sdc3 /project/backup xfs rw,seclabel,relatime,attr2,inode64,noquota 0 0
/dev/sdc2 /project/win fuseblk rw,relatime,user_id=0,group_id=0,allow_
other,blksize=4096 0 0
......此处省略若干行
/dev/loop0 /mnt iso9660 ro,relatime 0 0
/dev/loop1 /mnt vfat
rw,relatime,fmask=0022,dmask=0022,codepage=437,iocharset=ascii,
shortname=mixed,errors=remount-ro 0 0
```

笔记

这个文件由系统（而非用户）维护，其中总是保持着当前系统中已挂载的分区信息（包括虚拟分区）。每当 mount 挂载分区、umount 卸载分区，都会动态更新 mtab。umount 就读取其中挂载分区信息，尝试一次性将其全部卸载。

注意

fdisk 和 df 这类程序，也都需要读取/etc/mtab 文件，才能得知当前系统中的分区挂载情况。

7.4 任务小结

在完成了本任务之后，小 Y 应对 CentOS 中的硬盘、分区和文件系统有了一些了解。现在，小 Y 应该能够：

1. 为小硬盘（2.2TB 以下）进行分区。
2. 为大硬盘（2.2TB 以上）进行分区。
3. 创建 Linux 中常见的文件系统。
4. 手动挂载/卸载文件系统。
5. 配置开机自动挂载文件系统。

同时，小 Y 应该已经了解如下内容：

1. 磁盘分区类型 GPT 和 MS-DOS。
2. 磁盘分区命令 fdisk 和 parted。
3. 常用磁盘分区文件系统类型。
4. 文件系统创建相关命令。
5. 文件系统挂载和卸载命令。
6. 文件系统自动挂载配置文件。

任务 *8*

管理网络

——为有源头活水来。

任务场景

　　这次交给小 Y 的任务是为研发部 P 小组的 git 代码仓库服务器主机和两台桌面 PC 配置好网络。在大致浏览了任务清单后，小 Y 发现这个任务和以往的有所不同，不仅需要用到 Linux 的知识，还要对计算机网络有一定的了解。好在小 Y 在学校的时候学习过计算机网络技术课程，实操技能掌握得较好，前面各项任务的顺利完成以及帮助文档用得也得心应手，使得他已经积累了一些 Linux 相关资料和实操经验，因此对按时完成这个任务也信心满满。

　　接下来，就和小 Y 一起来完成这个配置网络的任务。任务本身并不难，但这里只是一个引例，关键是能够在完成任务中有所收获，对 Linux 中管理网络有一个较为全面的了解，而这就不是一蹴而就的事情了。

PPT
任务 8　管理网络

核心素养

8.1 任务介绍

任务的需求很明确：要配置一台 git 服务器主机和两台桌面开发 PC，git 服务器是一个仅仅在研发小组内部使用的服务器，而桌面 PC 有两张网卡，一张网卡使用静态地址，用于访问研发部某产品研发 P 小组 git 服务器，另一张网卡的地址由公司 DHCP 服务器分配，用于一般上网。任务网络拓扑如图 8-1 所示。

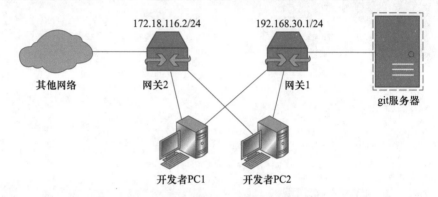

图 8-1 任务网络拓扑示意图

因此，需要准备一个 C 类私有网段 192.168.30.0/24 给某产品研发组使用，git 服务器主机和两台开发 PC 通过网关 1 连接到该网段上，同时让两台开发 PC 还通过网关 2 连接到公司内部网络上，进而初步确定了 git 服务器主机和开发 PC 网络配置如下：

git 服务器主机网络配置如表 8-1 所示。

表 8-1 服务器主机网络配置要求

配置参数	要求
全局参数	主机名：git01.nbmdsdev.cn DNS：N/A
接口 1 参数	IP 地址：192.168.30.3 子网掩码：255.255.255.0 网关：192.168.30.1

PC 配置如表 8-2 所示。

表 8-2 开发 PC 网络配置要求

配置参数	要求
全局参数	主机名：N/A DNS：DHCP 配置
接口 1 参数	IP 地址：192.168.30.10-192.168.30.12 子网掩码：255.255.255.0
接口 2 参数	DHCP 配置

8.2 任务实施

8.2.1 子任务 1 安装和启动 NetworkManager

在 RHEL/CentOS 中配置和管理网络的最佳工具首推 NetworkManager（后面统一简称为 NM）。事实上，红帽（Red Hat）公司开发 NM 的主要目的就是降低在 Linux 与其他类 UNIX 操作系统上的计算机网络管理和使用难度。

 注意

- 在 NM 出现前，系统管理员常使用网络脚本和配置文件来管理和配置网络，其中的网络脚本指的是/etc/init.d/network 以及它调用的一系列其他脚本文件，配置文件则指的主要是/etc/sysconfig/network-scripts/中的 ifcfg 文件以及/etc 下诸如 hosts、hostname、resolv.conf 等文件，这种方法在当前 RHEL/CentOS 发行版本中仍然被保留下来，习惯于使用脚本的管理员仍可继续使用脚本。
- NM 的早期版本在管理和配置网络时并不方便，但经过十多年的发展和完善，目前其已成为一个非常好用且强大的网络管理工具。
- 建议初学者使用 NM 而非网络脚本来管理和配置网络。

NM 并非一个前台应用，而是一个提供动态网络管理和配置服务的后台守护进程。NM 软件包中除了 NM 本身，一般还会包括用户界面工具（如表 8-3 所示）。

表 8-3 NM 用户界面工具

NM 用户界面工具	描述
nmtui	NM 使用带光标的简单文本用户界面（TUI）
nmcli	NM 命令行界面（CLI）
control-center	GNOME 下的 NM 图形用户界面
nm-connection-editor	基于 GTK+ 3 的 NM 图形界面

 注意

所有的 NM 用户界面工具都可以用来与 NM 进行交互，进而管理和配置网络，但作为一名系统管理员，还是建议使用 NM 的命令行界面 nmcli。

首先确认在系统中 NM 是否已经安装并启动。NM 在 CentOS 中一般会默认安装，可以用 yum 命令进行确认，如清单 8-1 所示。

清单 8-1

```
yum -q list NetworkManager
已安装的软件包
NetworkManager.x86_64      1:1.10.2-13.el7      @anaconda
```

如果没有安装，则需要使用 yum 命令进行安装，如清单 8-2 所示。

清单 8-2

```
yum -y install NetworkManager
```

接下来使用 systemctl 命令确定 NM 守护进程是否已经启动，同时确定其是否开机启动，如清单 8-3 所示。

笔 记

清单 8-3

```
#systemctl status NetworkManager                    #确认是否已经启动
NetworkManager.service - Network Manager
   Loaded: loaded (/usr/lib/systemd/system/NetworkManager.service;
enabled; vendor preset: enabled)
   Active: active (running) since 五 2018-11-09 23:14:29 CST; 22h ago
     Docs: man:NetworkManager(8) #出现 Active: active (running)字样表示已启动
 Main PID: 904 (NetworkManager)                     #如出现其他字样, 则表示未启动
   CGroup: /system.slice/NetworkManager.service
           ├─ 904 /usr/sbin/NetworkManager --no-daemon
           └─1051 /sbin/dhclient -d -q -sf /usr/libexec/nm-dhcp-helper -pf
/var/run/dhclient-ens37.pid -lf /var/lib/NetworkManage...
......省略若干行
# systemctl is-enabled NetworkManager      #确认是否开机自启动
enabled                                    #出现 enable 字样表示开机自启动, 否则为非开机自启动
```

如未启动或者未开机自启动, 则用 systemctl 命令让其启动/开机自启动, 如清单 8-4 所示。

清单 8-4

```
# systemctl start NetworkManager           #启动 NM 守护进程
# systemctl enable NetworkManager          #让 NM 守护进程开机自启动
```

此时, 就可以在命令行下使用 nmcli 了。

 注意

> 除了在子任务 2 中使用 nmcli 外, 将在本任务的知识点 1 中详细介绍 nmcli 的用法。

8.2.2　子任务 2 配置服务器的网络

在确认 NM 已经安装启动后, 就可以用它来配置服务器主机的网络了。下面将分 3 步来完成本任务。

1. 查看主机网络接口

微课 8-2
查看主机网络接口

用 nmcli device state 命令来查看主机上所有的接口设备, 确认接口已经被正常驱动。要配置的 git 服务器主机上只有一个网络接口设备 (一张网卡), 因此正常输出应如清单 8-5 所示。

清单 8-5

```
# nmcli device state
DEVICE   TYPE       STATE     CONNECTION
ens33    ethernet   连接的    有线连接 1
lo       loopback   未托管    --
```

注意

- nmcli 的操作对象和操作命令可以用全称也可以用简称, 最少可以只用 1 个字母, 如 nmcli d s 和 nmcli device state 是一样的命令。
- 为了清晰起见, 在本任务中所有 nmcli 的操作对象和操作命令都采用了全称。

命令输出有 3 行, 第一行是状态字段名, 第二、三行都分别描述了一个网络接口设备的状态, 每行都有 4 个字段, 其意义如表 8-4 所示。

表 8-4　nmcli device state 命令字段释义

字　　段	意　　义
DEVICE	接口设备名，例子中是 ens33 和 lo
TYPE	设备类型，例子中是 ethernet，表示以太网接口，loopback 则表示回环接口
STATE	接口状态，可以是连接的、已断开或者未托管
CONNECTION	应用在该接口上的连接名，如接口未应用连接，则显示--字样

第三行输出的是系统中的回环接口（loopback interface）状态，在每个系统中都有这么一个回环接口，对系统运行很重要，但在本任务中并不涉及回环接口，因此可以无视它。

 注意

设备 lo 是回环接口，它并非真正的物理设备，而是一个软件接口。回环接口允许运行在同一台主机上的客户程序和服务器程序通过 TCP/IP 进行通信，大多数系统通常会把地址 127.0.0.1 分配给该接口。

第二行输出就是要配置的网络接口设备状态，设备名为 ens33，设备类型是以太网接口，状态是"连接的"，接口上使用了一个名为"有线连接 1"的连接。

 注意

- 网络接口设备由系统按照一定规则命名，其名字是有意义的，如任务中的 ens33：en 代表以太网（ethernet）接口设备；s 代表 PCIe 插槽（slot），也即该接口设备插在某个 PCIe 插槽中；最后的数字代表插槽索引号。
- RHEL/CentOS 7 中的网络接口设备命名规则与以前的发行版本中有较大的变化，不再是传统的如 eth0、eth1、…这样的命名方式，而是采用了所谓的一致网络设备命名（consistent network device naming），如果希望了解相关内容，建议参考《Red Hat Enterprise Linux 7 联网指南》（在红帽官网 www.redhat.org 上可免费下载）中的第 8 章。

拓展阅读 8-2
Red Hat
Enterprise
Linux 7 联网指南

本例中并未对这个接口设备进行任何配置，但似乎该接口已经可以使用了。用 nmcli dev show ens33 命令来查看这个设备的详细信息，发现这个设备确实已经有了完整可用的网络配置（虽然与任务所要求的并不一样），如清单 8-6 所示。事实上，这个设备的自动配置是 NM 和公司内网的 DHCP 服务器一起完成的。

清单 8-6

```
# nmcli dev show ens33
GENERAL.DEVICE:           ens33
GENERAL.TYPE:             ethernet
GENERAL.HWADDR:           00:0C:29:19:7B:DA
GENERAL.MTU:              1500
GENERAL.STATE:            100 (连接的)
GENERAL.CONNECTION:       有线连接 1
GENERAL.CON-PATH:         /org/freedesktop/NetworkManager/ActiveConnection/1
WIRED-PROPERTIES.CARRIER: 开
IP4.ADDRESS[1]:           172.18.116.128/24                        #ip 地址
IP4.GATEWAY:              172.18.116.2                             #网关
IP4.ROUTE[1]:     dst = 0.0.0.0/0, nh = 192.168.116.2, mt = 100   #路由
IP4.ROUTE[2]:             dst = 172.18.116.0/24, nh = 0.0.0.0, mt = 100
IP4.DNS[1]:               172.18.30.2                              #dns
IP4.DOMAIN[1]:            localdomain                              #域
IP6.ADDRESS[1]:                  fe80::2cba:4ea7:571c:d3b4/64
```

笔 记

笔 记

```
IP6.GATEWAY:                            --
IP6.ROUTE[1]:                           dst = ff00::/8, nh = ::, mt = 256,
table=255
IP6.ROUTE[2]:                           dst = fe80::/64, nh = ::, mt = 256
IP6.ROUTE[3]:                           dst = fe80::/64, nh = ::, mt = 100
```

注意

- 当检测到系统中有新添加的且未配置的网络接口设备时，NM 会创建一个预设的临时连接来为设备提供配置，如在其中所看到的 ens33 的连接"有线连接 1"。
- 预设的临时连接默认会将网络接口配置为使用 DHCP。

用 nmcli connection show "有线连接 1" 命令来查看这个名为 NM 自动为 ens33 建立的临时连接的具体配置详情，注意到其中以 ipv4.method 打头的一行，该行就表示使用 DHCP 来配置接口，如清单 8-7 所示。显然中所示的接口的 IP 地址、网关和 DNS 等配置都是通过 DHCP 从公司 DHCP 服务器获取到的，这与任务要求不同，因此要为接口新建一个符合要求的连接。

清单 8-7

```
# nmcli connection show "有线连接 1"
connection.id:                有线连接 1
connection.uuid:              68ccd285-1b2f-3b1c-ae8e-59b7c9c79eba
connection.stable-id:         --
connection.type:              802-3-ethernet
……此处省略若干行
ipv4.method:                  auto                      #使用 DHCP
……此处省略若干行
IP6.ROUTE[3]:                 dst = fe80::/64, nh = ::, mt = 100
```

2. 为主机接口设置连接

首先用 nmcli connection add 命令添加一个新连接，如清单 8-8 所示。该命令指定了连接的 3 个属性：一是 type，表示连接类型，值是 ethernet，表示添加的接口是以太网接口；二是 con-name，表示连接名字，这里起的名字为 git-server；三是 ifname，表示该连接绑定的接口设备，显然要将其绑定到 ens33 上。

清单 8-8

```
# nmcli connection add type ethernet con-name git-server ifname ens33
连接 "git-server" (0476705c-f077-43f5-939d-680974833715) 已成功添加
```

微课 8-3
为主机接口设置
连接

注意

绑定到指定接口设备上的连接只能用于该接口设备，无法应用到其他的接口设备上。例如任务中的 git-server 连接是绑定在 ens33 上的，所以只能用在 ens33 上。

第二步通过 connection modify git-server 命令来修改 git-server，按照任务中 git 服务器主机的配置要求，总共修改了 3 个属性，如清单 8-9 所示（为了清晰起见，分 3 次来修改连接属性，这原本可以在一条命令内完成）。

清单 8-9

```
#nmcli connection modify git-server ipv4.method manual            #修改连接为静态配置
#nmcli connection modify git-server ipv4.address 192.168.30.3/24  #修改 IP 地址
#nmcli connection modify git-server ipv4.gateway 192.168.30.1     #修改默认网关
```

注意

此处指定的 IP 地址要用一个后缀，比如/24，来指定子网掩码。

第三步用 connection up git-server 命令来启动连接，如清单 8-10 所示。

清单 8-10

```
# nmcli con up git-server
连接已成功激活（D-Bus活动路径: /org/freedesktop/NetworkManager/ActiveConnection/4）
```

并用 nmcli dev show ens33 命令查看这个设备的详细信息来验证配置是否成功，如清单 8-11 所示。

清单 8-11

```
# nmcli dev show ens33
GENERAL.DEVICE:               ens33
GENERAL.TYPE:                 ethernet
GENERAL.HWADDR:               00:0C:29:19:7B:DA
GENERAL.MTU:                  1500
GENERAL.STATE:                100 (连接的)
GENERAL.CONNECTION:           有线连接 1
GENERAL.CON-PATH:             /org/freedesktop/NetworkManager/
                              ActiveConnection/1
                              WIRED-PROPERTIES.CARRIER:      开
IP4.ADDRESS[1]:               192.168.30.3/24
IP4.GATEWAY:                  192.168.30.1
IP4.ROUTE[1]:                 dst = 192.168.30.0/24, nh = 0.0.0.0, mt = 100
IP4.ROUTE[2]:                 dst = 0.0.0.0/0, nh = 192.168.30.1, mt = 100
IP6.ADDRESS[1]:               fe80::2cba:4ea7:571c:d3b4/64
IP6.GATEWAY:                  --
IP6.ROUTE[1]:                 dst = ff00::/8, nh = ::, mt = 256, table=255
IP6.ROUTE[2]:                 dst = fe80::/64, nh = ::, mt = 256
IP6.ROUTE[3]:                 dst = fe80::/64, nh = ::, mt = 100
```

最后用 ping 命令测试一下是否能够连通网关（也即连接 192.168.30.0/24 网段的路由器），如清单 8-12 所示。

清单 8-12

```
# ping -c 4 192.168.30.1                              #ping 了 4 个数据包
PING 192.168.30.1 (192.168.30.1) 56(84) bytes of data.
64 bytes from 192.168.30.1: icmp_seq=1 ttl=128 time=0.392 ms
64 bytes from 192.168.30.1: icmp_seq=2 ttl=128 time=1.02 ms
64 bytes from 192.168.30.1: icmp_seq=3 ttl=128 time=0.288 ms
64 bytes from 192.168.30.1: icmp_seq=4 ttl=128 time=0.564 ms

--- 192.168.30.1 ping statistics ---
4 packets transmitted, 4 received, 0% packet loss, time 3014ms
rtt min/avg/max/mdev = 0.288/0.567/1.026/0.283 ms      #成功 ping 到, 没有丢包
```

如果没有丢包，就表示接口已与指定网关良好连通。

3. 修改主机名

在本任务中，设置主机名很重要。使用主机名而非 IP 地址来连接服务器可以带来两大便利：一是免去了用户记忆 IP 地址；二是如果服务器要修改 IP 地址，不会

笔 记

微课 8-4
修改主机名

笔 记

影响用户的正常使用。

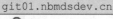
注意

- 如果服务器仅仅在小范围内使用（如任务中仅有本开发组的成员使用这台 git 服务器），最方便的做法是让用户将服务器的主机名写入客户端机器的/etc/hosts 文件（将在本任务知识点 4 中介绍/etc/hosts 文件）中，让客户端在本地解析主机名。
- 如果服务器要在较大范围内使用，那么还是要将主机名提交给主机所在域的 DNS 服务器，让 DNS 来提供主机名解析服务。

修改主机名很简单，可以使用 nmcli general hostname 命令来完成，如清单 8-13 所示。

清单 8-13

```
# nmcli general hostname git01.nbmdsdev.cn #修改主机名为 git01.nbmdsdev.cn
# nmcli general hostname                    #查看主机名
git01.nbmdsdev.cn
```

注意

事实上，该名字最终写入了/etc/hostname 文件中，可以直接去修改这个文件内容以指定主机名。

如果进一步要确保主机中的其他进程和应用程序也意识到主机名发生了变化，可以用 systemctl 命令重启主机名控制守护进程 systemd-hostnamed，如清单 8-14 所示。

清单 8-14

```
#systemctl restart systemd-hostnamed
```

注意

- CentOS 中主机名有 3 种类型：static（静态）、transient（临时）和 pretty（易读）。
  - ✓ static：主机启动时初始的主机名，该主机名保存在 /etc/hostname 文件中，仅可包含-、a～z 以及 0～9 字符，且最大不超过 64 个字符长度，也是通常意义上的主机名。任务中用 nmcli 命令修改的就是这个主机名。
  - ✓ transient：动态主机名，初始为 static 主机名，可在运行时更改其值，同样仅可包含-、a～z 以及 0～9 字符，且最大不超过 64 个字符长度。如果存在 static 主机名且不等于 localhost，那么将忽略 transient 主机名。
  - ✓ pretty：是用户设置的自由主机名，主要给用户阅读，可以包含各种特殊字符，且无长度限制，例如 Yan's Laptop。
- 强烈建议在设置 static 和 transient 主机名时使用完全限定域名（FQDN），如 host.example.com。
- CentOS 还提供了一种修改主机名的方法，即采用 hostnamectl 命令，详细介绍可用 man 命令来查看该命令的帮助文档。

8.2.3 子任务 3 配置 PC 的网络

配置完服务器主机后，接着来配置开发人员使用的两台桌面 PC 的网络，同样将分 3 步来完成任务。

1. 查看 PC 的网络接口设备

首先查看桌面 PC 上的网络接口设备，确认两个网络接口（两张网卡）均已正常驱动。正常情况下，输出应有 3 条，如清单 8-15 所示。在本系统中，两个接口都由 NM 提供了临时连接。

清单 8-15

```
#nmcli device status
DEVICE     TYPE        STATE      CONNECTION
ens38      ethernet    连接的      有线连接 1
ens37      ethernet    连接的      有线连接 2
lo         loopback    未托管      --
```

2. 为 PC 接口设置连接

要为这两个接口设备分别建立好连接，ens37 使用 DHCP 从公司 DHCP 服务器上获取配置，用于一般上网；ens38 则使用静态配置，与 git 服务器位于同一网段，专门用于连接 git 服务器主机。

首先来为 ens37 建立连接名为 common-con 的连接并启动，如清单 8-16 所示。

清单 8-16

```
# nmcli connection add type ethernet con-name common-con ifname ens37
连接"common-con"(aa90cb5a-92e4-4a6c-93b2-3cd1fa8c4467) 已成功添加。
# nmcli connection up common-con
连接已成功激活（D-Bus活动路径：/org/freedesktop/NetworkManager/ActiveConnection/4）
```

第二步为 ens38 建立连接名为 git-con 的连接，如清单 8-17 所示。

清单 8-17

```
# nmcli connection add type ethernet con-name git-con ifname ens38
连接"git-con"(636aa407-787b-4c39-87aa-a2440b070f63) 已成功添加。
```

按照任务中对于 PC 的配置要求，只需要将连接改为静态配置，并指定其 IP 地址（子网掩码）即可，完成修改后启动，如清单 8-18 所示。

笔记

清单 8-18

```
#nmcli connection modify git-con ipv4.method manual ipv4.address
192.168.30.10/24
nmcli connection up git-con
连接已成功激活（D-Bus 活动路径：/org/freedesktop/NetworkManager/
ActiveConnection/5）
```

接下来的步骤需要修改 ens38 接口（即 git-con 连接所对应的）配置文件，该配置文件名为/etc/sysconfig/network-scripts/ifcfg-git-con。用 vim 命令打开该文件，找到其中的 DEFROUTE 配置项（如没有该选项，则添加一个），将其值设为 no，如清单 8-19 所示。

 注意

- 在 RHEL/CentOS 7 中，所有的网络接口设备的配置文件都放置在/etc/sysconfig/network-scripts/目录下，文件名一般都以 ifcfg-开头，在连字符"-"后约定俗成跟上设备名或者 NM 中对应的连接名。因此，配置文件一般会有诸如 ifcfg-ens39 或者 ifcfg-office 等类似的名字。
- 在本任务的知识点 3 中将具体介绍网络接口配置文件。

笔 记

清单 8-19

```
TYPE=Ethernet
PROXY_METHOD=none
BROWSER_ONLY=no
BOOTPROTO=none
DEFROUTE=no
FATAL=no
......此处省略若干行
```

 小心

- 此处没有为用于 ens38 的 git-con 连接指定网关（gateway），否则系统中将会出现两个网关（另一个网关是用于 ens37 接口的 common-con 连接中由 DHCP 服务器指定的网关），路由表中也会出现两个默认路由（default route）。
- 如果系统中存在两个以上的接口，则建议将除了一个保留接口之外的其他所有接口的配置文件的 DEFROUTE 配置项都设置为 no。

第三步用 ip route show 命令查看路由表，应该有 3 项输出，如清单 8-20 所示。

清单 8-20

```
# ip route show
default via 172.18.116.2 dev ens38 proto dhcp metric 101
192.168.30.0/24 dev ens37 proto kernel scope link src 192.168.30.10 metric 100
172.18.116.0/24 dev ens38 proto kernel scope link src 172.18.116.128 metric
101
```

第一行是默认路由，表示除了访问 192.168.30.0/24 和 172.18.116.0/24 这两个网段之外（访问这两个网段的路径由后两条路由指出）的数据包，都由 ens38 交由 172.18.116.2（172.18.116.0/24 网段上的网关）转发，也是正常的访问因特网所有数据包的路径。后两条是直连路由，由系统内核自动生成，表示 192.168.30.0/24 网段直连在 ens37 上，172.18.116.0/24 网段直连在 ens38 上，均可以直接访问，这与任务要求是相符的。如果路由一切正常，此时就可以尝试分别 ping 一台因特网上的远程（www.163.com）和 git 服务器主机，如清单 8-21 所示。如果都正常 ping 通了，那么 PC 的网络接口就配置好了。

清单 8-21

```
# ping -c 4 www.baidu.com
# ping -c 4 172.18.30.3
```

对于第二台 PC，也作类同配置，与第一台 PC 唯一不同的地方就是，对于用来 git 主机进行通信的接口分配的地址变为 192.168.30.11/24。

注意

- ip route 是原来 route 命令的更好的替代者，它并不是一个命令，而仅仅是 iproute2 网络工具包中 ip 命令的部分功能。
- iproute2 是 RHEL/CentOS 7 中的最重要的网络工具包之一，目的是用来完全取代老旧的 net-tools 工具包（包括 ifconfig、route、arp 和 netstat 等著名的命令）。
- iproute2 的用户接口比 net-tools 显得更加直观，更重要的是，自 2001 年起，Linux 社区已经停止对 net-tools 的维护，且从发行版本 7 起，RHEL/CentOS 已经完全抛弃了 net-tools，只支持 iproute2。
- 建议使用 iproute2 中的命令而非出于习惯去使用 net-tools 中的老旧命令。

3. 设置 PC 本地主机名解析

由于 git 服务器的主机名仅仅在小范围内使用，并不交由公司域名 DNS 服务器来解析，因此需要将服务器名写入要连接服务器的这些 PC 的本地主机名解析文件中，在 Linux 中是/etc/hosts 文件，打开该文件，默认如清单 8-22 所示，要在其中加入一行，用于将 git.nbmdsdev.cn 解析为主机地址 172.18.30.3。

清单 8-22

```
127.0.0.1    localhost localhost.localdomain localhost4 localhost4.localdomain4
::1          localhost localhost.localdomain localhost6 localhost6.localdomain6
172.18.30.3 git01.nbmdsdev.cn
```

 注意

当使用名字来访问主机时，本地主机名解析文件的优先级是最高的，也即先用本地解析文件来解析主机名，如不成功，再向 DNS 请求解析。因此，将常用主机的"主机名 IP 地址"信息写入/etc/hosts 文件中，可以加快访问这些主机的速度（因为节省了访问 DNS 服务器的时间）。

完成后，尝试通过主机名来 ping git 服务器主机。如果 ping 通，则表示本地主机名解析设置完成，PC 可以通过 git 服务器的主机名 git.nbmdsdev.cn 来访问它了，如清单 8-23 所示。

清单 8-23

```
#ping -c 4 git01.nbmdsdev.cn
```

至此，就完成了所有的子任务，但离真正理解如何管理好网络还早得很。因此，还是建议最好能够对照完成任务的步骤，好好研读一下必要知识，尝试理解那些在完成任务过程中仍然一知半解的概念和命令。

拓展阅读 8-3
其他常用网络
管理工具

 笔 记

8.3 必要知识

8.3.1 知识点 1 NM 命令行界面 nmcli

NM（NetworkManager）是 RHEL/CentOS 中最重要也是默认的网络管理工具包，nmcli 是 NM 的命令行界面，是系统管理员使用 NM 的最佳方式，也是本任务实施中用的最多的一个命令。下面介绍 nmcli 命令的语法，并用若干例子详细展示 nmcli 的诸多功能。

命令 nmcli

用法：nmcli [选项] 操作对象 {命令}
功能：nmcli 是用户与 NetworkManager 这个服务进行交互的命令行界面。
nmcli 命令常用操作对象和对应的操作命令如表 8-5 所示。

表 8-5　nmcli 命令的常用操作对象和对应的操作命令

操 作 对 象	命　　　令
general	该对象表示 NM 全局，常用命令有： ● status：显示 NM 的总体状态，这个是 general 对象的默认命令 ● hostname<主机名>：显示/修改主机名 ● permissions：显示 NM 所能提供的授权操作，如开启/关闭网络、Wi-Fi 以及修改连接配置等 ● logging：显示/修改 NM 的日志设置
n[etworking]	该对象表示 NM 管理的整个网络，常用命令有： ● [on/off]：显示或者设置网络开关状态，参数 on 表示打开网络；off 表示关闭网络，也即关闭 NM 管理的所有接口 ● connectivity：显示网络连接状态
r[adio]	该对象表示无线网络开关，常用命令有： ● wifi [on/off]：显示或者设置 Wi-Fi 开关状态，如果不跟参数，则显示 Wi-Fi 开关状态，参数 on 表示打开 Wi-Fi 开关，off 表示关闭 Wi-Fi 开关
c[onnection]	该对象表示 NM 连接，是一个逻辑概念，可以视为对物理接口的配置，常用的操作命令有： ● show<连接名/UUID>：显示连接状态 ● up<连接名/UUID>：启用指定连接 ● down<连接名/UUID>：停用指定连接 ● delete<连接名/UUID>：删除指定连接 ● reload：重载所有连接的配置文件 ● add：添加一个新连接 ● edit：编辑一个已存在连接，或者以交互方式添加一个新连接 ● modify：修改连接
d[evice]	该对象表示由 NM 管理的网络接口，是一个物理概念，后面可以跟的命令有： ● status：显示接口（设备）的状态，这个是 device 对象的默认命令 ● show <设备名>：显示设备的详细信息，如果不指定设备名，则显示所有设备 ● connect<设备名>：连接指定设备 ● disconnect<设备名>：断开指定设备

1. 查看网络状态

　　nmcli 命令用 general status 显示系统网络状态，如表 8-6 所示，共有 6 个字段，其意义如清单 8-24 所示。

清单 8-24

```
# nmcli general status
STATE   CONNECTIVITY   WIFI-HW   WIFI    WWAN-HW   WWAN
连接的   full           已启用    已启用   已启用    已启用
```

表 8-6　系统网络状态

字　段	意　义
STATE	网络是否连接
CONNECTIVITY	网络连接状态，有 5 种状态： ● full：主机连接网络，且能访问因特网 ● limited：主机连接网络，但无法访问因特网 ● portal：主机连接网络，但需要通过认证登录后才能访问因特网 ● none：主机没有连接网络 ● unknown：未知的连接状态
WIFI-HW/WIFI WWAN-HW/WWAN	无线网络状态：分别表示系统 Wi-Fi 硬件开关、Wi-Fi 软件开关，WWAN 硬件开关、WWAN 软件开关是否启用。注意，即使系统中没有相关设备，也默认全部启用

2. 查看连接

nmcli 命令用 connection show 显示系统中的连接，命令输出只有一行，表示系统中只有一个连接，共有 4 个字段（意义如表 8-7 所示），如清单 8-25 所示。

清单 8-25

```
#nmcli connection show
NAME    UUID                                    TYPE      DEVICE
ens33   f5b10626-0548-42a4-b16d-427ad463542c    ethernet  ens33
```

表 8-7　字 段 意 义

字　段	意　义
NAME	连接名，例子中是 ens33
UUID	连接的 UUID（UUID 请参考任务 7 的子任务 2）
TYPE	ethernet，代表以太网
DEVICE	应用该连接的接口设备名，例子中恰好也叫 ens33

nmcli 命令用 connection show 后面跟上具体连接名来显示指定连接的详情。例子中显示了 ens33 这个连接的详情，如清单 8-26 所示。这个详情列表可分为配置集详情和激活连接细节两部分，例子中的配置集详情主要是列出连接的全局、以太网、IPv4、IPv6 和代理配置参数，激活连接细节中主要列出了连接当前的全局、Ipv4、IPv6 和 DHCP 运行参数。

清单 8-26

```
#nmcli connection show ens33
===========================================================================
连接配置集详情 (office)
===========================================================================
connection.id:                          office
......此处省略若干行
connection.lldp:                        default
---------------------------------------------------------------------------
802-3-ethernet.port:                    --
......此处省略若干行
802-3-ethernet.wake-on-lan-password:    --
---------------------------------------------------------------------------
ipv4.method:                            auto
......此处省略若干行
ipv4.dad-timeout:                       -1 (default)
---------------------------------------------------------------------------
ipv6.method:                            auto
```

```
......此处省略若干行
ipv6.token:                             --
-------------------------------------------------------------
proxy.browser-only:                     否
......此处省略若干行
proxy.pac-script:                       --
-------------------------------------------------------------
=============================================================
激活连接细节 (838c989a-8dc4-4e70-a254-14ed721796c6)
=============================================================
GENERAL.NAME:                           office
......此处省略若干行
GENERAL.MASTER-PATH:                    --
-------------------------------------------------------------
IP4.ADDRESS[1]:                         192.168.116.133/24
......此处省略若干行
IP4.DOMAIN[1]:                          localdomain
-------------------------------------------------------------
DHCP4.OPTION[1]:                        network_number = 192.168.116.0
......此处省略若干行
DHCP4.OPTION[29]:                       ip_address = 192.168.116.133
-------------------------------------------------------------
IP6.ADDRESS[1]:                         fe80::8f29:db3e:e3d8:792f/64
......此处省略若干行
IP6.ROUTE[3]:                           dst = fe80::/64, nh = ::, mt = 104
```

3. 停用/启用连接

nmcli 命令用 connection down 停用连接。例子停用了连接 ens33，在连接状态中，看到 ens33 连接所对应的接口设备为空，表示这个连接没有应用到接口设备上，而系统中的网络接口没了配置，因此系统网络连接断开，如清单 8-27 所示。

清单 8-27

```
#nmcli connection down ens33
成功取消激活连接 'ens33'（D-Bus 活动路径: /org/freedesktop/NetworkManager/
ActiveConnection/1）
#nmcli connection show
NAME   UUID                                   TYPE      DEVICE
ens33  f5b10626-0548-42a4-b16d-427ad463542c   ethernet   --
# nmcli general status
STATE    CONNECTIVITY  WIFI-HW  WIFI   WWAN-HW  WWAN
已断开   none          已启用   已启用  已启用   已启用
```

接着，用 connection up 重新启用 ens33，在连接状态中，看到连接 ens33 重新被应用到预先锁定的接口设备 ens33 上，接口设备有了配置，系统又能连接网络了，如清单 8-28 所示。

清单 8-28

```
#nmcli connection up ens33
连接已成功激活（D-Bus 活动路径: /org/freedesktop/NetworkManager/ActiveConnection/2）
#nmcli connection show
NAME   UUID                                   TYPE      DEVICE
ens33  f5b10626-0548-42a4-b16d-427ad463542c   ethernet  ens33
#nmcli general status
STATE    CONNECTIVITY  WIFI-HW  WIFI   WWAN-HW  WWAN
连接的   full          已启用   已启用  已启用   已启用
```

connection up 启用时连接也可以用 ifname 选项为其指定接口，但前提是这个连接在创建时没有绑定到某个网络接口上（这点将在下面的 5 中进行具体说明），否则就会显示"接口与连接不匹配"的错误，接口也不会启用，如清单 8-29 所示。

清单 8-29

```
#nmcli connection up mycon ens33        #将接口 mycon 激活并应用到 ens37 接口上
                                        #mycon 在创建时没有锁定到某个网络接口上
连接已成功激活（D-Bus 活动路径：/org/freedesktop/NetworkManager/ActiveConnection/2）
#nmcli connection up mycon01 ifname ens33#将 mycon01 激活并应用到 ens37 接口上
                                        #mycon01 创建时已锁定到另外的接口上
                                        #因此启用不会成功
错误：device 'ens33' not compatible with connection 'mycon01'：这个设备的接口
名和连接不匹配。
```

4. 新增连接

nmcli 命令用 connection add 创建连接。首先尝试为指定接口设备添加一个默认连接，例子中为接口 ens37 添加了一个名为 office 的以太网连接，如清单 8-30 所示。

清单 8-30

```
# nmcli connection add type ethernet con-name office ifname ens37
连接"office"（15bf8710-a968-45c1-8ba5-3671f508d622）已成功添加。
#ls -l /etc/sysconfig/network-scripts/ifcfg-office
-rw-r--r--. 1 root root 283 11月  8 12:52 ifcfg-office
```

add 命令的普通选项（common option）如表 8-8 所示：

表 8-8 add 命令的普通选项

普通选项	意义
type	添加的连接类型，依据具体的接口设备，其类型值可以是 ethernet、WiFi、PPPoE、Bluetooth、VPN、Bond、Team、Bridge 等其中的一种类型
con-name	添加的连接名
ifname	指定的接口设备名
autoconnect	表示该连接是否开机自动激活，其值可以是 yes 或者 no，默认是 yes
save	表示该连接是否保存到/etc/sysconfig/network-scripts/的相应配置文件中去，其值可以是 yes 或者 no，默认是 yes

由于连接默认是保存到/etc/sysconfig/network-scripts/目录下的配置文件中的，因此在该目录中其中应该已经有了一个名为 ifcfg-office 的文件，即 office 连接的配置文件，其内容一般来说如清单 8-31 所示。

清单 8-31

```
TYPE=Ethernet                           #类型是以太网，添加时指定
BOOTPROTO=dhcp                          #未指定具体 IP 配置，默认通过 DHCP 获取
DEFROUTE=yes
PEERDNS=yes
PEERROUTES=yes
IPV4_FAILURE_FATAL=no
IPV6INIT=yes
IPV6_AUTOCONF=yes
IPV6_DEFROUTE=yes
IPV6_PEERDNS=yes
IPV6_PEERROUTES=yes
IPV6_FAILURE_FATAL=no
NAME=office                             #连接名 office，添加时指定
```

笔记

```
UUID=15bf8710-a968-45c1-8ba5-3671f508d622
DEVICE=ens37                          #所对应的具体网络接口设备名，添加时指定
ONBOOT=yes                            #该连接是否开机自动激活，默认
```

接下来用 connection up 激活启用这个新增的连接 office，将其应用到预先指定的接口 ens33 上，再次查看连接，发现新增的连接已经激活，如清单 8-32 所示。

清单 8-32

```
# nmcli con up office
Connection successfully activated (D-Bus active path:
/org/freedesktop/NetworkManager/ActiveConnection/2)
# nmcli con s
NAME       UUID                                     TYPE      DEVICE
ens33      f5b10626-0548-42a4-b16d-427ad463542c     ethernet  ens33
office     15bf8710-a968-45c1-8ba5-3671f508d622     ethernet  ens37
```

 注意

为指定网络接口设备创建的连接是不会自动启用的，需要手动启用，在启用之前，接口仍然使用原来的配置。

当然，在新增连接时也可以不指定接口，例子中创建了一个名为 office02 的以太网类型连接，没有指定到任何接口上，如清单 8-33 所示。这个连接在激活的时候就需要用 ifname 选项指定其应用到哪个接口上（在上面已经提到这点了），如果启用时不指定接口，系统将自行为该连接选择一个匹配的接口。

清单 8-33

```
# nmcli conection add type ethernet con-name office02 ifname "*"
连接 "office02"（065d85c0-185e-4707-bdd0-74b6f8a56107）已成功添加。
#nmcli connection up office02 ens33
连接已成功激活（D-Bus 活动路径: /org/freedesktop/NetworkManager/ActiveConnection/2)
```

 注意

用 connection add 新增连接时可以不指定接口，并非不使用 ifname 选项。事实上，命令中的 ifname 选项是不能省略的，只是需要为其指定一个特殊的值——"*"。

在添加连接时，也可以通过指定连接的 IP 地址和网关，配置一个静态的连接，这需要在命令后面跟上 IP 选项。例子中，为接口 ens37 创建了一个名为 office01 的连接，并为其指定了 IP 地址和网关，如清单 8-34 所示。

清单 8-34

```
# nmcli con add type ethernet con-name office01 ifname ens37 ip4 192.168.
4.100/24 gw4 192.168.4.1
连接 "office01"（3592f875-f2c6-4d1d-b832-0e6ea78b9666）已成功添加。
```

查看连接对应的配置文件/etc/sysconfig/network-scripts/ifcfg-office01，应如清单 8-35 所示。

清单 8-35

```
TYPE=Ethernet                         #类型是以太网，添加时指定
BOOTPROTO=none                        #使用静态配置
IPADDR=192.168.4.100                  #指定 IP 地址
PREFIX=24                             #指定子网掩码 255.255.255.0（24 位掩码）
GATEWAY=192.168.4.1                   #指定网关
```

```
DEFROUTE=yes
IPV4_FAILURE_FATAL=no
IPV6INIT=yes
IPV6_AUTOCONF=yes
IPV6_DEFROUTE=yes
IPV6_FAILURE_FATAL=no
IPV6_ADDR_GEN_MODE=stable-privacy
NAME=office01
UUID=c3fbcb00-7db5-4c3f-b104-4d1950bc2d7a
DEVICE=ens37                                    #所对应的具体网络接口设备名，添加时指定
ONBOOT=yes                                      #该连接是否开机自动激活，默认
```

接下来用 connection up 激活启用这个新增的连接 office01，再次查看连接，发现新增的连接 office01 已经激活，而原来应用于 ens37 上的连接 office 已停用，如清单 8-36 所示。

清单 8-36

```
#nmcli con s
NAME       UUID                                    TYPE       DEVICE
ens33      f5b10626-0548-42a4-b16d-427ad463542c    ethernet   ens33
office01   14f657cb-dfd1-4954-b97b-6da848373d56    ethernet   ens37
office     15bf8710-a968-45c1-8ba5-3671f508d622    ethernet   --
```

 注意

- 为指定网络接口设备新增的连接不会立即生效，需要激活该连接。
- 如果修改了连接，改动不会立即生效，需要重载连接配置文件或者重启接口才行，例如：

```
nmcli connection load /etc/sysconfig/network-scripts/ifcfg-office
```

5. 删除连接

nmcli 命令用 connection delete 删除连接。例子中删除了被停用的 office 连接，如清单 8-37 所示。

清单 8-37

```
# nmcli con delete office
成功删除连接 'office' (c3fbcb00-7db5-4c3f-b104-4d1950bc2d7a)。
```

 注意

- connection delete 不仅可以删除停用的连接，同样也可以删除启用中的连接。
- 删除某个启用中的连接后，如果系统中有未启用的合适连接，那么接口会从中选择一个并启用；如果没有未启用的合适连接，那么接口将被迫断开连接。

6. 修改连接

nmcli 命令可以用 connection modify 或者 edit 来修改指定连接的属性。

connection modify 可设置指定连接的指定属性。例子中将连接 office 的名称修改为了 office_con，如清单 8-38 所示。

清单 8-38

```
# nmcli connection modify office connection.id office_con
```

笔 记

在清单 8-39 中，给出了一些例子供参考。

清单 8-39

```
#nmcli connection modify office ipv4.method manual    #修改连接为静态配置
#nmcli connection modify office ipv4.address 192.168.1.3/24   #修改 IP 地址
# nmcli connection modify office ipv4.gateway 192.168.1.2 #修改默认网关
# nmcli connection modify office ipv4.dns 223.5.5.5      #修改 DNS
# nmcli connection modify office +ipv4.dns 223.5.5.5     #添加一个 DNS
```

> **注意**
>
> 连接的属性有很多，这里无法一一例举，可以用 man 命令来具体查看：
> ```
> #man 5 nm_settings
> ```

connection edit 是一个交互式的连接编辑器，可以通过 connection edit 命令进入该编辑器界面，在提示符 nmcli>下通过 edit 命令修改连接属性。例子中用 edit 打开了连接 ens33，首先用 help 命令列出了 edit 的命令列表，然后用 set 命令设置了连接 ens33 的名字属性（connection.id），如清单 8-40 所示。

清单 8-40

```
# nmcli connection edit ens33
===| nmcli 交互式连接编辑器 |===
正在编辑已存的连接 "802-3-ethernet": "ens33"
对于可用的命令输入 "help" 或 "?"。
输入 "describe [<设置>.<属性>]" 来获得详细的属性描述。
您可编辑下列设置: connection, 802-3-ethernet (ethernet), 802-1x, dcb, ipv4,
ipv6, tc, proxy
nmcli> help
------------------------------------------------------------------------
---[ Main menu ]---
goto [<setting> | <prop>]          :: go to a setting or property
remove  <setting>[.<prop>] | <prop> :: remove setting or reset property
value
set [<setting>.<prop> <value>]     :: set property value
describe [<setting>.<prop>]        :: describe property
print [all | <setting>[.<prop>]]   :: print the connection
verify [all | fix]                 :: verify the connection
save [persistent|temporary]        :: save the connection
activate [<ifname>] [/<ap>|<nsp>]  :: activate the connection
back                               :: go one level up (back)
help/? [<command>]                 :: print this help
nmcli  <conf-option> <value>       :: nmcli configuration
quit                               :: exit nmcli
------------------------------------------------------------------------
nmcli> set connection.id my_con      #此处设置连接的名字为my_con
nmcli> save                          #保存设置
成功地更新了连接 'my_con' (838c989a-8dc4-4e70-a254-14ed721796c6)。
nmcli>quit                           #退出 edit
#
```

 注意

- 如果使用 edit 命令时没有指定要修改的连接名，那么 edit 就会引导用户创建一个新的连接，因此 edit 也常常用来创建连接。
- 活用 edit 中的 help 和 describe。

7. 查看设备

nmcli 命令用 device status 显示系统中的网络接口设备，如清单 8-41 所示。命令总共输出 3 行，表示系统中有 3 个网络接口设备，每行描述了一个设备的状态（已经在子任务介绍过 device status 的输出）。

清单 8-41

```
# nmcli device satus
DEVICE  TYPE      STATE    CONNECTION
ens33   ethernet  连接的    ens33
ens37   ethernet  连接的    office01
lo      loopback  未托管    --
```

nmcli 命令用 device show 显示系统中的指定接口设备的详细信息，例子中显示了接口 ens33 的详细情况，如清单 8-42 所示。

清单 8-42

```
# nmcli device show ens33
GENERAL.DEVICE:            ens33
GENERAL.TYPE:             ethernet
GENERAL.HWADDR:           00:0C:29:19:7B:DA
GENERAL.MTU:              1500
GENERAL.STATE:            100 (连接的)
GENERAL.CONNECTION:       office
GENERAL.CON-PATH:         /org/freedesktop/NetworkManager/ActiveConnection/11
WIRED-PROPERTIES.CARRIER: 开
IP4.ADDRESS[1]:           192.168.116.133/24
IP4.GATEWAY:              192.168.116.2
IP4.ROUTE[1]:             dst = 0.0.0.0/0, nh = 192.168.116.2, mt = 104
IP4.ROUTE[2]:             dst = 192.168.116.0/24, nh = 0.0.0.0, mt = 104
IP4.DNS[1]:               192.168.116.2
IP4.DOMAIN[1]:            localdomain
```

8. 激活/断开设备

nmcli 命令用 device disconnect 断开指定接口，如清单 8-43 所示。

清单 8-43

```
# nmcli device disconnect ens37
成功断开设备 'ens37'。
# nmcli d s
DEVICE  TYPE      STATE    CONNECTION
ens33   ethernet  连接的    ens33
ens37   ethernet  已断开    --
lo      loopback  未托管    --
```

nmcli 命令用 device connect 激活指定接口，如清单 8-44 所示。

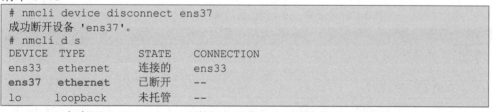

```
# nmcli device connect ens37
成功用 'ens37' 激活了设备 '14f657cb-dfd1-4954-b97b-6da848373d56'。
```

 注意

> 用 device connect 激活指定接口，如果有合适的未启用连接，那么 NM 就从中选择一个启用；如果没有未启用的合适连接，那么 NM 就创建一个与接口同名的默认连接并启用之。

8.3.2 知识点 2 iproute2 中的 ip 命令

在任务实施中用到了 ip 命令，该命令是 iproute2 网络工具套装中的命令之一（另外的命令包括 ss、tc、rtmon、rtacct 和 ifcfg）。这个命令十分强大，用途众多。本节

笔记

将主要介绍该命令的语法，并用若干例子展示 ip 命令的诸多用途。

命令 ip

用法：ip [选项] 对象 {命令}

功能：ip 命令可以显示/配置系统中的网络接口设备、路由、路由策略和隧道。

ip 命令的常用对象如表 8-9 所示。

表 8-9　ip 命令的常用对象

操 作 对 象	命 令
link	该对象表示网络接口
addr	该对象表示网络接口上的某种协议（IPv4 或 IPv6）的地址
route	该对象表示路由表
rule	该对象表示路由策略规则
neigh	该对象表示 ARP 或者 NDISC 缓冲区条目

ip 中的命令用于指定对象执行的操作，它和对象的类型有关，一般情况下都包括增加（add）、删除（delete）、显示（show 或者 list）和帮助（help）等操作。当然，也会有些对象不支持上述的某些命令，或者有其他的一些特殊命令。所有的对象都可以使用 help 命令获得帮助，该命令会列出这个对象所支持的命令和参数的语法。

1. 显示网络接口属性

ip 用 link show 显示网络接口属性，例子显示了指定的以太网接口 ens33 的具体属性，如清单 8-44 所示。

清单 8-44

```
# ip link show ens33
2: eno16777736: <BROADCAST,MULTICAST,UP,LOWER_UP> mtu 1500 qdisc pfifo_fast
state UP mode DEFAULT qlen 1000
    link/ether 00:0c:29:dc:38:99 brd ff:ff:ff:ff:ff:ff
```

显示内容分为两行，其大致意义如表 8-10 所示。

表 8-10　ip link show 网络接口属性释义

字　　段	意　　义
第一行内容	
接口序号	例子中序号是 2
接口名	例子中接口名为 ens33
接口标志	用于显示接口状态，例子中有 4 个标志，分别是 BROADCAST、MULTICAST、UP 和 LOWER_UP，分别表示接口支持广播、支持组播、接口启动、接口已连接网线
mtu	最大传输单元（maximal transfer unit），指示单个数据包最多能够传输多少字节数据，例子中是 1500
qdisc	网络接口使用的排队算法（queuing discipline），例子中是 pfifo_fast，也是接口传输队列的默认排序算法
state	接口状态，例子中是 UP，代表接口已经启动
mode	接口模式，例子中是 DEFAULT，代表默认模式
第二行内容	
接口硬件类型	指代接口的硬件类型，例子中是 link/ether，代表是以太网接口
接口 MAC 地址	例子中接口的 MAC 地址是 00:0c:29:dc:38:99
MAC 广播地址	例子中的 MAC 广播地址是 ff:ff:ff:ff:ff:ff

如不指定网络接口名字，则显示系统中所有的接口，包括停用接口，如在后面加上 up 选项，则只会显示当前激活接口，如清单 8-45 所示。

清单 8-45

```
# ip link show                    #显示系统中所有接口属性
# ip link show up                 #显示系统中所有激活接口属性
```

如使用-s 选项，命令会额外显示网络接口的接收和发送统计信息，如清单 8-46 所示。

清单 8-46

```
# ip -s link show eno16777736
2: eno16777736: <BROADCAST,MULTICAST,UP,LOWER_UP> mtu 1500 qdisc pfifo_fast
state UP mode DEFAULT qlen 1000
    link/ether 00:0c:29:dc:38:99 brd ff:ff:ff:ff:ff:ff
    RX: bytes    packets  errors   dropped overrun mcast
    506383       7419     0        0       0       0
    TX: bytes    packets  errors   dropped carrier collsns
    48230        511      0        0       0       0
```

RX 和 TX 分别表示接收和发送，显示的统计信息如表 8-11 所示。

表 8-11 RX 和 TX 字段释义

字 段	意 义
bytes	网络接口发送或者收到的字节数
packets	网络接口收到或者发送的数据包个数
errors	发生错误的次数
overrun	由于拥塞，收到的数据包被丢弃的数量
mcast	收到的多播数据包数量，只有很少的设备支持这个选项
dropped	由于系统资源限制而丢弃数据包的数量
carrier	连接介质出现故障的次数，例如网线接触不好
collsns	以太网类型介质发生冲突的事件次数

注意

笔 记

接口的统计信息往往对于了解网络接口运行状态和定位网络故障很有用。例如：
● RX 和 TX 的值如果很大，表示网络非常繁忙。
● errors、overrun、dropped 均为 0，说明网络比较稳定。
● collisions 值较大，说明网络状况不太好，有网络故障的可能。
● overrun 值较大，说明设备太慢，无法处理收到的数据。
● carrier 值较大，说明连接介质不太理想，如网线质量较差或者网线接头接触不好。

2. 设置网络接口属性

ip 命令用 link set 设置网络接口运行状态和相关属性。例子中展示了设置指定以太网接口的多个例子，如清单 8-47 所示。

清单 8-47

```
#ip link set dev ens33 down
#ip link set dev ens33 name eth1
#ip link set dev eth1 up
#ip link set dev eth1 mtu 3000
#ip link set dev eth0 address 00:01:4f:00:15:f1
#ip link set dev eth0 txqueuelen 100
```

注意

● 如设备处于运行状态，修改设备名字不会成功。
● 修改名字后的接口设备无法使用原来的连接配置。

常用的设置对象和参数如表 8-12 所示。

表 8-12 ip link set 设置对象和参数

操 作	意 义
up/down	启动/关闭所指定的设备
multicast on/off	启动/关闭指定设备的组播功能
name NAME	设置设备的名字为 NAME
txqueuelen N	设置设备传输队列的长度为 N
mtu N	设置网络设备 MTU（最大传输单元）的值为 N
address HWADDR	设置网络设备的 MAC 地址为 HWADDR

 小心

● 如不是特别了解其内容，建议不要随便改动接口的任何一个属性。
● 如果用 ip link set 同时设置多个接口属性，任何一个设置失败，ip 都会立即取消所
  有操作，这种情况可能会使系统进入无法预料的状态。为了避免出现这种情况，尽
  量不要使用 ip link set 同时修改接口的多个属性，例如：

```
# ip link set dev eth0 mtu 1500 txqueuelen 100
```

3. 显示网络接口地址

ip 命令用 address show 显示网络接口地址。例子显示了指定的以太网接口 ens33
网的具体属性，如清单 8-48 所示。

清单 8-48

```
 # ip addr show ens33
2: ens33: <BROADCAST,MULTICAST,UP,LOWER_UP> mtu 1500 qdisc pfifo_fast state
UP group default qlen 1000
   link/ether 00:0c:29:19:7b:da brd ff:ff:ff:ff:ff:ff
   inet 192.168.116.133/24 brd 192.168.116.255 scope global dynamic ens33
     valid_lft 1759sec preferred_lft 1759sec
   inet 192.168.116.3/24 brd 192.168.116.255 scope global secondary ens33
     valid_lft forever preferred_lft forever
   inet6 fe80::8f29:db3e:e3d8:792f/64 scope link noprefixroute
     valid_lft forever preferred_lft forever
```

显示内容的头两行与 ip link show ens33 的内容完全一致，因此这里不再赘述。
接着就是 IP（或者 IPv6）地址及其相关属性了。例子中的接口共有 3 个地址，两个
IPv4 地址和一个 IPv6 地址。以第一个地址为例，具体字段意义如表 8-13 所示。

表 8-13 ip addr show 字段释义

字 段	意 义
inet/inet6	IPv4/IPv6 地址，例子中是 192.168.116.133/24
brd	广播地址，例子中是 192.168.116.255

续表

字　段	意　义
scope	地址有效范围，例子中是 global，常见值如下： ● global：表示地址全局有效，默认是这个值 ● link：地址之在本接口内有效，如例子中的 IPv6 地址 ● host：地址在本主机内有效，如回环接口的地址 127.0.0.1 的有效范围一般是 host
flag	地址标志，例子中是 dynamic，常见值如下： ● dynamic：表示地址是通过无状态的自动配置建立的，如例子中的第一个地址 ● secondary：如果设备已经有了一个地址，又给它设置了同一网段的不同地址，第二个地址就成为从(secondary)地址 ● deprecated：表示这个地址已废弃。也就是说，地址虽然有效，但是不能用在新建立的连接中
label	地址标签，一般与设备同名，如 ens33；或者以设备名为前缀，如 ens33:0
preferred_lft	preferred_lft 期满后，地址就会变成 deprecated（废弃）状态
valiid_lft	valiid_lft 期满后，地址将失效，也即无法使用

如果不指定网络接口名字，则显示系统中所有的接口，包括停用接口，如在后面加上 up 选项，则只会显示当前激活接口，如清单 8-49 所示。

清单 8-49

```
# ip address show                #显示系统中所有接口的属性和网络地址
# ip address show up             #显示系统中所有已激活接口的属性和网络地址
```

 注意

Linux 上的一个网络接口，可以拥有多个网络地址。

4. 设置网络接口地址

ip 命令用 address add 为指定接口添加一个网络地址。例子中为 ens33 添加了一个 192.168.116.134/24 的地址，广播地址是 192.168.116.255（在例子中用 "+" 替代）并查看，如清单 8-50 所示。

清单 8-50

```
# ip addr add 192.168.116.134/24 brd + dev ens33
#ip addr show ens33
```

 注意

在为接口添加多个地址时，为了便于管理和辨识，可以用 label 选项为每个地址指定一个标签，命令如下：

```
#ip addr add 192.168.116.140/24 brd + label ens33:1 dev ens33
```

ip 命令用 address del 删除指定接口上的指定网络地址。例子将刚刚为 ens33 添加的地址 192.168.116.134/24 删除，如清单 8-51 所示。

清单 8-51

```
#ip addr del 192.168.116.134/24 dev ens33
```

删除时，如果没有加上掩码，也能删除，但会有警告（这种做法在未来版本的 ip 命令中很可能会被去掉，因此建议不要这么做），如清单 8-52 所示。

清单 8-52

```
# ip addr del 192.168.116.136 dev ens33
```

笔 记

笔 记

> Warning: Executing wildcard deletion to stay compatible with old scripts.
> Explicitly specify the prefix length (192.168.116.136/32) to avoid
> this warning.
> This special behaviour is likely to disappear in further releases,
> fix your scripts!

注意

ip 命令对于接口地址的操作都是临时的，重启系统后所有的改动都将丢失，如果要永久改变接口的地址，建议使用 nmcli 修改接口的相应连接。

5. 显示系统路由表

ip 命令用 route show 来显示系统内核中的路由表。显示有 3 条，其中第一条是系统中的默认路由，后两条是直连路由，由系统内核生成，如清单 8-53 所示。

清单 8-53

```
# ip route
default via 192.168.4.1 dev ens37 proto dhcp metric 100
192.168.4.0/24 dev ens37 proto kernel scope link src 192.168.4.17 metric 100
192.168.116.0/24 dev ens33 proto kernel scope link src 192.168.116.133 metric
101
```

默认路由的作用：当目标主机的 IP 地址或网络不在路由表中时，数据包就被发送到默认路由（默认网关）上，例子中的默认网关是 192.168.4.1。余下两条路由都指示了主机可以到达的网络：例子中，对于 192.168.4.0/24 这个网络，通过接口 ens37，地址 192.168.4.17 到达；对于 192.168.116.0/24 这个网络，则通过接口 ens33，地址 192.168.116.133 到达。

注意

- 路由通常是由网络中专门用于路由的设备提供，一般来说，不需要在 Linux 服务器或桌面 PC 中配置静态路由，除非要通过 VPN 或者出于安全、费用、网速等原因要选择指定的路径来访问特定网络时，才需要配置相应的静态路由。
- 详细解释路由、静态路由、直连路由、默认路由、路由协议等概念已经超出了本书的范围，如果想进一步了解这些内容，请查阅计算机网络相关书籍。

拓展阅读 8-4
Documentation
for iproute

上面 5 部分所介绍的有关 ip 命令的内容极不完整，仅供入门级读者参考，如果希望进一步学习 ip 命令乃至 iproute2 工具箱的使用，推荐参考《Documentation for iproute》这一手册。

8.3.3　知识点 3　ifcfg-*接口配置文件

在任务实施中主要使用 NM 这个工具来配置主机上的网络设备接口（只在子任务 3 中修改了接口设备的配置文件中的一个配置项），这是由于 NM 提供了便利好用的用户接口（friendly user interface），使得用户不用经常去和相对复杂的接口配置文件打交道。对于系统来说，相应配置文件仍然是其初始化配置每个网络接口行为的唯一依据。因此，了解这一类配置文件对于系统管理员还是有必要的。

注意

- 在 RHEL/CentOS 7 中，每个网络接口设备都可以有多个不同的配置文件，但是在同一时间生效的只有一个。
- 在 RHEL/CentOS 7 中，用 NM 创建的每个连接都会生成一个对应的接口配置文件，对于连接所做的改动，最终会体现在对应的配置文件中。当然，也完全可抛开 NM，用文本编辑器直接编辑配置文件来配置网络设备接口。
- 在 RHEL/CentOS 7 中，所有网络接口设备的配置文件都放置在/etc/sysconfig/network-scripts/目录下，文件名一般都以"ifcfg-"开头，在连字符"-"后约定俗成跟上设备名或者 NM 中对应的连接名，因此配置文件一般会有诸如 ifcfg-ens39 或者 ifcfg-office 等类似的名字。

在本节中将用若干典型的配置文件实例来说明这个网络设备接口配置文件。首先给出的是一个典型的使用静态配置的以太网接口配置文件，对其中每个配置都进行了简单说明，如清单 8-54 所示。

清单 8-54

```
TYPE=Ethernet                    #接口类型，Ethernet 表示是以太网接口
BOOTPROTO=none                   #配置方式，none 表示手动配置接口
ONBOOT=yes                       #接口是否开机启动
IPADDR=192.168.4.128             #接口 IP 地址
PREFIX=24                        #接口子网掩码
GATEWAY=192.168.4.1              #网关
DNS1=192.168.4.2                 #DNS，此处设置了两个 DNS
DNS2=192.168.4.3
PEERDNS=yes                      #是否允许本配置文件中的 DNS 配置值覆盖全局 DNS
                                 #配置文件/etc/resolv.conf 中的 DNS 配置
DEVICE=ens39                     #配置文件所绑定的接口设备名，也即本配置文件
                                 #只能够应用到该接口上
DEFROUTE=no                      #接口是否作为默认路由接口


#----下面的配置项都是 NM 的扩展配置项，如不用 NM 管理接口，这些配置项都是无用的----#
IPV4_FAILURE_FATAL=yes           #IPv4 配置失败时是否视为设备激活失败
NM_CONTROLLED=yes                #接口是否托管给 NM，也即 NM 能否管理本接口
NAME=office                      #配置文件对应的连接名，往往也是配置文件名字的
                                 #后半部分，如本配置文件名就是 ifcfg-office
```

接着给出的是一个典型的使用 DHCP 进行配置的网络接口配置文件，如清单 8-55 所示。

清单 8-55

```
TYPE=Ethernet
BOOTPROTO=dhcp                   #配置方式，dhcp 表示通过 DHCP 动态获取配置
ONBOOT=yes
DEVICE=ens38

#-----下面的配置项都是 NM 的扩展配置项，如不用 NM 管理接口，这些配置项都是无用的-----#
IPV4_FAILURE_FATAL=no
NM_CONTROLLED=yes
NAME=caffe-con
```

最后，给出网络设备接口配置文件一些常用配置项的列表（如表 8-14 所示）供参考，请注意其中有星号（*）标注的配置项只对 NM 有意义。

笔记

表 8-14 网络设备接口配置文件常用配置项

配 置 项	默认值	介 绍
HWADDR	无	设备硬件地址是有如下格式的一个 12 位的十六进制串 AA:BB:CC:DD:EE:FF
ONBOOT	yes	值表示是否在启动时激活此网络接口（或者该配置文件是否能够用于自动连接），可以是如下值： yes——是 no——否
BOOTPROTO	none	接口 IPv4 参数配置方法。可以是如下值： none/static——手动配置此主机网络 dhcp——使用 DHCP 动态配置主机网络参数
DNS1, DNS2, ...	无	DNS 服务器的 IP 地址列表 只有前面 3 个也即 DNS1-DNS3 是生效的
DOMAIN	无	List of DNS search domains

IPADDR, PREFIX, IPADDR1, PREFIX1, ...	无	静态 IP 地址和子网掩码列表：
		接口可以配置多个 IP 地址，例如：
		`    IPADDR=10.5.5.23`
		`    IPADDR=10.5.5.23`
		`    PREFIX=24`
		`    IPADDR1=1.1.1.2`
		`    PREFIX1=16`

GATEWAY	无	网关 IP 地址
PEERDNS	yes	是否将从 DHCP 服务器获取的或者静态指定的 DNS 信息写入系统 DNS 的全局配置文件/etc/resolv.conf，可以是如下值： yes——是 no——否
DEFROUTE	yes	是否将本网络接口作为网络的默认路由（default route），可以是如下值： yes——是 no——否
DEVICE	无	其值表示接口设备的名称，配置文件只能应用到该接口上，如没有用该配置项指定设备，那么该配置文件可以应用到任意适合的接口上
IPV6INIT	yes	表示是否配置主机的 IPv6 网络参数，可以是如下值： yes——是 no——否
NM_CONTROLLED(*)	yes	表示此网络接口是否允许 NetworkManager 来进行配置，可以是如下值： yes——是 no——否
PEERROUTES(*)	yes	是否从 DHCP 服务器获取用于定义接口的默认网关的信息的路由表条目，可以是如下值： yes——是 no——否
IPV4_FAILURE_FATAL(*)	no	当 IPv4 和 IPv6 配置都可用时，IPv4 配置失败时是否视为设备激活失败，可以是如下值： yes——是 no——否
NAME(*)	无	用户易读的连接名，往往也作为对应配置文件 ifcfg-的后缀
UUID(*)	误无	连接所对应的配置文件的全局唯一标识符

8.3.4　知识点 4 resolv.conf 和 hosts 文件

在本节中，将介绍两个网络相关的重要的系统全局配置文件。这两个文件都和域名解析相关，分别是/etc/resolv.conf 文件和/etc/hosts 文件。

1. resolv.conf 文件

/etc/resolv.conf 是 DNS 客户端配置文件，用于设置 DNS 服务器的 IP 地址及 DNS 域名，还可以包含主机的域名。它的格式很简单，每行以一个配置项开头，后接一个或多个由空格隔开的值，其配置项如表 8-15 所示。

表 8-15　resolv.conf 文件配置项释义

配 置 项	值
nameserver	DNS 服务器 IP 地址。其中，域名服务器是按照文件中出现的顺序来查询的，且只有当第一个 nameserver 没有反应时才查询下面的 nameserver，最多指定 3 个 DNS 服务器
domain	指定本地域名（local domain name）。domain 的默认值就是本主机的主机名（hostname）中的域名部分，如果主机名中不包括域名，那么就指定根域 "."作为其默认值。许多应用程序需要用到本地域名
search	表示主机域名的搜索列表。search 的值默认是 domain 指定的本地域名，也可以自行指定域名搜索列表，域名直接用空格隔开。当为没有域名的主机进行 DNS 查询时，会将该列表中的域名作为主机默认域名。例如，domain 值为 nbmdsdev.cn，ping git 主机时，会自动在后面加上域名 nbmdsdev.cn，变成 ping git.nbmdsdev.cn

其中最主要的是 nameserver 配置项，其他配置项都是可选的。清单 8-56 所示是一个/etc/resolv.conf 文件的范例。

清单 8-56

```
domain nbmdsdev.cn                          #指定本机域名 nbmdsdev.cn
search nbmdsdev.cn intranet.nbmdsdev.cn     #指定了两个搜索域名
nameserver 172.18.4.1                       #指定了两个 DNS 服务器地址
nameserver 172.18.4.2
```

 注意

- 在用 NM 管理网络时，/etc/resolv.conf 中的内容很可能是由 NM 在开机时自动生成的：其中的 domain 值一般会来自/etc/hostname 中指定主机名中的域名；nameserver 值一般会是来自接口中配置的 DNS 项的值，或者来自 DHCP 所指定的 DNS。
- 建议通过修改接口配置中的 DNS 或者主机名进而来间接修改/etc/resolv.conf。

如果想进一步了解/etc/resolv.conf 文件更加详细的信息，可以通过 man 5 resolv.conf 查看该文件的帮助文档。

2. hosts 文件

hosts 文件是 RHEL/CentOS 用来在本地对快速解析 IP 地址与域名的文件，负责将主机名映射到相应的 IP 地址。hosts 文件通常用于补充或取代小型网络中 DNS 的功能，用户可以直接对/etc/hosts 文件进行控制。

一般情况下，hosts 文件的每行代表一个主机，每行由 3 个字段组成，每部分由空格隔开，格式如清单 8-57 所示。

清单 8-57

```
ip 地址 主机名/域名　（主机别名,该字段可以省略）
```

笔记

笔 记

在默认情况下，/etc/hosts 仅包括两行，分别用于指定 IPv4 网络中和 IPv6 网络中回环接口的主机名（默认情况下为 localhost.localdomain），如清单 8-58 所示。

清单 8-58
```
127.0.0.1    localhost localhost.localdomain localhost4 localhost4.localdomain4
::1          localhost localhost.localdomain localhost6 localhost6.localdomain6
```

注意

在主机执行 DNS 查询时，/etc/hosts 文件的优先级要高于 DNS 服务器，也即主机会先到本地的/etc/hosts 文件中查询，如果查不到，再向 DNS 服务器发出查询请求。

下面给出一个典型的/etc/hosts 文件的范例，如清单 8-59 所示。

清单 8-59
```
127.0.0.1    localhost localhost.localdomain localhost4 localhost4.localdomain4
::1          localhost localhost.localdomain localhost6 localhost6.localdomain6
#以上两行建议保留
# IP 地址           主机名(Hostname)        主机别名(Alias)
172.18.40.21        www.nbmdsdev.cn         www
172.18.30.3         git.nbmdsdev.cn         git
172.18.40.22        mail.openna.com         mail
```

如果想进一步了解/etc/hosts 文件更加详细的信息，可以通过 man 5 hosts 查看该文件的帮助文档。

8.4 任务小结

在完成了本任务之后，小 Y 应对 CentOS 中的硬盘、分区和文件系统有了一些了解。现在，小 Y 应该能够：

1. 部署并启用 NetworkManager(NM)。
2. 查看网络接口设备状态和详情。
3. 激活和断开设备。
4. 为网络设备接口创建启用连接。
5. 修改网络主机名。
6. 用 ip 命令查看网络属性。

同时，小 Y 应该已经了解如下相关知识：

1. NM 相关概念。
2. 连接、接口设备的概念。
3. NM 命令行接口 nmcli 用于查看/配置连接和接口设备的相关命令及配置文件。
4. DHCP 的基本概念。
5. IP 地址、默认网关、DNS 服务器和默认路由的概念。

任务 **9**
管理软件

——工欲善其事，必先利其器

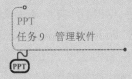 **任务场景**

这次小 Y 收到的任务是要为 P 小组的桌面 PC 安装一批开发和测试所需要的软件。在前面所做的一些任务中，小 Y 已经使用了 CentOS 中 yum 工具安装了一些软件，但对于如何管理软件并没有一个较为完整的认知，因此他想借着完成这个任务的机会，系统地学习一下 CentOS 中软件管理相关的知识和技能，为今后能够轻松解决软件管理相关问题打下扎实的基础。

接下来，就和小 Y 一起来完成这个软件安装的任务，同时一起来学习、掌握 CentOS 中的软件包相关概念、原理和命令。

PPT
任务 9　管理软件

核心素养

9.1 任务介绍

任务需求简单而明确，就是为 PC 安装如表 9-1 所示的 5 个开发软件。由于是带着学习目的来完成任务，将用不同的方法来安装这些软件，借此来较为系统地掌握 CentOS 中软件管理的知识和技能。

表 9-1 安装软件清单

序 号	软 件 名
1	finger 命令
2	gnuplot 函数绘图软件
3	Python 语言环境
4	Sublime Text 文本编辑器
5	MPlayer 视频播放器

9.2 任务实施

9.2.1 子任务 1 用 RPM 安装软件

微课 9-1
用 RPM 安装软件

RPM（Red Hat package manager）是在 Linux 中使用最广泛的软件包管理器之一，最早由红帽公司开发和维护，现在由开源社区接手。RPM 目前是 Linux standard base（LSB）中采用的包管理系统，也是 RHEL、CentOS、Fedora、OpenSuSE、Scientific Linux 等发行版本中默认的软件管理器，可以算是行业标准之一。首先，需要获取这些软件的 RPM 安装包，在知识点 2 中将详细说明 rpm 命令的用法。

注意

下载软件的 RPM 安装包，有如下 3 种途径：
● 可以到软件的官方网站上获取其安装包，但官方网站往往会提供源码安装包或者 yum 源，较少直接提供 RPM 包。
● 可以到著名的 rpmfind 网站上查询下载安装包。
● 可以到 CentOS、Fedora、EPEL、rpmfusion 等软件仓库的镜像网站上查询获取其中收录的安装包，在国内可以使用阿里云开源镜像站、网易开源镜像站或者清华大学开源镜像站。

对于 finger 命令，可以尝试到 rpmfind 网站上去下载其 RPM 包：打开 rpmfind 网站网址，在首页直接搜索 finger，如图 9-1 所示。

查到 83 个软件包，如图 9-2 所示。根据操作系统版本，在其中选择合适版本的 RPM 包下载，如图 9-2 所示。这里选择 x86_64 版本，单击接受并安装，将软件包下载到本地磁盘上。也可以复制下载链接后，用 wget 下载工具下载该包，如清单 9-1 所示。

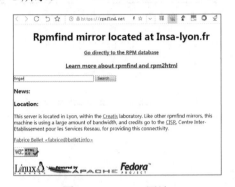

图 9-1　rpmfind 网站　　　　　　图 9-2　rpmfind 网站查找 finger 结果

清单 9-1

```
# wget
https://rpmfind.net/linux/fedora/linux/releases/29/Everything/x86_64/os
/Packages/f/finger-0.17-63.fc29.x86_64.rpm
```

下载到的安装包文件名为 finger-0.17-63.fc29.x86_64.rpm。下载完成后就可以安装了，使用的命令就是 rpm。

首先用 rpm 命令加上-q 选项查询一下系统中是否安装了其他版本的 finger，如果没有任何输出，则表示没有安装过 finger，如清单 9-2 所示。

清单 9-2

```
# rpm -q finger
```

小心

- 如果用 rpm 命令安装某软件时，发现已经安装了该软件的其他版本，且该软件被其他软件所依赖，rpm 命令是无法单独卸载或者更新该软件的。

笔记

如果没有发现安装 finger，那么就可以开始安装。安装需要更改用户权限，所以先切换到根用户，然后使用 rpm 命令加上-ivh 选项开始安装。其中，-i 表示安装；-v 表示显示详细安装信息；-h 表示显示安装进度条。安装过程如清单 9-3 所示。

清单 9-3

```
$ su - root
密码:
# rpm -ivh finger-0.17-61.fc28.x86_64.rpm
警告: finger-0.17-61.fc28.x86_64.rpm: 头 V3 RSA/SHA256 Signature, 密钥 ID
9db62fb1: NOKEY
准备中...                          ############################### [100%]
正在升级/安装...
  1:finger-0.17-61.fc28          ############################### [100%]
```

等待进度条运行到 100%，finger 就安装完成了。但是在安装 finger 的过程中，rpm 命令给出了一个警告，这个警告的原因是下载的 finger 中的 GPG 签名与 RPM 在系统中现有 GPG 公钥校验得出的签名不同。简单来说，该警告表示这个安装包并非由 CentOS 官方发布的（目前系统中只有 CentOS 官方的 GPG 公钥）。

小心

- GPG 签名是一种 RHEL/CentOS 下的安全机制，用于确保所安装软件包完整性和来源的可靠性。
- 样例中忽略了这个警告，但是在生产环境中安装可疑的 RPM 软件包时（如网络上下载的软件包），不要轻易忽略这个警告。
- 解决问题的方法就是找到对应软件包发行者的 GPG 公钥，导入系统，通过完成校验来确认软件包发行者身份。

可以查询一下是否已安装成功。如清单 9-4 所示表示安装完成了。此时已经可以在终端中使用 finger 命令了，如图 9-3 所示。

清单 9-4

```
# rpm -qa|grep finger
finger-0.17-61.fc28.x86_64
```

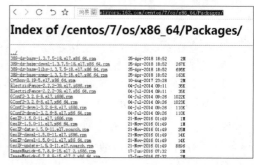

图 9-3 执行 finger 命令　　图 9-4 网易开源镜像网站中 CnetOS 7 的软件包目录

接下来，安装 gnuplot 这个函数绘图软件。同样，要先去下载其安装包文件，由于 gnuplot 被收录在 CentOS 系统中，可以到 CentOS 的镜像中去下载。这里到网易开源镜像的 CentOS 目录中去下载，根据操作系统版本选择并打开相应放置系统软件包的目录。使用的是 CentOS 7 64 位版本，因此打开的目录是 mirrors.163.com/centos/7/os/x86_64/Packages/（如图 9-4 所示），里面列出了 CentOS 7 64 位版本系统中所有的软件包名和下载链接。

注意

一般来说，CentOS 的镜像都有相同的目录结构，因此放置软件安装包的目录一般都相同，如在搜狐和阿里云镜像中，对应的目录分别如下：
- mirrors.sohu.com/centos/7/os/x86_64/Packages/
- mirrors.aliyun.com/centos/7/os/x86_64/Packages/
与网易开源网站相比较，除了网站名不同外，其目录结构完全一样。

用在页面中搜索到 gnuplot 的安装包文件下载链接，用 wget 下载软件包，下载到的安装包文件名为 gnuplot-4.6.2-3.el7.x86_64.rpm。接下来用 rpm 命令查询是否已经安装了 gnuplot，如没有就开始安装，但安装发生如清单 9-5 所示的错误。

清单 9-5

```
# rpm -ivh ./gnuplot-4.6.2-3.el7.x86_64.rpm
错误：依赖检测失败：
    gnuplot-common = 4.6.2-3.el7 被 gnuplot-4.6.2-3.el7.x86_64 需要
```

笔记

这个错误就是 RPM 软件包依赖问题，也就是说，要在当前系统中安装 gnuplot，则需要先安装 gnuplot-common 才行，而当前系统中并未安装该软件包，因此要再以同样的方式下载 gnuplot-common-4.6.2-3.el7.x86_64.rpm 软件包，将两者用 rpm 命令一并安装来解决这个问题，如清单 9-6 所示。

笔记

清单 9-6

```
# rpm -ivh ./gnuplot-common-4.6.2-3.el7.x86_64.rpm ./gnuplot-4.6.2-3.
el7.x86_64.rpm
准备中...                          ################################# [100%]
正在升级/安装...
   1:gnuplot-common-4.6.2-3.el7     ################################# [ 50%]
   2:gnuplot-4.6.2-3.el7            ################################# [100%]
```

注意

- 虽然 RPM 软件包安装依赖性问题在我们安装 finger 中没有体现出来，在安装 gnuplot 中也并不难解决，但在实际中这个问题往往会更加麻烦，有时甚至无法解决。
  - ✓ 安装依赖链：安装软件包 A，A 可能依赖于软件包 B，B 软件包又可能依赖于软件包 C，C 软件包又可能依赖于软件包 D……依此类推。
  - ✓ 互依赖：安装软件包 A，A 可能依赖于软件包 B，B 软件包又可能反过来依赖于软件包 A。
- 究其原因，正是由于 RPM 安装包是已经打包好的数据，也就是说，里面的数据已经都编译完成，所以安装时一定需要当初安装时的主机环境才能安装。当初建立这个软件的安装环境必须也要在当前主机上重现才行。

为了解决这个问题，RHEL 中引进了一个软件，专门用来解决 RPM 的依赖性问题，这个软件叫作 yum。

9.2.2　子任务 2　用 yum 安装软件

yum（yellow dog updater，modified）是由杜克大学（Duke University）开发的一个 RPM 软件包管理辅助工具，主要目的是解决 RPM 软件包的安装依赖问题（在本任务的知识点 4 中将详细说明该命令的用法）。

微课 9-2
用 yum 安装软件

注意

- yum 不是一种软件封装模式，RPM 仍然是 RHEL 和 CenOS 中的默认软件包管理器。
- 在 CentOS 中，yum 一般来说是会安装好的，如果没有安装，就需要下载 yum 相关 RPM 安装包进行手动安装。

接着用 yum 的 install 操作命令来安装 Python 运行环境，如清单 9-7 所示。

清单 9-7

```
# yum install python
```

yum 首先会检查 Pyhton 软件包是否已经安装，如已安装，则会检查是否有更新，如果均没有，那么 yum 就输出如清单 9-8 所示信息，不做任何操作，直接结束。

清单 9-8

```
软件包 python-2.7.5-69.el7_5.x86_64 已安装并且是最新版本
无须任何处理
```

如果软件包未安装或者有更新，那么就开始查找软件并解析软件包的依赖性，输出表明：yum 在名为 updates 的存储库中找到了 Python 和其依赖的 python-libs 这两个软件包，并确定了总下载大小。在回复"Y"同意该事务后，它会下载这两个包，然后安装，当出现"完毕"字样时，就表示软件包已经成功安装了。

 注意

- 严格来说，这里使用的是 yum 的客户端，下载安装的软件包都来自于 yum 的服务器端，也即 yum 软件仓库（repository）。
- 所谓"软件仓库"其实就是一个本地目录，或是一个网站，包含了软件包和索引文件。yum 可以在仓库中自动地定位并获取正确的 RPM 软件包。
- CentOS 中 yum 默认配置并启用了下列 3 个软件仓库。
  - ✓ Base：构成 CentOS 的软件包，和安装光盘上的内容相同。
  - ✓ Updates：Base 仓库中软件包的更新版本。
  - ✓ Extras：其他附加的软件包。

接下来用 yum 来安装最后一个软件包 mplayer，若不出意外，yum 会显示如清单 9-9 所示的信息。

清单 9-9

```
# yum install mplayer
……
没有可用软件包 mplayer。
错误：无须任何处理
```

原因非常简单：在 CentOS 中，yum 默认的软件来源是 CentOS 的官方软件仓库，而官方的软件仓库中没有 MPlayer 这个软件，所以需要添加包含 MPlayer 的 yum 软件仓库才能安装它。

 注意

CentOS 官方软件仓库中，出于版权协议原因和稳定性考虑，排除了很多有用的软件，如 MPlayer、Eclipse 等。

微课 9-3
添加 yum 软件
仓库

9.2.3 子任务 3 添加 yum 软件仓库

要添加一个 yum 软件仓库，必须在系统中的/etc/yum.repos.d/目录下添加一个软件仓库的描述文件。该文件约定俗成以 repo 为扩展名，因此也经常被称为 repo 文件。一个 repo 文件中往往定义了多个仓库，其中重要的内容就是每个仓库的位置，也即应该到哪里去下载仓库中的软件包和其他相关数据信息（在本任务的知识点 3 中将对 repo 文件进行更加详细说明）。

仓库维护者一般会在网站上公布自己的仓库的 repo 文件和对应用于校验该仓库中 RPM 签名的 GPG 公钥。添加一个软件仓库最简单的方法就是将仓库的 repo 文件下载到系统的/etc/yum.repo.d/目录下，然后将 GPG 公钥用 rpm 命令导入系统。

 注意

靠谱的仓库维护者一般会提供添加该软件仓库的具体步骤说明，如果有，建议按照说明来做。

本任务要安装的 Sublime Text 在官方网站上提供了软件包的专用 yum 仓库，且给出了具体添加说明，如图 9-5 所示。因此，这里按照该说明为 yum 添加 sublime Text 的软件仓库，如清单 9-10 所示。

清单 9-10

```
#rpm -v --import https://download.sublimetext.com/sublimehq-rpm-pub.gpg
# yum-config-manager --add-repo https://download.sublimetext.com/rpm/
stable/x86_64/sublime-text.repo
已加载插件: fastestmirror, langpacks, priorities, versionlock adding repo
from: https://download.sublimetext.com/rpm/stable/x86_64/sublime-text.repo
grabbing file https://download.sublimetext.com/rpm/stable/x86_64/sublime-
text.repo to /etc/yum.repos.d/sublime-text.repo
repo saved to /etc/yum.repos.d/sublime-text.repo
```

图 9-5　Sublime Text 官网上的 repo 添加说明

其中用到了命令 rpm --import 来导入的 GPG 公钥（rpm 的用法见本任务的知识点 2），用 yum-config- manager --add-repo 命令来导入 repo 文件（yum 的用法见本任务的知识点 4）。接下来就可以用 yum 来安装 Sublime Text 了，如清单 9-11 所示。

清单 9-11

```
#yum install sublime-text
```

安装完成后，可以在"应用程序"→"编程"菜单中找到 Sublime Text（如图 9-6 所示），单击即可打开。

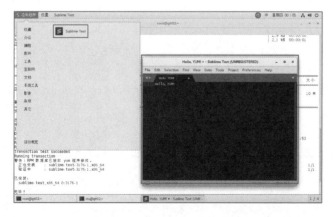

图 9-6　从菜单中打开 Sublime Text

笔 记

接下来，安装 MPlayer。该软件在 RPM Fusion 这个软件仓库中有收录，因此要为 yum 添加 RPM Fusion 的软件仓库。首先，打开 rpmfusion 官方网站，网站中提供了便于添加仓库的 RPM 软件包。

注意

仓库维护者有时会在网站上提供一个 RPM 安装包，用于让用户快速安装仓库 repo 文件和导入 GPG 公钥。

按照其安装和配置说明添加 RPM Fusion 的软件仓库。系统用的是 CentOS 7，因此按照"RHEL 7 or compatible like CentOS"下所列出的指南来完成（如清单 9-12 和图 9-7 所示）。

清单 9-12

```
# sudo yum localinstall --nogpgcheck https://download1.rpmfusion.org/free/
el/rpmfusion-free-release-7.noarch.rpm https://download1.rpmfusion.org/
nonfree/el/rpmfusion-nonfree-release-7.noarch.rpm
```

注意

localinstall 在 yum 中已经被废弃（仍可使用，但不建议使用），一般用 install 来替代。

在执行完命令后，在系统中添加了 3 个软件仓库 rpmfusion-free-release、rpmfusion-nonfree-release 和 epel-release，具体如表 9-2 所示。

表 9-2　rpmfusion 中各个软件仓库介绍

仓　库	介　　绍
rpmfusion-free-release	该仓库中的软件均为开源软件，由于其他原因未被收录到 RHEL 或者 Fedora 的官方软件仓库中
rpmfusion-nonfree-release	该仓库中的软件均不是开源软件，且正是由于这个原因未被收录到 RHEL 或者 Fedora 的官方软件仓库中
epel-release	该仓库是 epel 的仓库，rpmfusion 依赖于该仓库

列出/etc/yum.repo.d 目录，可以看到这 3 个仓库的 repo 文件已经存在了，共有 6 个 repo 文件，如清单 9-13 所示。

清单 9-13

```
# ls -l /etc/yum.repos.d/
总用量 56
-rw-r--r--. 1 root root 1664 4月  29 2018 CentOS-Base.repo
-rw-r--r--. 1 root root 1309 4月  29 2018 CentOS-CR.repo
-rw-r--r--. 1 root root  649 4月  29 2018 CentOS-Debuginfo.repo
-rw-r--r--. 1 root root  314 4月  29 2018 CentOS-fasttrack.repo
-rw-r--r--. 1 root root  630 4月  29 2018 CentOS-Media.repo
-rw-r--r--. 1 root root 1331 4月  29 2018 CentOS-Sources.repo
-rw-r--r--. 1 root root 4768 4月  29 2018 CentOS-Vault.repo
-rw-r--r--. 1 root root  951 10月  3 2017 epel.repo
-rw-r--r--. 1 root root 1050 10月  3 2017 epel-testing.repo
-rw-r--r--. 1 root root 1002 6月  19 22:44 rpmfusion-free-updates.repo
-rw-r--r--. 1 root root 1062 6月  19 22:44 rpmfusion-free-updates-testing.repo
-rw-r--r--. 1 root root 1047 6月  19 22:43 rpmfusion-nonfree-updates.repo
-rw-r--r--. 1 root root 1107 6月  19 22:43 rpmfusion-nonfree-updates-testing.repo
```

注意

- 鉴于一个 repo 文件中可以定义多个仓库，因此其中的 6 个 repo 文件并不代表添加了 6 个仓库，事实上，在其中总共添加了 18 个仓库。
- 添加的仓库也可以设置开启或者关闭，清单 9-13 中添加的 18 个仓库只有 3 个是默认开启的。

接下来就可以用 yum 来安装 MPlayer，如清单 9-14 所示。

清单 9-14

```
#yum install mplayer
```

安装完成后，就可用 mplayer 命令打开视频文件播放了，如清单 9-15 所和图 9-8 所示。

清单 9-15

```
#mplayer ./Wildlife.wmv
```

图 9-7　rpmfusion 仓库官方网站中的仓库
rpm 命令行安装指南

图 9-8　用 MPlayer 播放视频文件

至此，就完成了所有的子任务，但过程介绍及操作较为简单，因此离扎实掌握软件管理还有相当的距离，还是要对照完成任务的步骤阅读相关知识点，理解列出的概念和命令，动手完成其中的样例，才能为后续解决问题打好基础。

笔 记

9.3　必要知识

9.3.1　知识点 1　RPM 软件包

早期 Linux 的软件都是通过源码来分发，使用者基本都是通过在自己的 Linux 平台上重新编译源代码来安装软件。这种编译源代码的方式比较烦琐和复杂，要求有一定的编程基础，普通用户往往难以掌握，同时软件的管理也非常不便。为了解决这些问题，Red Hat 公司开发了一套开放的软件包封装机制，名为 RedHat package manager（RPM），是 Fedora、RHEL 及其衍生发行版本，如 CentOS、Scientific Linux、OpenSuSE 以及其他许多 Linux 操作系统中默认的软件封装方式，也是 Linux 中使用最广泛的软件包封装方式之一。

笔 记

 注意

另外一种相当常见的软件封装方式是 Debian 和 Ubuntu 中使用的 DEB 封装方式。

简单来说，RPM 将软件编译好的二进制文件、所依赖的动态库文件、配置文件以及软件所需的图片、文档、脚本等打包压缩到一个文件中，这个文件就称为 RPM 软件包。用户在用这个 RPM 软件包安装软件时，RPM 就将包里的文件解压至目标操作系统上，安装过程中，还可能动态生成一些文件，也一并安装到系统中。RPM 在安装软件包的同时，还会为已安装的软件包，以及软件包所包含的文件建立了一份数据库，管理程序利用这些内容来安全地定位、安装和卸载软件。因此对于终端用户而言，RPM 使得软件管理变得十分容易。

RPM 软件包文件一般都有一个很长的全名，包含了几个重要的信息。如清单 9-16 所示就是 CentOS 中 Python 软件包的全名。

清单 9-16

```
python-2.7.5-69.el7_5.x86_64
```

软件包全名一般由以下 4 部分信息组成。

- 名称：Python
- 版本号：2.7.5
- 发布号：69.el7_5
- 架构：x86_64

其中"架构"这一信息相当重要，它指定的是此软件对硬件和系统的要求。不同硬件架构的同一软件包是不能混用的，如 python-2.7.5-69.el7_5.x86_64.rpm 这个软件包，就不能安装在 32 位兼容架构的系统中，也不能安装在 PowerPC 系统中，只能安装在 64 位兼容架构的系统中。常见的系统架构代码如表 9-3 所示。

表 9-3　常见的系统架构代码

架　　构	适 用 机 器
i386/i586/i686	适于 32 位兼容架构的系统（32 位的 Pentium、AMD、Via）
x86_64	适于 64 位兼容架构的系统（AMD64、EM64T）
ppc	适于 PowerPC 系统（IBM Power、Mac）
noarch	适于所有架构

可以简单地使用 arch 这个命令来查看当前系统的架构，如清单 9-17 所示。

清单 9-17

```
# arch
x86_64
```

9.3.2　知识点 2　用 rpm 管理软件

RPM 是系统中最重要的软件管理工具。下面详细介绍 rpm 命令的语法和选项，并用若干例子展示子任务 2 所涉及内容之外的其他的 rpm 命令用法。

命令 rpm

用法：rpm [选项][安装包文件|软件包名]

功能：RHEL 和 CentOS 中的默认软件包管理工具，可以用于安装、查询、核实、更新以及卸载单个 RPM 软件包。

rpm 命令的常用选项及其说明如表 9-4 所示。

表 9-4　rpm 命令的常用选项及其说明

选　项	说　明
-i<安装包文件名>	安装软件
-U <安装包文件名>	更新软件
-v	显示安装详细信息（与-i 或-U 连用）
-h	安装时输出（#）作为进度条（与-iv 或-Uv 连用）
-q <软件包名>	查询软件包
-a	列出所有软件包（与-q 连用）
-l<文件名>	列出软件包中包含的所有文件（与-q 连用）
-i<软件包名>	列出软件包的详细信息（与-q 连用）
-f<软件包名>	查询包含某文件的软件包名（与-q 连用）
-p <安装包文件名>	列出安装后的软件包名（与-q 连用）
-R<软件包名>	列出软件包所依赖的其他软件包（与-q 连用）
-e<软件包名>	卸载软件
--replacepkg	无论软件包是否已被安装，都强行安装
--test	安装测试，并不实际安装
--nodeps	忽略软件包的依赖关系强行安装
-K<软件包名>	检查软件包的 PGP 签名以确保其完整性和原发性
--import<GPG 签名文件>	导入 GPG 签名文件

（1）安装软件

rpm 命令使用-i 选项来安装软件，-i 选项经常和-v（显示详细信息）和-h（显示进度条）选项连用，如清单 9-18 所示。

清单 9-18

```
#rpm -i finger-0.17-63.fc29.x86_64.rpm
```

如果用 rpm 命令所安装的软件包依赖于某些未安装的软件包，会输出错误信息，并且具体指出依赖于哪些未安装的包，如清单 9-19 所示。

清单 9-19

```
# rpm -ivh ./gnuplot-4.6.2-3.el7.x86_64.rpm
错误：依赖检测失败：
    gnuplot-common = 4.6.2-3.el7 被 gnuplot-4.6.2-3.el7.x86_64 需要
```

rpm 命令知道 gnuplot 这个包有一个依赖包 gnuplot-common，如果要正确安装 gnuplot，则需要获取 gnuplot-common 包，然后再次尝试同时安装这两个包，看看是否还有其他依赖包（因为 gnuplot-common 可能还会依赖于别的包），重复这个过程，直到满足所有依赖关系为止。很幸运，gnuplot-common 并不依赖于其他未安装的包了，因此安装成功了，如清单 9-20 所示。

清单 9-20

```
# rpm -ivh ./gnuplot-4.6.2-3.el7.x86_64.rpm ./
gnuplot-common-4.6.2-3.el7.x86_64.rpm
准备中...                         ################################# [100%]
正在升级/安装...
  1:gnuplot-common-4.6.2-3.el7     ################################# [ 50%]
  2:gnuplot-4.6.2-3.el7            ################################# [100%]
```

笔 记

注意

rpm 的软件包依赖性往往会形成所谓的安装依赖链，也即要安装软件包 A，A 依赖软件包 B，B 软件包又依赖软件包 C，C 软件包又依赖软件包 D……，依此类推，有时依赖软件包会多达上百，手动完成安装几乎是不可能的。

（2）更新软件

rpm 命令使用-U 选项来更新软件，如果要更新的软件不存在，则直接安装。

 注意

rpm 命令的-i 选项是不能替代-U 选项的，用 rpm -i 选项来直接覆盖安装已经存在的软件（不同版本）是不可行的，会提示不同版本的软件包中的文件会发生冲突。

如果现在系统中已经存在了 openssl-libs-1:1.0.1e-34.el7.x86_64 这个软件，要将其更新为 openssl-libs-1.0.2k-12.el7.x86_64，那么直接安装会提示文件冲突，如清单 9-21 所示。

清单 9-21

```
# rpm -ivh openssl-libs-1.0.2k-12.el7.x86_64.rpm
准备中...                    ################################# [100%]
    file /usr/lib64/.libcrypto.so.10.hmac from install of openssl-libs-
1:1.0.2k-12.el7.x86_64 conflicts with file from package openssl-libs-
1:1.0.1e-34.el7.x86_64

......
    file /usr/lib64/openssl/engines/libubsec.so from install of openssl-
libs-1:1.0.2k-12.el7.x86_64 conflicts with file from package openssl-libs-
1:1.0.1e-34.el7.x86_64
```

 注意

更新时也要关注软件包的依赖性。例如，要将 A-1.00.rpm 更新为 A-1.10，但 A-1.00.rpm 软件包依赖于 B-1.00.rpm 软件包，或者被 B-1.00.rpm 软件包所依赖，那么就需要同时更新 B-1.00 软件为与 A-1.10 相匹配的版本如 B-1.10，否则 rpm 将会报错。

如果现在系统中已经存在了 openssl-libs-1:1.0.1e-34.el7.x86_64 和 openssl-1:1.0.1e-34.el7.x86_64 这两个软件，其中 openssl 是依赖于 openssl-libs 的，那么此时单独更新 openssl 或者 openss-lib 都是会报错的，如清单 9-22 所示。

清单 9-22

```
#rpm -Uvh openssl- -1.0.2k-12.el7.x86_64.rpm
错误：依赖检测失败：
openssl-libs(x86-64) = 1.0.2k-12.el7 被 openssl-1.0.2k-12.el7.x86_64 需要
#rpm -Uvh openssl-libs -1.0.2k-12.el7.x86_64.rpm
错误：依赖检测失败：
openssl-libs(x86-64) = 1:1.0.1e-34.el7 (已安装) 被 openssl-1:1.0.1e-34.el7.
x86_64 需要
```

需要将 openssl 和 openss-lib 这两个软件一并更新，如清单 9-23 所示。

清单 9-23

```
#rpm -Uvh openssl-libs-1.0.2k-12.el7.x86_64.rpm
openssl-1.0.2k-12.el7.x86_64.rpm
准备中...                    ################################# [100%]
正在升级/安装...
    1:openssl-libs-1:1.0.2k-12.el7 ################################# [ 25%]
    2:openssl-1:1.0.2k-12.el7     ################################# [ 50%]
```

```
正在清理 /移除...
  3:openssl-1:1.0.1e-34.el7    ############################## [ 75%]
  4:openssl-libs-1:1.0.1e-34.el7############################## [100%]
```

（3）查询软件

rpm 命令用-q 选项查询软件，会列出软件包的完整名称，如清单 9-24 所示。

清单 9-24

```
# rpm -q finger
finger-0.17-61.fc28.x86_64
```

rpm 命令的-q 选项往往会和其他一些选项连用，用于实现更多的查询功能。下面用一些例子展示与-q 选项连用的一些常见选项。

● -q 选项与-a 选项连用：表示查询系统中的所有软件包，这会生成许多输出，因此与一个或多个文本过滤器命令构成命令管道，如清单 9-25 所示。

清单 9-25

```
#rpm -qa | sort |less       #列出系统中所有软件，按字母升序排列，并分页查看
#rpm -qa | wc -l            #列出系统中软件包的数目
#rpm -qa | grep gcc         #查找系统中名字中包括"gcc"字样的软件包
```

● -q 选项与-l 选项连用：列出指定软件包中包含的所有文件，如清单 9-26 所示。

清单 9-26

```
# rpm -ql finger            #列出 finger 软件包中的所有文件
/usr/bin/finger
/usr/lib/.build-id
/usr/lib/.build-id/d2
/usr/lib/.build-id/d2/acce01875515fe15b0bf69825b5f4adc4c7a34
/usr/share/doc/finger
/usr/share/doc/finger/COPYING
/usr/share/man/man1/finger.1.gz
```

● -q 选项与-f 选项连用：查询指定的文件属于哪个软件包，如清单 9-27 所示。

清单 9-27

```
# which db_load             #用 which 查看命令的完整文件路径
/bin/db_load
# rpm -qf /bin/db_load      #查找该文件属于哪个软件包
libdb-utils-5.3.21-24.el7.x86_64
```

 注意

- 许多软件包和命令并不同名，一个软件包中也可能会包含多个命令，如果知道命令的名字，但并不知道软件包的名字，此时就可以用-qf 选项进行查询。
- yum 的 provides 命令也提供了类似的功能。

● -q 选项与-i 选项连用：查询指定包的详细信息，包括名字、版本以及描述，如清单 9-28 所示。

清单 9-28

```
#rpm -qi finger             #查看 finger 的详细信息
Name        : finger
Version     : 0.17
Release     : 61.fc28
Architecture: x86_64
Install Date: 2018 年 11 月 05 日 星期一 22 时 33 分 42 秒
Group       : Unspecified
Size        : 35105
License     : BSD
```

笔 记

笔 记

....

....

....

....

....

....

....

....

```
Signature   : RSA/SHA256, 2018 年 02 月 08 日 星期四 22 时 22 分 27 秒, Key ID
e08e7e629db62fb1
Source RPM : finger-0.17-61.fc28.src.rpm
Build Date : 2018 年 02 月 08 日 星期四 22 时 18 分 14 秒
Build Host : buildvm-06.phx2.fedoraproject.org
Relocations : (not relocatable)
Packager    : Fedora Project
Vendor      : Fedora Project
Summary     : The finger client
Description :
Finger is a utility which allows users to see information about system
users (login name, home directory, name, how long they've been logged
in to the system, etc.).  The finger package includes a standard
finger client.
```

● -q 选项与-R 选项连用：查询该包所依赖的所有软件包，如清单 9-29 所示。

清单 9-29

```
#rpm -qR finger                     #查询 finger 所依赖的所有软件包
libc.so.6()(64bit)
libc.so.6(GLIBC_2.2.5)(64bit)
libc.so.6(GLIBC_2.3)(64bit)
libc.so.6(GLIBC_2.3.4)(64bit)
libc.so.6(GLIBC_2.4)(64bit)
rpmlib(CompressedFileNames) <= 3.0.4-1
rpmlib(FileDigests) <= 4.6.0-1
rpmlib(PayloadFilesHavePrefix) <= 4.0-1
rpmlib(PayloadIsXz) <= 5.2-1
```

（4）卸载软件

rpm 命令使用-e 选项卸载软件，如果 rpm 没有任何输出，就表示卸载软件包成功了，如清单 9-30 所示。

清单 9-30

```
#rpm -q finger                        #查看软件包的完整名称
finger-0.17-61.fc28.x86_64
#rpm -e finger-0.17-61.fc28.x86_64     #卸载需要用到软件包的完整名称
```

 注意

用 rpm 命令卸载软件包需要知道软件包包括版本号、发行号和硬件架构在内的完整名称。

如果试图卸载其他软件包所依赖的包时，rpm 命令不会执行卸载动作，并输出错误信息，指出有哪些包是依赖于要卸载的软件包，如清单 9-31 所示。

清单 9-31

```
# rpm -e gnuplot-common-4.6.2-3.el7.x86_64
错误：依赖检测失败：
    gnuplot-common = 4.6.2-3.el7 被 (已安装) gnuplot-4.6.2-3.el7.x86_64 需要
```

9.3.3　知识点 3 软件仓库和 repo 文件

首先要弄清楚的是，yum 是一个"服务器—客户端"结构的软件，即通过配置，让 yum 命令（客户端）到指定的 yum 软件仓库（服务器端）上获取服务。因此，yum 软件仓库就是一个服务器，主要提供两项服务：一是软件依赖关系的分析；二是软件包的下载。yum 命令（客户端）如果需要安装某个软件时，就先下载软件仓库中的依赖性关系文件，通过对数据进行分析得知所有依赖软包，一次全部下载下来进行安装。

（1）repo 文件

yum 在 repo 文件所定义和配置的软件仓库。CentOS 官方软件仓库的 repo 文件 CentOS-Base.repo 如清单 9-32 所示。下面以这个文件为例来解释 repo 文件。

清单 9-32

```
# CentOS-Base.repo
#仓库 base
[base]
name=CentOS-$releasever - Base
mirrorlist=http://mirrorlist.centos.org/?release=$releasever&arch=$base
arch&repo=os&infra=$infra
#baseurl=http://mirror.centos.org/centos/$releasever/os/$basearch/
gpgcheck=1
gpgkey=file:///etc/pki/rpm-gpg/RPM-GPG-KEY-CentOS-7

#仓库 updates
[updates]
name=CentOS-$releasever - Updates
mirrorlist=http://mirrorlist.centos.org/?release=$releasever&arch=$base
arch&repo=updates&infra=$infra
#baseurl=http://mirror.centos.org/centos/$releasever/updates/$basearch/
gpgcheck=1
gpgkey=file:///etc/pki/rpm-gpg/RPM-GPG-KEY-CentOS-7

#仓库 extras
[extras]
name=CentOS-$releasever - Extras
mirrorlist=http://mirrorlist.centos.org/?release=$releasever&arch=$base
arch&repo=extras&infra=$infra
#baseurl=http://mirror.centos.org/centos/$releasever/extras/$basearch/
gpgcheck=1
gpgkey=file:///etc/pki/rpm-gpg/RPM-GPG-KEY-CentOS-7

#仓库 centosplus
[centosplus]
name=CentOS-$releasever - Plus
mirrorlist=http://mirrorlist.centos.org/?release=$releasever&arch=$base
arch&repo=centosplus&infra=$infra
#baseurl=http://mirror.centos.org/centos/$releasever/centosplus/$basearch/
gpgcheck=1
enabled=0
gpgkey=file:///etc/pki/rpm-gpg/RPM-GPG-KEY-CentOS-7
```

这个 repo 文件分为 5 部分，表示定义配置的 5 个仓库，如表 9-5 所示。

表 9-5　CentOS 官方仓库列表

仓库名称	内容
base	构成 CentOS 基本软件包，和光盘上的内容相同，默认启用
updates	Base 仓库中软件包的更新版本，默认启用
extras	一大批附加的软件包，默认启用
centosplus	针对 base 及 updates 软件库内的组件的更新。这些更新组件并不属于正式的发行，所以更新的同时牺牲了与先前版本的兼容性。启用该软件库会导致 CentOS 与正式版本有差别。默认不启用
contrib	这个软件库包含了 CentOS 用户贡献的组件，它们并不会与核心发行版本的组件重叠。这些组件未经过 CentOS 的开发者测试，亦未必会同步跟随 CentOS 正式版本的发行。默认不启用

以仓库 base 为例，对其中的配置逐项进行说明，如表 9-6 所示。

表 9-6　repo 配置项释义

配　置　项	作　　用
[base]	该选项定义了软件仓库 ID，例子中的值是 base，该名称可以自定义，但必须保证在本机的所有 repo 文件中是唯一的。注意：方括号里面不能有空格
name	该选项定义了软件仓库的名称，例子中的值是 CentOS-$releasever – Base，$releasever 是一个变量，代表了当前系统的发行版本，通常是 5、6、7 等数字
mirrorlist	该选项指定仓库镜像服务器的地址列表，　yum 默认会搜索其中最快的镜像地址进行连接
baseurl	该选项指定一个 baseurl（仓库镜像服务器地址），用户往往会选择一个最快的镜像服务器地址作为该选项的值 注意在例子中，这行第一个字符是#，表示该行已经被注释，如要启用，需要去除#，并将 mirrorlist 一行注释掉
enabled	该选项表示是否启用这个仓库，1 代表启用；0 代表不启用
gpgcheck	该选项表示对通过该软件仓库下载的 RPM 包进行 GPG 签名校验，1 代表校验；0 代表不校验
gpgkey	该选项指定了用于校验软件签名的 GPG 公钥文件位置

拓展阅读 9-1
搭建 yum 软件仓库

（2）常用第三方软件仓库

除了 CentOS 官方提供的软件仓库外，其他得到用户认可的常用的第三方软件仓库如表 9-7 所示。

表 9-7　常用第三方软件仓库

名　　称	介　　绍
EPEL	EPEL 的全称为 Extra Packages for Enterprise Linux，是针对 Red Hat 企业版（RHEL）及其衍生发行版（如 CentOS）的一个高质量附加软件仓库项目。EPEL 的软件包通常不会与 RHEL 官方源中的软件包发生冲突
RPM Fusion	RPM Fusion 为 Fedora 及 RHEL 及其衍生发行版的用户提供其官方源和 EPEL 源中不愿收录的软件，RPM Fusion 通常不会和 Fedora、RHEL 官方源和 EPEL 源中的软件包发生冲突
ELRepo	ELRepo 主要向 RHEL 及其衍生发行版提供的增强硬件支持的软件包（包括显示、文件系统、硬件监控、网络、音效、网络摄像镜驱动程序）
Remi	Remi 主要向 RHEL 及其衍生发行版提供 PHP 相关以及其他的一些软件包
Webtatic	Webtatic 主要向 RHEL 及其衍生发行版提供 Nginx、MySQL 和 PHP 相关的软件包

9.3.4　知识点 4 用 yum 管理软件

拓展阅读 9-2
使用 yum 插件

yum 是 RHEL 中最重要也是最常用的软件管理工具。下面详细介绍 yum 及其辅助工具 yum-config-manager 命令的语法、选项和操作命令等，并用若干例子展示了子任务 2 所涉及内容之外的其他的 yum 命令用法。

　命令 yum

用法：yum [选项][操作命令|软件名]

功能：在 Fedora 和 RedHat 以及 SUSE 中基于 RPM 的软件包管理器，它可以使系统管理人员交互和自动化地更新与管理 RPM 软件包，能够从指定的服务器自动下载 RPM 包并且安装，可以自动处理依赖性关系。

yum 命令的常用选项及其说明如表 9-8 所示。

表 9-8　yum 命令的常用选项及其说明

选项	说　　明
-y	自动模式，对所有的提问都回答"yes"
-q	安静模式，只输出必要信息，如与-y 合用，则不输出信息
-v	显示安装详细信息
-C	完全从缓存中运行，而不去下载或者更新任何头文件（也即软件依赖信息）

yum 常用操作命令如表 9-9 所示。

表 9-9　yum 常用操作命令

操　　作	说　　明
install 软件包名	安装指定软件包
update 软件包名	更新指定软件包
remove 软件包名	删除指定软件包
info 软件包名	显示指定软件包的描述和简介信息
list [选项][关键字]	列出名称匹配关键字所有软件清单，有两个常用选项： ● available：显示可装（但未装）的软件包 ● installed：显示已装的软件包
search 关键字	通过关键字匹配软件名称和简介来搜索软件包
deplist<软件包名>	列出指定 RPM 软件包的所有依赖关系

拓展阅读 9-3
yum 的替代者 dnf

 命令 yum-config-manager

用法：yum-config-manager [选项]

功能：yum-config-manager 是一个用于管理 yum 配置和软件仓库工具。

yum-config-manager 命令的常用选项及其说明如表 9-10 所示。

表 9-10　yum-config-manager 命令的常用选项及其说明

选　　项	说　　明
--enable <仓库名>	启用指定仓库
--disable <仓库名>	禁用指定仓库
--add-repo=<仓库 repo 文件>	从指定 repo 文件添加仓库

（1）安装软件

安装软件命令是 install，后面跟上要安装的软件名，如清单 9-33 所示。

清单 9-33

```
# yum install gcc        #安装名为 gcc 的软件
```

 注意

install 后跟的这个软件包名一般来说应该是软件不包括版本号、发行号和硬件架构在内的短名，因为 yum 会自动辨识系统硬件架构并选择合适的软件版本。

也可以用 install 来安装存储在本地或者位于远程主机上的 RPM 包，后面跟上要安装的 RPM 包文件名，如清单 9-34 所示。

笔记

....

....

....

....

....

....

....

....

....

....

....

笔记

清单 9-34

```
# yum install ./ gcc-4.8.5-28.el7_5.1.x86_64.rpm
                              #安装当前目录下的指定 RPM 软件包
# yum install http://mirrors.163.com/centos/7/os/x86_64/Packages/gcc-
4.8.5-28.el7_5.1.x86_64.rpm
#安装远程主机上的指定 RPM 软件包
```

（2）更新软件

更新软件的命令是 update，如果后面不跟具体的软件包，那么就更新整个系统，如清单 9-35 所示。

清单 9-35

```
# yum update gcc        #更新系统中名为 gcc 的软件
# yum update            #更新整个系统
```

注意

如果在更新某个软件时，而它正在被使用，那么旧版本仍然有效，直到重新启动应用程序或服务。

（3）卸载软件

卸载软件的命令是 remove，后面跟上要卸载的软件名。

与安装软件相同，yum 会解析要卸载的软件的依赖性，也即哪些软件依赖该软件，如果用户同意，yum 会将这些软件一并卸载，如清单 9-36 所示。

清单 9-36

```
# yum remove cpp
已加载插件：fastestmirror, langpacks
正在解决依赖关系
......
依赖关系解决
================================================================
 Package       架构        版本              源          大小
================================================================
正在删除：
 cpp         x86_64      4.8.5-28.el7_5.1    @updates     15 M
为依赖而移除：
 gcc         x86_64      4.8.5-28.el7_5.1    @updates     37 M

事务概要
================================================================
移除  1 软件包 (+1 依赖软件包)
安装大小：52 MB
是否继续？[y/N]:
```

注意

与 rpm 不同，用 yum 卸载软件时不需要知道软件包括版本号、发布号、硬件架构在内的完整名称如 gcc-4.8.5-28.el7_5.1.x86_64.rpm，而只使用软件短名 gcc 即可。

小心

● 卸载软件时要注意 yum 输出的依赖软件包列表中是否有自己想保留的软件。

- 在卸载软件时建议不要开启自动模式（-y 选项）。
- 卸载不一定会保留软件的用户数据（配置文件、日志等）。

（4）静默自动操作

许多时候，并不希望 yum 在操作时输出很多内容到标准输出，也不希望其每次都询问是否下载安装，此时就可以使用 yum 的-q 选项和-y 选项来让 yum 静默自动操作，即不会将输出信息定向到标准输出，也不会与用户交互，如清单 9-37 所示。

清单 9-37

```
# yum -q -y install gcc    #如执行不出错，此条命令不会输出任何内容
```

 注意

在 yum 中，选项-y（自动模式）和-q（静默模式）不能像其他命令中的选项那样连用，只能单独分开使用，也即不能写成如下形式。

```
yum -qy install gcc       # yum 会忽略连用的-qy 选项
```

（5）列出/搜索软件

列出软件包的命令是 list，如清单 9-38 所示。

清单 9-38

```
# yum list                 #列出系统中所有可安装和已经安装的软件
# yum list available       #列出系统中所有可安装的软件
# yum list installed       #列出系统中所有已安装的软件
```

list 后面可以跟软件名称关键字（通配符也适用），用于搜索具体软件包，如清单 9-39 所示。

清单 9-39

```
# yum list installed gcc   #列出已经安装的，名为 gcc 的软件
# yum list available *gcc* #列出可安装的，名字中包含"gcc"字样的软件
# yum list \[x-z\]*        #列出系统中以 x、y、z 字符开头的所有软件
```

yum is 也可以与 grep 构成命令管道，用正则表达式实现更复杂的搜索，如清单 9-40 所示。

清单 9-40

```
# yum list|grep '^apache'|grep -v 'commons'
#列出系统中名字以"apache"字样打头，同时名字中不包括 commons 字样的软件
```

如果不知道软件的名称，可以使用 search 命令进行查询。search 会在软件的名称和简介信息中匹配给定的关键字的值，如清单 9-41 所示。

清单 9-41

```
# yum search pam           #查找名字和简介信息中包含"pam"字样的软件
```

如果只知道命令名称，不知道提供该命令的软件包名称，可以使用 provides 命令反查软件包名称，如清单 9-42 所示。

清单 9-42

```
#yum provides db_load      #查找提供 db_load 命令的软件
```

（6）列出软件概要信息

列出软件包概要信息的命令是 info，可以列出指定软件包名称、架构、版本、软件简介等信息，如清单 9-43 所示。

笔 记

清单 9-43

```
# yum info gcc                        #显示软件包 gcc 的概要信息
```

（7）列出软件依赖信息

列出软件包依赖信息的命令是 deplist，可以列出指定软件包依赖于哪些其他的软件包，如清单 9-44 所示。

清单 9-44

```
# yum deplis python                   #列出软件包 python 所依赖的软件
    ……
依赖: /bin/sh
provider: bash.x86_64 4.2.46-30.el7
    ……
依赖: rtld(GNU_HASH)
provider: glibc.x86_64 2.17-222.el7
provider: glibc.i686 2.17-222.el7
```

9.4　任务小结

在完成了本任务之后，小 Y 应对 CentOS 中的软件管理有了一些了解了。现在，小 Y 应该能够：

1．用 RPM 查看、安装、更新和卸载软件。
2．用 yum 查看、安装、更新和卸载软件。
3．添加配置 yum 软件仓库。

同时，小 Y 应该已经了解如下概念和知识：

1．RPM 包结构。
2．软件依赖性。
3．rpm 和 yum 命令。
4．yum 工作原理。
5．yum 软件仓库和 repo 文件。

任务 *10*

管理进程和服务

——流水不腐,户枢不蠹,动也。

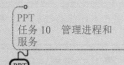

任务场景

这次小 Y 收到了一个任务：维护一台研发部的内部测试服务器主机，其中有 3 个零星的小任务，首先是这台主机运行速度很慢，有时通过 SSH 无法联机的问题需要解决；二是要为该台主机部署配置一个 MariaDB 数据库服务器，并启动运行；三是要定期清理该台主机的日志文件。小 Y 准备一鼓作气，一次性完成这 3 个小任务。

在摸索研究的过程中，小 Y 逐渐发现这 3 个貌似毫无关联的维护小任务，其实有着千丝万缕的联系，因为归根结底，这 3 个任务中操纵管理的主要对象都是系统中运行着的程序，即 Linux 中的进程。接下来，就和小 Y 一起来完成这 3 个小任务，同时一起来学习、掌握 RHEL/CentOS 中的进程和服务相关的概念、原理和命令。

PPT
任务 10 管理进程和服务

核心素养

10.1 任务介绍

3 个零星小任务的具体要求如下：

● 测试服务器主机在某次测试部署执行后响应速度变慢，无法正常完成测试任务，需要定位并排除该故障。

● 在测试服务器主机上部署一个 httpd 服务器，让其开机自启动，并确保服务器可访问。

● 在接下来的 5 天（2018-11-21—2018-11-25）里，每天 22：00 以 tester 用户身份执行项目组准备好的自动测试脚本 batch_test.sh。

微课 10-1
查看进程

10.2 任务实施

10.2.1 子任务 1 查看和操纵进程

子任务 1 中要解决的是主机的一个故障，具体现象是主机在某次测试部署执行后响应速度变慢，无法正常完成测试任务。

 注意

> 可以在 vim 中编写附录 B 中提供的 sde-mod-authd.c 源码，保存后在同一目录下运行附录 B 中提供的 10.sh 脚本来生成 4 个模拟异常进程。

如果发现主机的响应速度莫名其妙地下降甚至不响应，且主机并未在执行一些占用大量计算、存储等系统资源的程序，首先就要高度怀疑主机中存在着异常（往往是占用大量系统资源的）进程。

笔 记

 注意

> 进程不是程序，可以简单将进程理解为运行中的程序。将在本任务的知识点 1 中具体介绍进程这个概念。

首先要找出哪些进程拖慢了系统速度。对于查看系统中的进程，Linux 提供了两种常用的工具：ps 和 top。

ps 命令是 proces status 的缩写，顾名思义，就是查看进程状态的命令。使用 ps 命令可以列出当前系统中所有进程的运行状态、进程已运行了多久、进程正在使用的资源、进程的相对优先级、进程的标志号（PID）、启动进程的用户以及启动进程的命令等一系列信息，这些对于系统管理员用来了解系统中进程的运行情况至为重要。

下面就使用 ps 命令来尝试获得当前系统中所有进程的信息，输出如清单 10-1 所示，显示的每一行均代表一个进程，只有 3 行，但系统中的进程肯定不止 3 个进程，原因很简单：不带任何选项的 ps 命令输出的是当前用户在当前终端上本次登录会话（session）中的运行的进程。

清单 10-1

```
# ps
   PID    TTY          TIME      CMD
  6516    pts/1     00:00:00    su
  6524    pts/1     00:00:00    bash
  6748    pts/1     00:00:00    ps
```

拓展阅读 10-1
用 top 查看进程

如果要查看系统中的所有进程，就需要带一些选项。例如添加了 a、u、x 三个选项来输出系统中的所有进程，如清单 10-2 所示。此时，仍然发现一个问题，就是显示的进程太多了，而且是按照进程号（PID）来排序的，很难定位异常进程。

清单 10-2

```
# ps aux
USER         PID %CPU %MEM    VSZ   RSS TTY      STAT START   TIME COMMAND
root           1  0.0  0.3 193676  6872 ?        Ss   18:48   0:04 /usr/lib/
              systemd/systemd --switched-root --system --deserialize 22
root           2  0.0  0.0      0     0 ?        S    18:48   0:00 [kthreadd]
root           3  0.0  0.0      0     0 ?        S    18:48   0:00 [ksoftirqd/0]
root           5  0.0  0.0      0     0 ?        S<   18:48   0:00 [kworker/0:0H]
root           7  0.0  0.0      0     0 ?        S    18:48   0:00 [migration/0]
root           8  0.0  0.0      0     0 ?        S    18:48   0:00 [rcu_bh]
root           9  0.0  0.0      0     0 ?        S    18:48   0:03 [rcu_sched]
root          10  0.0  0.0      0     0 ?        S<   18:48   0:00 [lru-add-drain]
......此处省略若干行
```

可以让进程按照其占用的 CPU 或者内存来排序。下面就添加 "--sort =-%cpu" 选项将输出按 "%CPU"（即进程占用的 CPU 比例）这个字段值降序排列，并结合管道和 head 命令，只输出头 10 行，输出如清单 10-3 所示。

清单 10-3

```
# ps aux --sort=-time|head
USER  PID   %CPU %MEM VSZ    RSS    TTY    STAT  START  TIME   COMMAND
root  7249  99.9 0.0  4212   348    pts/0  R+    22:38  24:30  ./sde-mod-authd
root  7250  99.9 0.0  4212   88     pts/0  R+    22:38  24:30  ./sde-mod-authd
root  7251  99.9 0.0  4212   348    pts/0  R+    22:38  24:30  ./sde-mod-authd
root  7252  99.9 0.0  4212   88     pts/0  R+    22:38  24:30  ./sde-mod-authd
stu   2068  0.2  8.5  390537 172700 ?      Sl    18:48  0:31   /usr/bin/gnome-
root  1509  0.1  1.6  358932 33008  tty1   Ssl+  18:48  0:20   /usr/bin/X:0 -bac-
root  822   0.1  0.3  320252 6672   ?      Ssl   18:48  0:18   /usr/bin/vmtoolsd-
stu   3143  0.0  1.9  873532 39132  ?      Sl    19:03  0:12   /usr/libexec/gnom-
stu   2751  0.0  0.3  600640 7624   ?      Sl    18:49  0:07   /usr/bin/ibus-xim-
......此处省略若干行
```

笔记

每行都有 11 个字段，每个字段均为进程的一个属性（在本任务的知识点 2 中有详细说明），这里所关心的是 3 个字段：第三个字段 "%CPU"、第八个字段 "STAT" 和第十个字段 "TIME"。"%CPU" 表示的是进程占用的 CPU 百分比，可以看到这 4 个进程几乎占用 100% 的 CPU（双核四线程），并且由 "STAT" 可以得知，这两个进程正在运行中，而由 "TIME" 可以得知这两个进程已经运行了相当长的时间。显然这 4 个进程正是要找的 "罪魁祸首"。

 注意

关于 ps 命令的用法将在本任务的知识点 2 中详述。

确定了异常进程后，接下来就需要结束这些进程。最常用的结束进程的命令是

kill，顾名思义，就是"杀死"（终止）进程。首先来杀死 PID 为 7249 的进程，如清单 10-4 所示。

清单 10-4

```
# kill 7249
```

 注意

关于 kill 命令的用法将在本任务的知识点 2 中详述。

接下来用同样的方法杀死 7250、7251 和 7252 进程。至此，就将所有占用 CPU 的恶意进程终止了。

10.2.2 子任务 2 启动 httpd 服务

本任务要在计算机上部署一个 httpd 服务器，让其开机自启动，并确保服务器可访问。

httpd 服务器的全称为 Apache HTTP Server，其主要功能就是给用户提供 Web 服务。httpd 不是一个运行在前台、通过 shell 或者图形界面和用户交互的进程，而是一个运行在后台，不直接和用户进行交互的进程，因此它又是一个所谓的守护进程（daemon）。事实上，httpd 名字中的字母"d"就代表了 daemon，它是一个能够提供 Web 服务的守护进程。

微课 10-2
操纵进程

 注意

- 服务和守护进程不是一个概念：服务不一定由是守护进程提供的，守护进程也不一定会提供服务，但这两个概念在 Linux 中经常被联系在一起，原因很简单，在 Linux 中，绝大部分系统服务和网络服务都是由相应的守护进程提供的，有时甚至会用"某某服务"来指代提供该服务的守护进程。
- 关于守护进程和服务的概念将在本任务的知识点 1 中详述。

微课 10-3
查看和操纵系统服务

在启动 httpd 前，需要用 yum 查询一下系统中是否已经安装了 httpd，如未安装，则需要用 yum 来安装，如清单 10-5 所示。

清单 10-5

```
# yum -y instsall httpd
```

启动或者停止一个服务相对启动或停止前台应用程序来说要更加复杂，在早期的 RHEL/CentOS 中，一般使用一些服务预设好的 shell 脚本来完成这些任务。在 RHEL/CentOS 7 中彻底抛弃了这种老方法，转而使用一个名为 Systemd 的系统来统一管理系统中的服务（service）。

 注意

Systemd 是一个庞大的系统。关于 Systemd 的话题将在本任务的知识点 4 和 5 中详述。

使用 Systemd 中提供的一个命令 systemctl 来检查并启动 httpd。首先用 systemctl list-unit-files httpd.service 来检查 httpd 这个服务的单元文件是否已经安装完成了，因为 systemd 需要这个单元文件来管理 httpd 服务。命令有输出，表示查找到了该单元文件，单元文件名就是 httpd.service，状态是 disabled（禁用，此处表示该服务不开机自启动），如清单 10-6 所示。

清单 10-6

```
#systemctl list-unit-files httpd.service
UNIT FILE      STATE
httpd.service disabled
```

接下来，就用 systemctl start http.service 让这个服务启动起来，然后用 systemctl status httpd.service 去查看这个服务的运行状态，如清单 10-7 所示。

清单 10-7

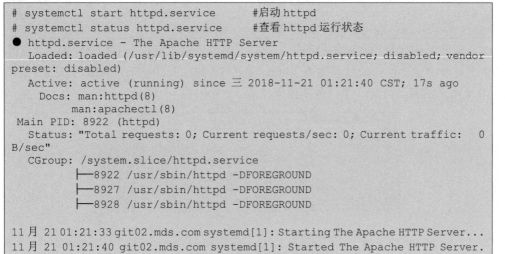

```
# systemctl start httpd.service      #启动 httpd
# systemctl status httpd.service     #查看 httpd 运行状态
● httpd.service - The Apache HTTP Server
  Loaded: loaded (/usr/lib/systemd/system/httpd.service; disabled; vendor
preset: disabled)
  Active: active (running) since 三 2018-11-21 01:21:40 CST; 17s ago
   Docs: man:httpd(8)
         man:apachectl(8)
 Main PID: 8922 (httpd)
  Status: "Total requests: 0; Current requests/sec: 0; Current traffic:   0
B/sec"
  CGroup: /system.slice/httpd.service
          ├─8922 /usr/sbin/httpd -DFOREGROUND
          ├─8927 /usr/sbin/httpd -DFOREGROUND
          ├─8928 /usr/sbin/httpd -DFOREGROUND

11月 21 01:21:33 git02.mds.com systemd[1]: Starting The Apache HTTP Server...
11月 21 01:21:40 git02.mds.com systemd[1]: Started The Apache HTTP Server.
```

微课 10-4
部署 LNMP

在运行状态的输出中，目前需要了解的有以下两行。

● 以"Loaded:"开头的行显示了该服务单元文件的加载状态：loaded 表示已经被载到内存中，后面是该服务单元文件的路径；disabled 表示服务为启用（注意，不是未启动）。

● 以"Active:"开头的行显示了单元的启动状态：active（runing）表示已启动成功，服务正在运行。

笔记

服务已经正常启动，但这只是一次性的，重启后服务不会自动启动，所以需要用 systemctl enable httpd.service 启用它（即让该服务开机自启动），然后使用 systemctl is-enable httpd.service 命令检查是否成功启用，如清单 10-8 所示。

清单 10-8

```
# systemctl enable httpd.service             #启用服务
Created symlink from
/etc/systemd/system/multi-user.target.wants/httpd.service to
/usr/lib/systemd/system/httpd.service.
# systemctl is-enabled httpd.service         #检查是否已经启用
enabled
```

此时，httpd 服务器的安装部署就完成了，但此时该服务器还不能够在网络上被访问到，因为系统中的防火墙是默认不开放 HTTP 服务所使用的 80 端口的，因此还需要配置系统的防火墙，让客户端能够通过 80 端口访问 httpd 服务器。

笔记

 注意

- systemctl 还提供了 restart 和 stop 操作命令来重启和停止服务。
- systemctl 是一个功能众多的"大命令"。关于该命令将在本任务的知识点 5 中详述。

可以通过系统防火墙服务的文本界面命令 firewall-cmd 来允许外部主机访问本地主机的 80 端口，如显示 success，就表示添加成功，如清单 10-9 所示。其中，--add-service http 表示在防火墙中添加 HTTP 服务，即开放 80 端口；--permanent 表示该条规则永久生效（如不添加该选项，那么重启后规则会失效）。

清单 10-9

```
#firewall-cmd --add-service http
success
#firewall-cmd --add-service http --permanent
```

至此，就将 HTTP 服务启动好了，接下来就可以访问这个 HTTP 服务了。在本机上打开浏览器，在地址栏输入"http://本机 IP 地址"并回车，如果可以打开如图 10-1 所示的测试页面，子任务 2 就算完成了。

图 10-1　httpd 测试页面

10.2.3　子任务 3 安排定期测试任务

微课 10-5
安排定期测试任务

接下来，就来一起完成子任务 3，要完成的任务很明确，就是在接下来的 5 天（2018-11-21—2018-11-25）里，每天凌晨 22：00 以 tester 用户身份执行项目组准备好的自动测试脚本 batch_test.sh，并将脚本的输出重定向到"/tmp/testdata/当天日期.txt"文件中。

显然，这个任务不适合手动完成。这时就得想到计划任务这个工具了。在 Linux 中有两个常用的计划任务工具：at 和 crontab。其中，at 适合用来安排一次性的计划任务；crontatb 适合用来安排周期性的计划任务。显然，任务在 5 天内都要重复执行，比较适合使用 crontab 工具。

　　常见的 crontab 计划任务可以分为系统计划任务和用户计划任务，执行测试脚本这个动作显然和系统没有任何关系，适合作为 tester 用户自身的用户计划任务。

　　首先切换到 tester 用户，在命令行中输入 crontab -e，此时会打开当前系统中的默认文本编辑器，一般是 vim，此时可以编辑属于用户 tester 自己的 crontab 配置文件了。

注意

　　关于 at 和 crontab，将在本任务的知识点 6 中详述。

　　在文件中输入"0 22 21-25 11 * tester ./bash ~tester/batch_test.sh"后保存并退出，此时终端上会显示如清单 10-10 所示的字样，表示成功添加了一条新的计划任务。用 crontab -l 列出当前用户的计划任务，可看到计划已经安排好了。

清单 10-10

```
$ crontab -e
no crontab for stu - using an empty one
crontab: installing new crontab
$ crontab -l                    #列出当前用户（tester）的计划任务
0 22 21-25 11 * tester ./bash ~tester/batch_test.sh
```

　　其他的操作都非常简单，比较困难的步骤就是如何写 crontab 计划任务配置文件，以刚刚写入的一行为例子，这行可以分为 3 部分，如图 10-2 所示。

　　● 第一部分是要执行的程序名或者脚本文件名，这里就是放置在 tester 用户家目录中的 batch_test.sh 脚本。

　　● 第二部分是以哪个用户的身份去执行，这里是 tester。

　　● 第三部分就是在何时执行该任务，该部分相对复杂，这里提供了一张图（如图 10-3 所示）和一张表（如表 10-1 所示），清晰直观地说明了 crontab 计划任务尤其是时间部分的具体撰写格式。

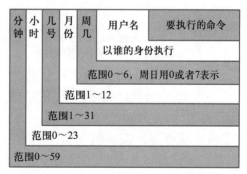

图 10-2　crontab 中的计划任务撰写样例　　　　图 10-3　crontab 计划任务基本撰写格式

表 10-1　crontab 时间特殊格式

字　　符	说　　明
星号（*）	表示有效取值范围内的所有值，如"0 13 * 3 0"表示"3 月每个周日的 13:00 时"
逗号（,）	表示离散取值,如"0 13,15 * 3 0"表示"3 月每个周日的 13:00 时和 15:00 时"
连字符（-）	表示连续取值，如"0 0 1-10 * *"表示"每个月 1—10 日的 00:00 时"
斜杠（/）	表示定义步长，如"0 10/2 * * *"表示"每天从 10:00 开始执行，然后每隔 2 小时执行一次"

对照图 10-2 和表 10-1，在 tester 的 crontab 配置文件中写入的"0 22 21-25 11 *"表示的时间就是"11 月 21—25 号 22 时整，不论周几"，和任务的要求相符。

至此，就完成了本次任务。但这并不代表已经掌握了进程和服务管理，相反这只是迈出的第一步，离真正掌握还有相当差距，因此建议对照完成任务的步骤，阅读相关的必要知识，完成其中的样例，争取对进程和服务管理有进一步的了解。

10.3 必要知识

拓展阅读 10-2
服务和守护进程

10.3.1 知识点 1 进程和守护进程

1. Linux 中的进程

计算机中最基本的一些操作（如计算两个数的和等）称为指令（instruction），程序（program）则是由一系列指令所构成的集合。通过程序，可以让计算机完成复杂的操作。程序大多数时候被存储为可执行的文件，比如复制命令 cp 就是程序，文本编辑工具 vi 也是一个程序。进程（process）则是程序的一次执行过程，是程序的一个具体实现，在 Linux 中进程是程序的唯一实现方式[①]。

 注意

拓展阅读 10-3
超级守护进程

- 进程与程序是两个概念：程序只是一个静态的指令集合，不占用系统的运行资源，而进程是一个随时都可能发生变化的、动态的、使用系统运行资源的程序。
- 一个程序的一次运行，可能会产生多个进程。比如宁波城市职业技术学院的网站（www.nbcc.edu.cn）用的 Web 服务器是 Apache Http Server，当服务启动后，可能会有好多人来访问，也就是说，许多用户同时向服务器提出 http 请求，服务器则会创建多个 httpd 进程来提供服务。

 笔记

2. Linux 中的守护进程

在 Linux 中的守护进程就是运行在后台的一种特殊进程，它独立于控制终端并且周期性地执行某种任务或等待处理某些发生的事件。下面举两个典型的例子来说明：

● Linux 上的 Web 服务器 Apache Http Server 的守护进程叫作 httpd，启动以后会在后台监听 80 端口，当接收到客户端的请求时用相应的网页（文件）响应客户端。

● Linux 上的计划任务守护进程叫作 crond，启动以后每分钟都会去读取 /etc/crontab 配置文件来检查是否有计划任务需要执行。

 注意

- 守护进程被启动就开始在后台运行，除非程序出现异常或者被人为终止，将一直运行，直到关机才结束。
- 守护进程是非交互式程序，即其本身没有与用户交互的功能，它既不从标准输入

---

① 尽管在其他操作系统（如 UNIX）中，进程与线程是有联系但不同的两个概念，但在 Linux 中，线程只是一种特殊的进程，所以进程是 Linux 程序的唯一的实现方式。

读也不会向标准输出写，一般会通过配置文件或者特定的命令来控制守护进程。

- 守护进程经常以根用户（root）权限运行，因为它们要使用有名端口（1～1024）或访问某些特殊的系统资源。
- 某些守护进程对系统和用户来说非常重要，甚至不可或缺。

10.3.2　知识点 2 用 ps 查看进程

Linux 中的 ps 命令是 process status 的缩写。ps 命令用来列出系统中当前运行的那些进程。ps 命令列出的是当前系统中进程的快照（snapshot），就是执行 ps 命令的那个时刻的系统中的进程，通过使用合理的选项，ps 可以获取并显示系统中进程的绝大部分信息。

 注意

- ps 所提供的进程状体查看结果并不动态连续，如果想对进程进行实时的连续监测，应该使用 top 命令。
- 由于历史原因，ps 命令支持 3 种不同的选项语法格式：
  - ✓ UNIX 风格，选项可组合在一起，且选项前必须有"-"连字符。
  - ✓ BSD 风格，选项可组合在一起，但选项前不能有"-"连字符。
  - ✓ GNU 风格的长选项，选项前有两个"-"连字符。
- 在 ps 中，可以混用这几种风格的选项。

在本节中，将介绍 ps 命令的语法和常用选项，并用若干例子展示 ps 命令的具体用法。

 命令 ps

用法：ps [选项]

功能：查看系统中进程的状态。

ps 命令的常用选项及其说明如表 10-2 所示。

笔 记

表 10-2　PS 命令的常用选项及其说明。

选　项	说　　明
-e	列出系统内的所有进程信息（等价于-A）
-f	使用完整的（full）格式显示进程信息，通常和其他选项联用
-F	表示在-f 选项基础上显示额外的完整格式的进程信息
a	列出当前终端下的所有进程，包括其他用户的进程信息。与 x 选项结合使用可以列出系统中所有进程的信息
x	当前用户在所有终端下的进程
u	使用以用户为主的格式列出进程信息
f	显示进程层次树结构
j	以作业控制格式显示进程
--sort<字段名>	指定字段对进程排序
-o<字段名列表>	指定进程要显示的具体信息字段
-p <进程 pid>	列出指定进程
-u <用户 uid|用户名>	列出指定用户的进程

（1）不加选项执行 ps 命令

范例 1：直接执行不加任何选项的 ps 命令时，则只显示当前用户登录的会话中打开的进程，如清单 10-11 所示。

清单 10-11

```
# ps
  PID TTY      TIME      CMD
11699 pts/2   00:00:00   su
11707 pts/2   00:00:00   bash
12762 pts/2   00:00:00   ps
```

输出第一行为列表标题，包含基本的 4 个字段，各字段的含义描述如表 10-3 所示。

表 10-3　ps 命令不加选项显示字段含义

字　段	含　义
PID	运行着的命令（CMD）的进程编号
TTY:	命令所运行的位置（终端）
TIME	进程占用的 CPU 处理时间
CMD	该进程所运行的命令

（2）查看系统所有进程（UNIX 风格）

范例 2：使用标准语法（UNIX 风格）查看系统中所有进程的命令是 ps -ef，如清单 10-12 所示。

清单 10-12

```
# ps -ef
UID     PID PPID    C       STIME    TTY TIME      CMD
root    1   0       0       12:21    ?   00:00:11  /usr/lib/systemd/
systemd --switched-root --system --deserialize 22
root    2   0       0       12:21    ?   00:00:00  [kthreadd]
root    3   2       0       12:21    ?   00:00:00  [ksoftirqd/0]
root    5   2       0       12:21    ?   00:00:00  [kworker/0:0H]
......此处省略若干行
```

选项说明如下。

-e: 表示列出系统内的所有进程信息，与-A 选项同。

-f: 表示使用完整的（full）格式显示进程信息。

输出第一行为列表标题，包含 8 个字段，其中 4 个字段已经在表 10-3 中介绍过，其余各字段的含义描述如表 10-4 所示。

表 10-4　ps 命令加-f 选项显示的额外字段含义

字　段	含　义
UID	启动该进程的用户的 ID 号
PPID	该进程的父进程的 ID 号
C	进程的 CPU 占用率
STIME	进程的启动时间

范例 3：使用 ps -eF 命令，如清单 10-13 所示。

清单 10-13

```
# ps -eF
UID        PID  PPID  C   SZ   RSS PSR STIME TTY         TIME CMD
root       1    0     0 48477  6008  1 11月17?     00:00:12/usr/lib/systemd/
systemd --switched-root --system --deserialize 22
root       2    0     0    0     0  2 11月17 ?     00:00:00 [kthreadd]
root       3    2     0    0     0  0 11月17 ?     00:00:00 [ksoftirqd/0]
root       5    2     0    0     0  0 11月17?     00:00:00 [kworker/0:0H]
......此处省略若干行
```

-F：表示在-f 选项基础上显示额外的完整格式的进程信息。总共有 11 个字段，除了 1 和 2 中所列出的 8 个字段外，额外的 3 个字段的含义描述如表 10-5 所示。

表 10-5　ps 命令加-F 选项显示的额外字段含义

字　　段	含　　义
SZ	映射到内存中物理页面的大小，包括文本、数据和堆栈空间。这些页面仅由进程单独使用，即显示进程实际占用的内存数
RSS	进程所使用的真实常驻内存（物理内存）的大小，以千字节（KB）为单位
PSR	当前分配给该进程的处理器，即进程在哪个 CPU 上运行

（3）查看系统所有进程（BSD 风格）

范例 4：ps 使用 BSD 风格的语法查看系统中所有进程的命令是 ps ax，如清单 10-14 所示。

清单 10-14

```
# ps ax
PID TTY STAT TIME          COMMAND
1   ?   Ss      0:12       /usr/lib/systemd/systemd --switched-root --system
--deserialize 22
2   ?   S       0:00       [kthreadd]
3   ?   S       0:00       [ksoftirqd/0]
5   ?   S<      0:00       [kworker/0:0H]
......此处省略若干行
```

选项说明如下。

a：显示当前终端下的所有进程信息，包括其他用户的进程信息。与 x 选项结合使用可以显示系统中所有进程的信息。

x：显示当前用户在所有终端下的进程信息。

输出第一行为列表标题，包含 5 个字段，其中 4 个字段已经在表 4-3 中介绍过了，STAT 字段的含义则如表 10-6 所示。

表 10-6　ps 命令加 ax 选项显示的额外字段 STAT 含义

字　段	含　　义
STAT	表示进程的当前状态，状态代码共有以下 10 种。 R：running，运行或可运行状态（在运行队列中）。正在运行或准备运行的进程。 S：interruptable sleeping，可中断睡眠（等待事件完成）。正在睡眠的进程。 D：uninterruptable sleeping，不可中断的睡眠进程（通常为IO）。 T：stopped，停止或被追踪的进程，由作业控制信号停止。

字　段	含　义
STAT	Z：zombie，失败终止的（"僵死"）进程。 s：session leader，会话层状态，代表的是父进程。 N：低优先级进程。 <：高优先级进程。 +：前台进程。在前台进程组中。 l：多线程进程

范例 5：使用 ps aux 以面向用户的格式显示当前终端下的所有信息，如清单 10-15 所示。

清单 10-15

```
# ps aux
USER        PID %CPU %MEM    VSZ   RSS TTY     STAT START   TIME COMMAND
root          1  0.0  0.2 193908  6008 ?       Ss   12:21   0:12
/usr/lib/systemd/systemd --switched-root --system --deserialize 22
root          2  0.0  0.0      0     0 ?       S    12:21   0:00 [kthreadd]
root          3  0.0  0.0      0     0 ?       S    12:21   0:00 [ksoftirqd/0]
root          5  0.0  0.0      0     0 ?       S<   12:21   0:00
[kworker/0:0H]
……此处省略若干行
```

选项说明如下。

u：使用以用户为主的格式输出进程信息。

输出第一行为列表标题，包含 11 个字段，其中 7 个字段已经分别在表 10-3 和表 10-5 中介绍过了，余下 4 个字段的含义则如表 10-7 所示。

表 10-7　ps 命令加-aux 选项显示的额外字段含义

字　段	含　义
USER	启动该进程的用户名
%CPU	进程占用的 CPU 百分比
%MEM	进程所占用的物理内存百分比
VSZ	进程占用的虚拟内存（swap 空间）的大小，以千字节（KB）为单位

（4）显示进程树

范例 6：以树结构显示进程来查看进程的父子关系，可以使用-jf 选项，如清单 10-16 所示。

清单 10-16

```
# ps ajf
PPID   PID  PGID   SID TTY      TPGID STAT   UID   TIME COMMAND
2979 11654 11654 11654 pts/2    13895 Ss    1000   0:00 bash
11654 11699 11699 11654 pts/2   13895 S        0   0:00  \_ su - root
11699 11707 11707 11654 pts/2   13895 S        0   0:00      \_ -bash
11707 13895 13895 11654 pts/2   13895 R+       0   0:00          \_ ps ajf
……此处省略若干行
```

选项说明如下。

f: 以 ASCII 字符显示进程层次树结构。

j: 以 BSD 风格控制格式输出进程信息。

输出第一行为列表标题, 包含 10 个字段, 其中 7 个字段已经分别在表 10-3 和表 10-5 中介绍过了, 余下 3 个字段的含义则如表 10-8 所示。

表 10-8　PS 命令加 afj 选项显示的额外字段含义

字　　段	含　　义
PGID	进程组 ID, 或者等效的进程组组长的进程 ID
SID	进程的登录会话 ID
TPGID	进程连接到的 tty (终端) 上的前台进程组的 ID, 如果进程未连接到 tty, 则为-1

(5) 对进程排序

范例 7: 当运行的应用程序比较多时, 可能会需要对应用程序进行排序。ps 命令中, 可以使用--sort 选项指定字段来对进程排序。如清单 10-17 所示。

清单 10-17

```
# ps aux --sort -%mem      #显示所有进程, 并按内存占用率降序排序
# ps aux --sort user       #显示所有进程, 并按发起用户名升序排序
# ps aux --sort %cpu       #显示所有进程, 并按 CPU 占用率升序排序
# ps -ef --sort -c         #显示所有进程, 并按 CPU 占用率降序排序
# ps -ef --sort pid        #显示所有进程, 并按发起用户 PID 升序排序
```

 注意

- 例子中第一行的%mem 前面有一个 "-" 号, 表示降序, 排序后默认的结果是升序。也就是说, 如果将 "-" 号去掉或者使用 "+" 号, 就表示升序。
- ps 命令中几乎所有所谓的标准格式指定符 (STANDARD FORMAT SPECIFIERS) 都可以作为排序的指定字段名, 这个列表相当长, 这里不再赘述, 如果想详细了解这个列表, 可以通过 man ps 命令来查看这个列表。

笔记

(6) 按条件查找进程

范例 8: 当运行的应用程序比较多时, 可能会根据指定条件查找相应的进程。ps 命令中, 可以使用不同选项指定条件来查找进程, 如清单 10-18 所示。

清单 10-18

```
# ps -C systemd       #使用-C 选项, 显示名为 systemd 的进程
# ps -u stu           #使用-u 选项, 显示发起者为 stu 用户的进程
# ps -p 1             #显示-p 选项, 显示进程号为 1 的进程
```

范例 9: 更加常用的做法是用管道结合 grep 命令。例如用如清单 10-19 所示的命令在系统中查找 httpd 进程 (其中, 第二个 grep -v grep 命令是用来排除本条命令自身进程的)。

清单 10-19

```
#ps -ef|grep httpd|grep -v grep
```

(7) 输出进程指定的字段内容

范例 10: ps 的-o 选项可以指定要输出的进程的具体信息, 如清单 10-20 所示的命令, 输出进程的 PID、C 和 COMMAND 字段。

笔记

清单 10-20

```
#ps -eo pid,c,command
```

10.3.3 知识点 3 用 kill 操纵进程

kill 系列命令是 Linux 下用来操纵命令的主要工具，能够将指定的信息发送给进程。在本节中，将介绍 kill、killalll 和 xkill 命令的语法，并用若干例子展示这些命令的具体用法。

（1）kill 命令

 命令 kill

用法：kill [选项] [进程号]

功能：向进程发送指定信号。

kill 命令的常用选项及其说明如表 10-9 所示。

表 10-9 kill 命令的常用选项及其说明

选 项	说 明
-l	列出全部信号名称
-p	只打印相关进程的进程号，而不发送任何信号
-s	指定要发送的进程号，如果没有指定任何信号，默认发送的信号为 SIGTERM（-15）

kill 常用的信号有如表 10-10 所示的几种。如果想了解所有信号的用途，可以通过 man 7 signal 命令来查看相应的帮助手册。

表 10-10 kill 常用信号

信 号	说 明
SIGHUP（1）	挂起信号，通常是因为终端掉线或者用户退出引起
SIGINT（2）	中断信号，与按下【Ctrl+C】组合键等同
SIGQUIT（3）	退出信号，与按下【Ctrl+\】组合键等同
SIGTERM（15）	终止信号，默认发送该信号
SIGKILL（9）	强制终止信号，不可捕获和忽略
SIGSTOP（19）	暂停信号，与按下【Ctrl+Z】组合键等同
SIGCONT（18）	继续信号，与 STOP 信号相反

用 kill 终止进程相当简单，一般分两步，查找确定进程 PID，用 kill 终止进程，如清单 10-21 所示。

清单 10-21

```
# ps -ef|grep sde|grep -v grep
root      3079   3022 99 22:17 pts/0    00:00:24 ./sde8912eu_authd
root      3080   3079 99 22:17 pts/0    00:00:24 ./sde8912eu_authd
```

```
#kill 3079 3080
[2]+ 已终止                    ./sde8912eu_authd
# ps -ef|grep sde|grep -v grep
```

如果用 kill 默认发送的 SIGTERM（15）信号无法让进程结束，那么可以发送更加强力的 SIGKILL（9）信号，如清单 10-22 所示。

清单 10-22

```
#kill -s 9 3079
#kill -9 3080
[1]+ 已杀死                    ./sde8912eu_authd
```

 小心

- 发送 SIGKILL（9）信号要十分小心，这个信号不能被进程忽略或者捕获，会直接结束进程，导致进程在结束前无法清理并释放资源，一般不推荐使用，除非其他办法都无效。
- 当发送 SIGKILL（9）信号后，建议通过 ps -ef 确认没有剩下任何僵尸进程。如果有，就要通过终止其父进程来及时消除僵尸进程。

（2）killall 命令

killall 命令用于通过进程名向进程发送信号。当然，也可以使用 kill 命令通过进程 pid 向进程发送信号，这往往需要在之前使用 ps 或者 top 等命令确定进程 pid，而 killall 把这两个过程合二为一，是一个很好用的命令（系统中另外有一个 pkill 命令与 killall 命令功能类似，后面不再赘述）。

 命令 killall

用法：killall [选项] [进程名]

功能：通过名字来终止进程。

killall 命令的常用选项及其说明如表 10-11 所示。

表 10-11 killall 命令的选项及其说明

选　　项	说　　明
-l	列出全部信号名称
-s	指定要发送的进程号，如果没有指定任何信号，默认发送的信号为 SIGTERM（-15）
-I	忽略进程名中的大小写
-i	交互模式，终止进程前先询问用户
-q	静默模式，如果未成功终止进程，不提示
-u	向指定用户的进程发送信号
-w	等待所有要杀的进程终止。killall 会每秒检查一次是否任何被终止的进程仍然存在，仅当这些进程都终结后才返回。注意：如果信号被忽略或没有起作用，或者进程停留在僵尸状态，killall 可能会一直等待下去

用 killall 终止进程非常简单，在后面跟上进程名即可，如清单 10-23 所示。

清单 10-23

```
# ps -ef|grep sde|grep -v grep              #系统中有三个名为 sde_authd 的进程
root      3079  3022 99 22:17 pts/0   00:00:24 ./sde_authd
root      3080  3079 99 22:17 pts/0   00:00:24 ./sde_authd
root      3081  3079 99 22:17 pts/0   00:00:24 ./sde_authd
#killall sde8912eu_authd                           #通过 killall 全部终止
[1]   已终止             ./sde_authd
[2]-  已终止             ./sde_authd
[3]+  已终止             ./sde_authd
```

在 killall 中可以使用通配符来指定多个进程，例如可以如清单 10-24 所示终结所有以 sde 开头的进程。

清单 10-24

```
# killall sde*
```

 小心

在 killall 中使用通配符来指定进程时要小心确认，以防误杀进程。

在 killall 加上-i 选项来确认是否终结进程，如清单 10-25 所示。

清单 10-25

```
# killall -i sde8912eu_authd
杀死 sde8912eu_authd(3999) ? (y/N) y
杀死 sde8912eu_authd(4000) ? (y/N) y
[1]-  已终止             ./sde8912eu_authd
[2]+  已终止             ./sde8912eu_authd
```

在 killall 加上-u 选项来指定某个用户发起的进程，如清单 10-26 所示。

清单 10-26

```
# ps -ef|grep test|grep -v grep        #系统中有 6 个名为 test 的进程，其中 4 个是
stu 用户的
stu       4141  2956 94 23:08 pts/0   00:02:41 ./test
stu       4145  4141 94 23:08 pts/0   00:02:41 ./test
stu       4149  2956 92 23:08 pts/0   00:02:26 ./test
stu       4156  4149 93 23:08 pts/0   00:02:27 ./test
root      4263  4187 69 23:10 pts/0   00:00:20 ./test
root      4264  4263 65 23:10 pts/0   00:00:18 ./test
# killall -u stu test            #终结了属于 stu 用户的所有名为 test 的进程
# ps -ef|grep test|grep -v grep
root      4263  4187 73 23:10 pts/0   00:00:49 ./test
root      4264  4263 71 23:10 pts/0   00:00:48 ./test
```

（3）xkill 命令

xkill 是在桌面使用的杀死图形界面的工具。比如，当某个图形界面程序出现崩溃不能退出时，运行 xkill，用光标单击程序图形界面就可以杀死程序，如果想终止 xkill，就单击鼠标右键取消。

例如，现在要杀死 firefox 这个程序，首先在命令行下运行 xkill，将输出"Select the window whose client you wish to kill with button 1...."的字样，同时鼠标箭头将变成一个叉状图案。用此光标左键单击 firefox 的界面，firefox 将立刻关闭，同时终端将输出"xkill: killing creator of resource 0x4a0008c"，表示已经将 firefox 进程杀死，

如清单 10-27 所示。

清单 10-27

```
# xkill
Select the window whose client you wish to kill with button 1....
xkill: killing creator of resource 0x4a0008c
```

10.3.4　知识点 4 Sytemd 系统

笔 记

Systemd 是 system management daemon 的简写，主要用来初始化和管理系统服务。Systemd 功能强大，好用方便，在目前绝大多数的 Linux 发行版本中（RHEL/CentOS 7+，Unbutu 15+），Systemd 都取代了从 UNIX 继承下来的 System V 中古老的 init 以及后期的 Upstart，成为系统初始化及管理服务的默认组件。

> **注意**
>
> - 虽然 Systemd 当前已经成为事实上的业界标准，但围绕它的争议一直存在，某些 Linux 开发者（其中就包括 Linux 内核的开发者 Linus Torvalds）和管理员对 Systemd 深恶痛绝，其中最为主要的原因就是 Systemd 过于复杂和庞大，已经不仅仅是一个系统初始化程序，还包括了电源管理、设备管理、挂载管理，网络配置、登录/会话管理、本地化设置、日志管理等一系列功能，违反了 UNIX 哲学中"一次只做一件事，并做到最好（Do one thing, and do it well）"的准则。
> - 这里不打算对 Systemd 的优劣之处进行讨论，也不持任何褒贬态度，只是将 Systemd 作为一个常用的工具来看待。

Systemd 并不是一个命令，而是个包括了若干守护进程、库和应用命令的软件套件，涉及系统管理的方方面面，其架构如图 10-4 所示。

其中，systemd 命令守护进程是整个 Systemd 套件的核心，是 Linux 内核启动的第一个进程，当内核一旦检测完硬件并组织好了内存，就会启动这个进程，systemd 命令则会按指定方式启动系统中的其他进程，这也是 systemd 命令的最主要的功能。

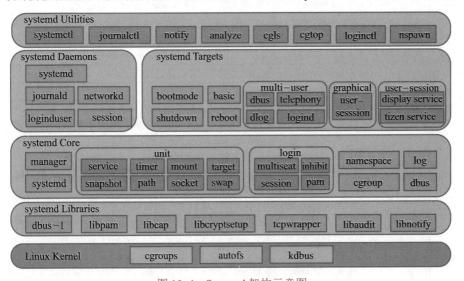

图 10-4　Systemd 架构示意图

10.3.5 知识点 5 用 systemctl 管理系统资源

拓展阅读 10-4
用 journalctl 命令
控制和查看日志

systemctl 命令是用户用与 systemd 守护进程进行交互的界面，也是 Systemd 套件中的主命令（还有 journalctl、timedatectl、localectl、hostnamectl 等其他一系列命令）。systemctl 是一个功能众多的大命令，下面就介绍 systemctl 的一些常用功能，并用几个例子来展示如何应用这些功能。

 命令 systemctl

用法：systemctl[选项]命令[单元]
功能：控制 systemd 系统与服务管理器
systemctl 的常用操作命令和对象如表 10-12 所示。

拓展阅读 10-5
systemd 中的
其他命令

表 10-12　systemd 的常用操作命令和对象

操作对象	命令
单元 Unit	list-units [单元]：列出 systemd 当前已加载到内存中的单元。 ● 除非明确使用--all 选项列出全部单元（直接引用的单元、被依赖关系引用的单元、被应用程序调用的单元、启动失败的单元），否则默认仅列出活动的单元、失败的单元和正处于任务队列中的单元 ● 如果给出了单元名，则表示该命令仅作用于指定单元 ● 还可以通过--type=与--state=选项过滤要列出的单元 ● 该命令是单元的默认操作命令
	status [单元|PID]： ● 如果指定了单元，则显示指定单元的运行时状态信息，以及这些单元最近的日志数据 ● 如果指定了 PID，则显示指定 PID 所属单元的运行时状态信息，以及这些单元最近的日志数据 ● 如果未指定任何单元或 PID，则显示整个系统的状态信息
	start 单元：启动（activate）指定的已加载单元（无法启动未加载的单元）
	stop 单元：停止（deactivate）指定的单元
	reload 单元：要求指定的单元重新加载它们的配置
	restart 单元：重新启动（先停止再启动）指定的单元，若单元尚未启动，则启动之
	kill：向指定单元的--kill-who=进程发送--signal=信号
	is-active 单元：检查指定的单元中，是否有处于活动（active）状态的单元
	is-failed 单元：检查指定的单元中，是否有处于失败（failed）状态的单元
	set-property 单元属性=值：在运行时修改单元的属性值。 ● 并非所有属性都可以在运行时被修改，但大多数资源控制属性（参见 systemd.resource-control（5））可以 ● 所作修改会立即生效，并永远有效 ● 如果使用了--runtime 选项，则此修改仅临时有效，下次重启此单元后，将会恢复到原有的设置
	list-dependencies [单元]：显示单元的依赖关系。
	isolate 单元：启动指定的单元及其依赖的所有单元，同时停止所有其他 IgnoreOnIsolate=no 的单元（详见 systemd.unit（5）手册）。 ● 如果没有给出单元的类型，则默认是 target ● 如果单元是 target，则该命令会立即停止所有在新目标单元中不需要的进程，这其中可能包括当前正在运行的图形环境以及正在使用的终端

续表

操作对象	命　令
单元文件	list-unit-files [单元文件名]：列出所有已安装的单元文件及其启用状态（相当于同时使用了 is-enabled 命令）。如果给出了单元文件名，则表示该命令仅作用指定单元文件
	enable 单元文件名：启用指定的单元或单元实例（相当于将这些单元设为"开机时自动启动"或"插入某个硬件时自动启动"）
	disable 单元文件名：停用指定的单元或单元实例（相当于撤销这些单元的"开机时自动启动"以及"插入某个硬件时自动启动"）。
	is-enabled 单元文件名：检查是否有至少一个指定的单元或单元实例已经被启用（使用 enable 命令）
	mask 单元文件名：屏蔽指定的单元或单元实例
	unmask 单元文件名：解除对指定单元或单元实例的屏蔽，这是 mask 命令的反动作
	get-default：显示默认的启动目标
	set-default Target：设置默认的启动目标
系统	default：进入默认模式。相当于执行 systemctl isolate default.target 命令
	rescue：进入救援模式。相当于执行 systemctl isolate rescue.target 命令
	halt：关闭系统，但不切断电源
	poweroff：关闭系统，同时切断电源
	reboot：重启系统
	suspend：休眠到内存，相当于启动 suspend.target 目标
	hibernate：休眠到硬盘，相当于启动 hibernate.target 目标
	hybrid-sleep：进入混合休眠模式，即同时休眠到内存和硬盘，相当于启动 hybrid-sleep.target 目标
systemd	daemon-reload：重新加载 systemd 守护进程的配置。具体指：重新运行所有的生成器（systemd.generator），重新加载所有单元文件，重建整个依赖关系树

（1）列出单元/单元文件

　　systemctl 可以管理几乎所有系统资源。不同的资源统称为 unit（单元），一共有 12 种单元，如表 10-13 所示。

表 10-13　systemctl 的 unit 种类列表

unit 名称	概　要
service	系统服务
target	多个 unit 构成的一个组
device	系统设备
mount	文件系统的挂载点
automount	文件系统的自动挂载点
path	文件路径
scope	非 Systemd 启动的外部进程
slice	进程组
snapshot	Systemd 快照
socket	进程间通信的套接字
swap	交换文件
timer	Systemd 管理的定时器

范例 1：systemctl list-units-fies 命令可以查看当前系统的所有可用 unit，如清单 10-28 所示，输出的每行都代表一个 unit，有两个字段，其意义如表 10-14 所示。

清单 10-28

```
systemctl list-unit-files
 UNIT FILE                                        STATE
proc-sys-fs-binfmt_misc.automount                static
dev-hugepages.mount                              static
......此处省略若干行
tmp.mount                                        disabled
var-lib-nfs-rpc_pipefs.mount                     static
brandbot.path                                    disabled
cups.path                                        enabled
......此处省略若干行
```

表 10-14   systemctl list-units-fies 命令的输出字段

字　　段	意　　义
UNIT FILE	单元文件名称
STATE	单元状态，其场景的状态有如下几种。 ● enabled：单元被永久启用 ● enabled-runtime：单元被临时启用 ● masked：单元被永久屏蔽，start 操作会失败 ● masked-runtime：单元已经被临时屏蔽，start 操作会失败 ● static：单元尚未被启用，且不能被启用，通常意味着单元智能执行一次性动作或者仅是另一个单元的依赖单元 ● disabled：单元尚未被启用，但能被启用 ● bad：单元文件不正确或者出现其他错误

范例 2：使用 systemctl list-units 命令可以查看当前系统的所有运行着的 unit，如清单 10-29 所示，输出的每行都代表一个 unit，有 5 个字段，其意义如表 10-15 所示。

清单 10-29

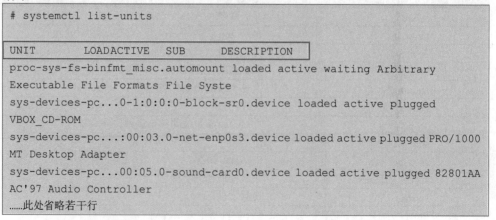

```
# systemctl list-units

 UNIT        LOADACTIVE    SUB      DESCRIPTION
proc-sys-fs-binfmt_misc.automount loaded active waiting Arbitrary
Executable File Formats File Syste
sys-devices-pc...0-1:0:0:0-block-sr0.device loaded active plugged
VBOX_CD-ROM
sys-devices-pc...:00:03.0-net-enp0s3.device loaded active plugged PRO/1000
MT Desktop Adapter
sys-devices-pc...00:05.0-sound-card0.device loaded active plugged 82801AA
AC'97 Audio Controller
......此处省略若干行
```

表 10-15 systemctl list-units 命令的输出字段

字　　段	意　　义
UNIT	单元名称
LOAD	单元是加载状态
ACTIVE	单元激活状态
SUB	单元子状态，与单元类型有关
DESCRIPTION	单元的简短说明

使用 systemctl list-units 和 list-unit-files 命令都可以查看指定类型（--type 选项）或者指定状态（--state 选项）的 unit 或者 unit 文件，如清单 10-30 所示。

清单 10-30

```
#查看 service 类型的 unit 文件
#systemctl list-unit-files --type=service
#查看 mount 类型的 unit
#systemctl list-units --type==mount
#查看状态为 enabled 的 unit 文件
#systemctl list-unit-files --state=enabled
#查看状态为 plugged 的 unit
#systemctl list-unit --state==plugged
```

（2）查看单元/单元文件

下面以最常用的系统服务——远程联机服务 sshd 为例，展示如何具体查看一个 unit 的状态。

范例 3：查看 sshd 服务是否处于正在运行或者启动失败的状态，如清单 10-31 所示。

清单 10-31

```
# 查看 sshd 服务是否正在运行，输出 active 表示正在运行
# systemctl is-active sshd.service
active

# 查看 sshd 服务是否处于启动失败状态，未曾启动失败，正在运行
# systemctl is-failed sshd.service
active
```

范例 4：查看 sshd 服务的运行时状态信息，及其最近的日志数据，如清单 10-32 所示。

清单 10-32

```
# 列出运行时的状态信息，以及这些单元最近的日志数据
#systemctl status sshd.service
● sshd.service - OpenSSH server daemon
   Loaded: loaded (/usr/lib/systemd/system/sshd.service; enabled; vendor
preset: enabled)
   Active: active (running) since 日 2018-11-18 22:15:43 CST; 16h ago
     Docs: man:sshd(8)
           man:sshd_config(5)
 Main PID: 1300 (sshd)
   CGroup: /system.slice/sshd.service
           └─1300 /usr/sbin/sshd -D

11 月 18 22:15:43 git02.mds.com systemd[1]: Starting OpenSSH server daemon...
11 月 18 22:15:43 git02.mds.com sshd[1300]: Server listening on 0.0.0.0 port 22.
```

笔记

```
11 月 18 22:15:43 git02.mds.com sshd[1300]:
Server listening on :: port 22.
11 月 18 22:15:43 git02.mds.com systemd[1]:
Started OpenSSH server daemon.
11 月 19 15:32:40 git02.mds.com sshd[12592]: Accepted password for root from
192.168.4.10 port 62255 ssh2
11 月 19 15:33:30 git02.mds.com sshd[12655]: Accepted password for root from
192.168.116.1 port 62312 ssh2
```

status 命令的输出内容较多，可以分为两部分：第一部分是单元最近的若干条
（最多 10 条）日志数据；第二部分是运行时的状态信息，可以分为 6 个部分，如表
10-16 所示。

表 10-16　systemctl status 输出说明

序　号	意　义
1	在彩色终端上，前导点（●）使用不同的颜色来标记单元的不同状态。白色表示 inactive 或 deactivating 状态；红色表示 failed 或 error 状态；绿色表示 active 或 reloading 或 activating 状态
2	以 "Loaded:" 开头的行显示了单元的加载状态：loaded 表示已经被载到内存中；error 表示加载失败；not-found 表示未找到单元文件；masked 表示已被屏蔽。该行同时还包含了单元文件的路径、启用状态、预设的启用状态。要想了解更多单元状态，可参见对 is-enabled 命令的解释部分
3	以 "Active:" 开头的行显示了单元的启动状态：active 表示已启动成功；inactive 表示尚未启动；activating 表示正在启动中；deactivating 表示正在停止中；failed 表示启动失败（崩溃、超时、退出码不为零……）。对于启动失败的单元，将会在日志中记录导致启动失败的原因，以方便事后查找故障原因
4	以 "Doc:" 开头的行显示了单元及其配置文件的帮助手册
5	以 "Main PID:" 开头的行显示了单元主进程的 PID
6	以 "CGroup:" 开头的行显示了单元控制组（Control Group）中的所有进程

范例 5：查看 sshd 服务是否被启用（启用对于服务来说，一般表示开机自启动），
显示 enable，表示启用，如清单 10-33 所示。

清单 10-33

```
# 查看 sshd 服务是否被启用
# systemctl is-enabled sshd.service
enabled
```

（3）操纵单元

操纵单元的常见动作包括启动（start）、重启（restart）、停止（stop）、屏蔽（mask）、
解除屏蔽（unmask）、启用（enable）和禁用（disable）。

范例 6：启动、重启和停止单元（sshd 服务），如清单 10-34 所示。

 注意

- 在操作单元时，需要明确指出单元名和单元类型（type）。例如，httpd.service 表示名为 httpd 的服务，或者 dbus.socket 表示名为 dbus 的套接字。
- 如果不指出单元类型（type），默认类型就是 service。

清单 10-34

```
# 立即启动 sshd 服务
# systemctl start sshd
# 立即重启 sshd 服务
# systemctl restart sshd
# 立即停止 sshd 服务
# systemctl stop sshd
```

 注意

对于不同的单元来所，start 的意义是不同的。例如，对于服务（service）单元来说就是启动守护进程，对于套接字（socket）单元来说则是绑定套接字，而对于挂载（mount）单元来说则是挂载设备，等等。同理，restart 和 stop 的动作也是一样。

范例 7：启用（enable）和禁用（disable）单元（httpd 服务），如清单 10-35 所示。

清单 10-35

```
# 启用 httpd 服务
# systemctl enable httpd
Created symlink from
/etc/systemd/system/multi-user.target.wants/httpd.service to
/usr/lib/systemd/system/httpd.service.
#httpd 服务已经被启用
# systemctl is-enabled httpd
enabled
#禁用 httpd 服务
#systemctl disable httpd
Removed symlink
/etc/systemd/system/multi-user.target.wants/httpd.service.
# httpd 服务已经被禁用
# systemctl is-enabled httpd
disabled
```

启用指定的单元或单元实例，在大多数时候相当于将这些单元设置为"开机时自动启动"或"插入某个硬件时自动启动"。

事实上，启动单元就是 systemctl 按照单元文件中的配置，在指定的 target 的特定目录中创建指向该单元文件自身的符号链接，如例子中就是在/etc/systemd/system/multi-user.target.wants 目录中建立符号链接，表示单元包含在 multi-user.target 这个系统预设的 target 中（关于 target，将在（4）控制系统运行级别中详细叙述）。

 注意

- enable 若与 --runtime 选项连用，则表示临时启用（重启后将失效），否则默认为永久性启用。
- 除非使用了--now 选项，启用（enable）一个单元并不会导致该单元被启动（start），禁用（disable）一个单元也不会导致该单元被停止（stop）。
- 不要将 enable 命令与 start 命令混淆，它们是完全不同、毫无关联的命令，启动（start）和启用（enable）也是两个完全不同的概念。可以启动一个尚未启用的单元，也可以启用一个尚未启动的单元。
- enable 命令只是设置了单元的启动钩子（通过创建符号链接），例如在系统启动时或者某个硬件插入时，自动启动某个单元。而 start 命令则是具体执行单元的启动操作。
- 同理，也不要将 stop 和 disable 命令混淆。

笔 记

范例 **8**: 屏蔽 (mask) 和取消屏蔽 (unmask) 单元 (HTTP 服务), 如清单 10-36 所示。

清单 10-36

```
#屏蔽 sshd 服务
#systemctl mask httpd
Created symlink from /etc/systemd/system/httpd.service to /dev/null.
#屏蔽后，httpd 服务无法启动
# systemctl start httpd
Failed to start httpd.service: Unit is masked.
#屏蔽后，httpd 服务也无法启用
# systemctl enable httpd
Failed to execute operation: Cannot send after transport endpoint shutdown

#取消屏蔽 sshd 服务
# systemctl unmask httpd
Removed symlink /etc/systemd/system/httpd.service.
#成功启用 httpd 服务
# systemctl enable httpd
Created symlink from
/etc/systemd/system/multi-user.target.wants/httpd.service to
/usr/lib/systemd/system/httpd.service.
#成功启动 httpd 服务
# systemctl start httpd
```

也就是在单元目录中创建指向/dev/null 的同名符号链接，从而在根本上确保无法启动（包括手动启动）这些单元，这比 disable 命令执行得更彻底。

注意

- 除非使用了--now 选项，屏蔽 (mask) 一个单元并不会导致该单元被启动 (start)，解除屏蔽 (unmask) 一个单元也不会导致该单元被停止 (stop)。
- mask 若与 --runtime 选项连用，则表示仅作临时性屏蔽(重启后屏蔽将失效)，否则默认为永久性屏蔽。

范例 **9**: 加载 (reload)、修改 (set-propety) 和查看 (show) 单元的配置，如清单 10-37 所示。

清单 10-37

```
# 重新加载 sshd 服务的配置文件
# systemctl reload apache.service

# 重新加载 systemd 守护进程的配置
# systemctl daemon-reload

# 显示 sshd 服务所有配置参数
# systemctl show httpd.service

#获取 httpd 服务的 CPU 分配额
# systemctl show -p CPUShares httpd.service

# 设置 httpd 服务 CPU 分配份额限制属性的值为 2000
# systemctl set-property httpd.service CPUShares=500
```

笔 记

注意

- 不要将 reload 命令与 daemon-reload 命令混淆。
- reload 加载的单元"配置"是单元专属的配置而不是单元文件本身（如以 httpd.service 为例，重新加载的是 httpd.conf 文件，而不是 httpd.service 文件）。
- daemon-reload 命令的加载是 systemd 的配置文件，具体是指：重新运行所有的生成器（systemd.generator），重新加载所有单元文件，重建整个依赖关系树。

（4）控制系统运行级别

这里所提到的运行级别（runlevel），与传统 Linux 中的运行级别完全是两个概念，准确地说，是系统中一些用来模拟传统 Linux 中运行级别的预设的 target。

target 简单来说就是一个 unit 的组合，包含许多相关的 unit。启动某个 target 时，Systemd 就会启动里面所有的 unit。从这个意义上说，target 这个概念类似于可以意译为"目标状态"，启动某个 Target 启动相应 unit，让系统进入某个状态。

注意

- 在传统的 Linux 启动模式中，有运行级别（RunLevel）的概念，也即系统的功能级别，在采用 systemd 的系统中，运行级别这一概念已经被淘汰了，取而代之的是系统预设的 target。
- 为了让老用户容易理解，系统预设了 7 个 target，和传统模式中的 7 个运行级别——对应，如表 10-17 所示。注意，虽然名称上能够对应，但实际功能并非真的对应，尤其是运行级别 2 和 4。

表 10–17　预设 Target 和传统运行级别对应表

传统运行级别	原运行级别功能	预设 target	实际链接到的 target
0	关闭系统	runlevel0.target	poweroff.target
1	单用户模式	runlevel1.target	rescue.target
2	无联网的多用户模式	runlevel2.target	multi-user.target
3	联网的多用户模式	runlevel3.target	multi-user.target
4	保留暂未使用	runlevel4.target	multi-user.target
5	联网并且使用图形界面的多用户模式	runlevel5.target	graphical.target
6	重启系统	runlevel6.target	reboot.target

范例 10：target 本身也是一种单元，因此用 systemctl list-units-fies 命令可以查看当前系统的所有可用 target，如清单 10-38 所示，输出的每行都代表一个 target，有两个字段，分别是 target 的名字和启用状态。

清单 10-38

```
# 查看当前系统的所有 target
# systemctl list-unit-files --type=target

UNIT FILE                   STATE
anaconda.target             static
basic.target                static
bluetooth.target            static
cryptsetup-pre.target       static
```

```
cryptsetup.target                   static
ctrl-alt-del.target                 disabled
default.target                      enabled
......此处省略若干行
```

范例 **11**：用 systemctl list-dependencies 命令查看指定 target 包含的所有 unit，如
清单 10-39 所示。

清单 10-39

```
# 查看一个 target 包含的所有 unit
# systemctl list-dependencies multi-user.target
multi-user.target
●  ├─abrt-ccpp.service
●  ├─abrt-oops.service
●  ├─abrt-vmcore.service
●  ├─abrt-xorg.service
●  ├─abrtd.service
······此处省略若干行
```

范例 **12**：查看系统启动时默认的 target，即系统的默认运行级别，也可以设置
启动默认 target，如清单 10-40 所示。

清单 10-40

```
# 查看启动时的默认 target，此处是 graphical.target，即是图形界面模式
# systemctl get-default
graphical.target
#设置启动时的默 target 为 multi-user.target，即无图形界面的多用户模式，下次启动就将
#进入无图形界面的多用户模式下
# systemctl set-default multi-user.target
Removed symlink /etc/systemd/system/default.target.
Created symlink from /etc/systemd/system/default.target to
/usr/lib/systemd/system/multi-user.target.
```

范例 **13**：切换 target，如清单 10-41 所示。

 笔 记

清单 10-41

```
# 用 isolate 切换到 multi-user.target，同时终止所有 multi-user.target 不需要的进程
#systemctl isolate multi-user.target
```

注意

虽然可行，但常常不用 start 来启动 target，而是使用 isolate。该操作命令表示启动指定
的 target，同时立即停止所有在新 target 中不需要的进程

范例 **14**：systemctl 还提供了下列一些快捷操作命令，能够让用户快速切换到预
设的一些 target。

● rescue：启动系统救援模式。相当于执行 systemctl isolate rescue.target 命令，
如清单 10-42 所示。

清单 10-42

```
# systemctl rescue
```

● emergency：启动紧急模式。相当于执行 systemctl isolate emergency.target 命令，
如清单 10-43 所示。

清单 10-43

```
# systemctl emergency
```

● poweroff：退出系统并关闭电源。差不多相当于执行 systemctl start poweroff.target --job-mode=replace-irreversibly --no-block 命令，并同时向所有用户显示一条警告信息，如清单 10-44 所示。

清单 10-44

```
# systemctl poweroff
```

 注意

- systemctl poweroff 可以使用 --force 选项来强制关闭系统。
- 若使用一次 --force 选项，则跳过正常停止步骤而直接杀死所有进程，强制卸载文件系统（或以只读模式重新挂载），并立即关闭系统。
- 若使用两次 --force 选项，则跳过杀死进程和卸载文件系统的步骤，即关闭系统，这会导致数据丢失、文件系统不一致等不良后果。

● reboot：重启系统。差不多相当于执行 systemctl start reboot.target --job-mode=replace-irreversibly --no-block 命令，并同时向所有用户显示一条警告信息，如清单 10-45 所示。

清单 10-45

```
#systemctl reboot
```

● suspend：休眠到内存。相当于执行 systemctl start suspend.target 命令，如清单 10-46 所示。

清单 10-46

```
# systemctl suspend
```

● hibernate：休眠到硬盘。相当于执行 systemctl start hibernate.target 命令，如清单 10-47 所示。

清单 10-47

```
# systemctl hibernate
```

● hybrid-sleep：进入混合休眠模式。也就是同时休眠到内存和硬盘。相当于执行 systemctl start hybrid-sleep.target 命令，如清单 10-48 所示。

清单 10-48

```
# systemctl hybrid-sleep
```

10.3.6　知识点 6　用 at 和 crontab 安排计划任务

计划任务是系统自动完成任务的一种方式。其原理就像闹钟一样，到了被指定的某一个时间点，系统就会自动地执行某种操作，实现想要达到的目的。在实际生产中，有很多这样类似的例子。例如，定时发送邮件，定时备份某个目录，定时检查主机磁盘利用率并及时提醒管理员。Linux 提供了 at 和 crontab 两种不同的计划任务机制，使用户能够灵活的制定计划任务，以达到实际生产中的目的。

（1）安排 at 定时任务

就像一个定时闹钟一样，Linux 中提供了能够在某一个特定时刻执行某条计划任务的命令，就是 at 命令。

首先要确定 at 的守护进程 atd 已在运行（一般情况下 atd 是开机启动的），如清

笔 记

....
....
....
....
....
....
....
....
....

单 10-49 所示。

清单 10-49

```
$ systemctl status atd
● atd.service - Job spooling tools
  Loaded: loaded (/usr/lib/systemd/system/atd.service; enabled; vendor
preset: enabled)
  Active: active (running) since ─ 2018-11-19 22:57:10 CST; 2h 34min ago
 Main PID: 1246 (atd)
  CGroup: /system.slice/atd.service
          └─1246 /usr/sbin/atd -f
```

如果 atd 未启动，那么就将其启动，并让其开机自启动，如清单 10-50 所示。

清单 10-50

```
$systemctl start atd
$systemctl enable atd
```

笔 记

由于 atd 本身是一个系统服务（守护进程），无法进行交互，系统提供了一个同名的 at 命令来与其交互。

 命令 at

用法：at [选项参数] [时间]
功能：在指定的时间执行命令。
at 命令的常用选项及其说明如表 10-18 所示。

表 10-18 at 命令的常用选项及其说明

选　　项	说　　明
-f file	从文件读取而不是标准输出
-l	列出指定队列中等待运行的作业，相当于 atq
-d	删除指定的作业，相当于 atrm
-c	查看具体作业任务

使用 at 命令有多种方式，但都很简单。下面介绍的这几种方式的使用，实际上大同小异，可以相互比较着去理解。

● 交互式定义 at 任务。这是使用 at 命令最常用的方式。在命令行中输入 at 命令后跟一个时间（常见时间格式有 4 种，如表 10-19 所示），此时进入 at 命令的计划任务定义界面，会出现 at 命令的提示符，在提示符下输入任务要执行的命令，按【Ctrl+D】组合键结束，如定义成功，会输出任务序号和执行时间，可以用 at -l 列出当前所有的 at 计划任务，如清单 10-51 所示。

清单 10-51

```
#使用 at 命令定义一个计划任务
# at 13:00
at> echo "Hello!"      #在 at 提示符下输入命令
at> <EOT>              #按 Ctrl+D 组合键结束
job 1 at Tue Nov 20 13:00:00 2018

#使用-l 选项查看计划任务是否设置成功
#at -l
1   Mon Aug 28 10:55:00 2017 a root
```

表 10-19　at 命令常用的时间格式

时 间 格 式	解　释
HH:MM	在今日的 HH:MM 进行，若该时刻已过，则明天此时执行任务，如 02:00
HH:MM YYYY-MM-DD	规定在某年某月的某一天的特殊时刻进行该项任务，如 02:00 2016-09-20
HH:MM[am pm] [Month] [Date]	指定具体的日期和时间，如 04pm March 17 17:20 tomorrow
HH:MM[am 或 pm] + number [minutes 或 hours 或 days 或 weeks]	在某个时间点再加几个时间后才进行该项任务，如 now + 5 minutes

● 管道/重定向定义 at 任务。其实通过交互方式在制定 at 计划任务的时候，接收的就是标准输入的内容，所以也可以使用管道或者 here-document 输入重定向来定义计划任务，如清单 10-52 所示。

清单 10-52

```
#利用管道
$ echo "echo Hello" | at 12:00
job 2 at Wed Nov 21 12:00:00 2018
#利用 here-document 重定向
$ at 12:05 << EOF
> echo "Hello, Linux!"
> EOF
job 3 at Wed Nov 21 12:05:00 2018
```

● 从文件中读入 at 任务。at 命令还可以用-f 选项从文件中读取计划任务设置，如清单 10-53 所示。

清单 10-53

```
#在当前目录下用 here-documet 定义一个计划任务文件 sj01（当然也可以用文本编辑器）
$ cat<<EOF>./sj01
echo "Hello,Linux!"
EOF
#用 at 命令的-f 选项读取 sj01，创建计划任务
$at -f sj01 12:00
job 4 at Wed Nov 21 12:00:00 2018
```

每个用户设置成功的 at 任务都会在/var/spool/at 目录下生成一个可执行的临时计划任务文件，如清单 10-54 所示（普通用户没有权限查看该目录）。用户一般不会去直接编辑修改这些文件。这些临时文件在任务成功执行之后，会自动消失。

清单 10-54

```
#查看/var/spool/at 下是否生成了计划任务的临时文件
# ls -l /var/spool/at/
总用量 12
-rwx------. 1 root    root    2967 11 月 20 12:29 a000010188538c
-rwx------. 1 student student 4479 11 月 20 12:30 a000020188538e
-rwx------. 1 student student 2953 11 月 20 12:57 a00003018858f0
-rwx------. 1 student student 2964 11 月 20 12:57 a00004018858f0
drwx------. 2 daemon  daemon     6 6 月  10 2014 spools
```

 注意

● 如果要限制问题用户使用 at，可以将其用户名（每行一个的格式）写入禁止文件（黑名单）/etc/at.deny，这些用户无权使用 at。系统中默认有一个空的/etc/at.deny 文件，表示所有用户都可以使用 at。

笔 记

- 如果要使用更加严格的安全措施，可以将用户名写入授权文件（白名单）/etc/at.allow 来指明仅哪些用户有权使用 at，而其他用户则无权使用。

（2）安排 crontab 周期任务

at 命令只能定义一次计划任务，并在某一个时间点执行，执行结束之后，如果还想要重复这一操作，就需要重新定义一次计划任务。这样的方式在实际使用过程中具有很大的局限性，所以就需要用到周期性的计划任务。

cron 就是 Linux 下执行周期计划任务的工具，可以在无须人工干预的情况下定时并周期性地执行指定任务。由于 cron 本身是一个系统服务（守护进程），无法进行交互，因此要用相应配置文件来告诉 cron 用户想要在何时执行何种任务。

首先要确定 cron 的守护进程 crond 已在运行（一般情况下 crond 是开机启动的），如清单 10-55 所示。

清单 10-55

```
$ systemctl status crond
● crond.service - Command Scheduler
   Loaded: loaded (/usr/lib/systemd/system/crond.service; enabled; vendor
preset: enabled)
   Active: active (running) since 一 2018-11-19 22:39:23 CST; 7min ago
 Main PID: 1267 (crond)
   CGroup: /system.slice/crond.service
           └─1267 /usr/sbin/crond -n
```

如果 crond 未启动，那么就将其启动，并让其开机自启动，如清单 10-56 所示。

清单 10-56

```
$systemctl start crond
$systemctl enable crond
```

接下来就可来探索 crontab 计划任务了。常见的 crontab 计划任务可以分为系统计划任务和用户计划任务。

首先来看系统计划任务。系统计划任务的配置文件是/etc/crontab，打开 crontab 文件，其内容应如清单 10-57 所示。其中描述了在撰写系统计划任务过程中需要遵循的格式，其实对于普通用户的计划任务的格式也是按照这种方式，只不过系统的计划任务只能由 root 用户来定义，普通用户是没有权限编辑这个配置文件的。

清单 10-57

```
SHELL=/bin/bash
PATH=/sbin:/bin:/usr/sbin:/usr/bin
MAILTO=root

# For details see man 4 crontabs

# Example of job definition:
# .---------------- minute (0 - 59)
# |  .------------- hour (0 - 23)
# |  |  .---------- day of month (1 - 31)
# |  |  |  .------- month (1 - 12) OR jan,feb,mar,apr ...
# |  |  |  |  .---- day of week (0 - 6) (Sunday=0 or 7) OR sun,mon,tue,wed,thu,
#                   fri,sat
# |  |  |  |  |
# *  *  *  *  * user-name  command to be executed
```

在前面子任务 3 中已经提供过一张图（图 10-3）清晰、直观地说明了 crontab 计划任务撰写的具体格式。其中，相对复杂的是时间的撰写格式，crontab 计划任务中的时间除了取范围内的确定值外,还有三种特殊格式,也已经在子任务3的表10-1中给出了说明。

接下来,在设置中添加如下5个样例计划任务,保存退出,就将这5个任务添加到了系统计划任务中了,如清单10-58所示。

清单 10-58

```
5 0 * * *        stu echo"样例任务 1: 每天 00:05 执行"
15 14 1 * *      rootecho"样例任务 2: 每个月第一天的 2:15 执行"
0 22 * * 1-5     stu echo"样例任务 3: 周一到周五的 22:00 执行"
23 0-23/2 * * * stu echo "每天 00:23 分执行,然后每隔 2 小时执行一次"
5 4 * * sun      rootecho "样例任务 5: 每个星期天的 04:05 执行"
```

 注意

- 如果不想每次都去以编辑/etc/crontab 文件来创建系统计划任务,则还可以按照 crontab 的格式写成配置文件,然后放在/etc/cron.d/目录下,这样系统也会每次扫描,并定时执行。
- 建议在 crontab 文件的每一个条目之上加入一条注释(以#开头),这样就可以知道它的功能、运行时间,更为重要的是,知道这是哪位用户的定时作业。

接下来是用户计划任务,每个用户都可以安排自己独立的计划任务,用户的计划任务配置文件默认放在/var/spool/cron 目录下,和用户同名。但普通用户没有权限直接用文本编辑器去编辑这些 cron 配置文件,为此系统提供了一个名为 crontab 的命令来操纵这些配置文件。

 命令 crontab

用法: crontab [-u user] 文件|[选项]

功能: 管理用户的 crontab 文件。

crontab 命令的常用选项及其说明如表 10-20 所示。

表 10-20 crontab 命令的常用选项及其说明

选　项	说　明
-u user	用来指定用户
file	是命令文件的名字,表示将 file 作为 crontab 的任务列表文件并载入 crontab。如果在命令行中没有指定这个文件,crontab 命令将接收标准输入(键盘)上键入的命令,并将它们载入 crontab
-e	编辑用户的 crontab 文件内容。如果不指定用户,则表示编辑当前用户的 crontab 文件
-l	显示某个用户的 crontab 文件内容,如果不指定用户,则表示显示当前用户的 crontab 文件内容
-r	从/var/spool/cron 目录中删除某个用户的 crontab 文件,如果不指定用户,则默认删除当前用户的 crontab 文件
-i	在删除用户的 crontab 文件时给确认提示

现以 stu 用户的身份登录系统,在命令行中输入 crontab -e,此时会打开当前系统中的默认文本编辑器,一般来说是 vi/vim,此时就可以编辑属于用户 stu 自己的 crontab 配置文件了。输入"0 0 1 1 * stu echo Hello."后保存并退出,此时终端上会

笔 记

笔 记

显示如清单 10-59 中所示的字样，表示成功添加了一条新的计划任务。

清单 10-59

```
$ crontab -e
no crontab for stu - using an empty one
crontab: installing new crontab
```

也可以用 crontab -l 列出当前用户的计划任务或者用 crontab -r 删除用户的计划任务配置文件，如清单 10-60 所示。

清单 10-60

```
$ crontab -l                      #列出当前用户（stu）的计划任务
0 0 1 1 * stu echo""Hello"
$ crontab -r                      #删除当前用户（stu）的计划任务
$ crontab -l
no crontab for stu                #当前用户（stu）的计划任务为空
```

注意

● 如要限制问题用户使用 cron，可以将其用户名（每行一个的格式）写入禁止文件（黑名单）/etc/cron.deny，这些用户无权使用 at。系统中默认有一个空的/etc/cron.deny文件，表示所有用户都可以使用 cron。

● 如果要使用更加严格的安全措施，可以将用户名写入授权文件（白名单）/etc/cron.allow 来指明仅哪些用户有权使用 cron，而其他用户则无权使用。

10.4 任务小结

在完成了本任务之后，小 Y 应对 CentOS 中的进程和服务管理有了一些了解了。现在，小 Y 应该能够：

1. 查看系统中的进程。
2. 操纵系统中的进程。

同时，小 Y 应该已经了解如下相关知识：

1. 进程、作业和守护进程的概念。
2. 进程状态查看命令。
3. 向进程发送信号命令。
4. systemd 系统的基本概念。
5. systemctl 命令的主要用法。
6. 计划任务相关概念和命令。

附　　录

附录 A　任务 4 初始化脚本

清单 A-1

```bash
#!/bin/bash
#文件名 4.sh
#任务 4 的初始化脚本
TMP_DIR=/tmp
PRJ_DIR=prj
RES_DIR=res
MIS_DIR=misc
SRC_DIR=src
DOC_DIR=doc
ROOT_UID=0        # 只有用户 ID 变量$UID 值为 0 的用户才有 root 权限
E_XCD=66          # 不能进入到目录时的退出代码值
E_NOTROOT=67      # 不是 root 用户时退出的代码值
# 必须以 root 用户运行，以下进行检测
if [ "$UID" -ne "$ROOT_UID" ]
then
      echo "需要 root 才能执行这个脚本."
      exit $E_NOTROOT
fi
cd $TMP_DIR
if [ 'pwd' != "$TMP_DIR" ]
then
      echo "无法跳转到 $TMP_DIR.中"
      exit $E_XCD
fi
mkdir ./$PRJ_DIR
mkdir ./$PRJ_DIR/$RES_DIR
mkdir ./$PRJ_DIR/$RES_DIR/$MIS_DIR
mkdir ./$PRJ_DIR/$SRC_DIR
mkdir ./$PRJ_DIR/$DOC_DIR
var0=0
LIMIT=10
RANGE=5
while [ "$var0" -lt "$LIMIT" ]
do
      echo -n "$var0 "
      NUM=$RANDOM
      let "NUM=$NUM%$RANGE+1"
      dd if=/dev/zero of=./$PRJ_DIR/$RES_DIR/img$var0.jpg bs=1k count=$NUM
      NUM=$RANDOM
      let "NUM=$NUM%$RANGE+1"
      dd if=/dev/zero of=./$PRJ_DIR/$RES_DIR/track$var0.ogg bs=1k count=$NUM
      NUM=$RANDOM
      let "NUM=$NUM%$RANGE+1"
      dd if=/dev/zero of=./$PRJ_DIR/$RES_DIR/ani$var0.mov bs=10k count=$NUM
      NUM=$RANDOM
      let "NUM=$NUM%$RANGE+1"
      dd if=/dev/zero of=./$PRJ_DIR/$SRC_DIR/src$var0.php bs=1k count=$NUM
      NUM=$RANDOM
```

清单 A-1
文件

工具文件
4.sh

笔 记

....

....

....

....

....

....

....

....

....

....

```
        let "NUM=$NUM%$RANGE+1"
        dd if=/dev/zero of=./$PRJ_DIR/$SRC_DIR/src $var0.py bs=1k count=$NUM
        NUM=$RANDOM
        let "NUM=$NUM%$RANGE+1"
        dd if=/dev/zero of=./$PRJ_DIR/$SRC_DIR/readme$var0.txt bs=
        1k count=$NUM
        var0='expr $var0 + 1'

done

exit 0
```

附录 B 任务 10 源码和初始化脚本

清单 B-1
文件

清单 B-1

```
/*文件名: sde-mod-authd.c      */
/* 任务 10 模拟 CPU 占用程序 */
#include<stdlib.h>
int main(){
        int i =0;
        for(i =0 ;i<4; i++){
                        if(fork()== 0)
                                while(1);
        }
        return 0;
}
```

工具文件
sde-mod-
authd.c

清单 B-2
文件

工具文件
10.sh

清单 B-2

```
# !/bin/bash
#文件名 10.sh
#任务 10 的初始化脚本
ROOT UID=0       #只有用户 ID 变量$UID 值为 0 的用户才有 root 权限
E_NOTROOT=67   #不是 root 用户时退出的代码值
#必须以 root 用户运行，以下进行检测
if["$UID"-ne "$ROOT_UID"]
then
    echo "需要 root 才能执行这个脚本."
    exit $E_NOTROOT
fi
yum -q-y install gcc 2>/dev/null
gcc sde-mod-authd.c -o sde-mod-authd
./ sde-mod-authd
```

参 考 文 献

[1] Dean J. LPI Linux 认证权威指南[M]. 南京：东南大学出版社, 2007.

[2] Jeffrey E F Friedl. 精通正则表达式[M]. 北京：电子工业出版社, 2012.

[3] Cooper M. Advanced Bash Scripting Guide 5.3[M]. Lulu. com, 2010.

[4] Matthew N, Stones R. Beginning Linux Programming[M]. John Wiley & Sons, 2008.

[5] 鸟哥. 鸟哥的 Linux 私房菜（基础学习篇）[M]. 北京：人民邮电出版社, 2010.

[6] 张耀. 跟老男孩学 Linux 运维：核心系统命令实战[M]. 北京：机械工业出版社, 2018.

读者意见反馈

为收集对教材的意见建议，进一步完善教材编写并做好服务工作，读者可将对本教材的意见建议通过如下渠道反馈至我社。

咨询电话　400-810-0598

反馈邮箱　gjdzfwb@pub.hep.cn

通信地址　北京市朝阳区惠新东街 4 号富盛大厦 1 座

　　　　　　高等教育出版社总编辑办公室

邮政编码　100029